1

LET'S BRUNCH
讓我們「動手」做早午餐

2

LET'S BAKE!
讓我們「動手」做麵包

3

DELICIOUS BRUNCH RECIPES
四十道美味的手作麵包早午餐

序

那天,秋高氣爽的午後,廚房中的一台日式微波烤箱發著烘烘的聲響,透過烤箱的玻璃,一雙眼睛緊緊盯著那六顆奶油餐包,看著它們慢慢地膨脹變高,莫名的興奮和快感湧上心頭,天呀!這就是所謂的「麵包誕生」嗎?

老公從東京轉調到北日本支店來做店長,夫妻兩人租了四房兩廳的大房子。老公的工作必須負責整個日本北部的業務,除了開車在東北五縣到處跑客戶之外,還得三不五時飛到北海道,從此,我就開始過著櫻櫻美代子「宅主婦」的日子。

我這個「宅主婦」,基本上就是過「兩房一廳」的生活,廚房、健身房和客廳。一出門就是直接去健身房,一待就是半天,然後買菜回家,待在廚房做些常備菜,一次做三天份。一遇到老公連續好幾天出差不在家,早中晚三餐基本上吃的都是「寂寞芳心定食」,拿一個微波用的大盤子,打開冰箱,一盒一盒的常備菜,一樣一樣的都放在同一個盤子,中間再放上白飯,一起微波加熱,就解決一餐。

沒想到,這台每天陪伴我寂寞芳心的微波爐,引領我進入手作烘焙的世界。一切都是從這一本微波烤箱說明書開始。

這台微波爐本身具有烤箱功能,是一向追求一機多用途電器的日本家庭常見的機型。黑白印刷的說明書中附有食譜,其中一張奶油餐包的黑白照片吸引我的目光。

手作麵包?感覺就是一件不可能的任務。

一步一步繼續往下看,簡單易懂的文字搭配著圖片說明,忽然有股「可以試看看喔」的衝動。連「快速酵母粉」長的什麼樣都不知道的我,隔天就拿著說明書到超市找材料,光是麵粉區,什麼「強力粉」、「薄力粉」,搞的頭昏腦脹,不管了,反正對照著說明書上的日文,一樣不差地把所需材料買回家就對了。

回到家裡就一步一步照著說明書上的「指示」,開始一趟奇妙的手作麵包初體驗。

材料混合好,開始揉吧!揉?怎麼揉呀?只見雙手沾滿了如黏土般的麵粉泥,就連像樣的揉麵台都沒有,只好先拿大一點的洗米盆,在盆中把麵粉泥勉強揉成團,然後再移到切菜用的砧板上,順從自我想像,開始「揉麵」。

看著手中的麵團,從原本的粉水、碎塊,最後變成如枕頭般光滑溫軟的麵團。原本沾到滿手黏巴巴的雙手,翻開手掌居然乾乾淨淨。把麵粉變成麵團,這般前所未有的新奇感受打開感動的第一扇門,接下來就是讓麵團發酵。

9

發酵？聽過，但…聽過不代表懂意思。反正先照著指示，把麵團放在盆裡，再找一塊大布蓋著，放在溫暖的地方，發酵至兩倍大。第一次嘛，還摸不著頭緒，緊張到每十分鐘就去翻開布，看一看是不是像書上寫的「膨脹兩倍大」。來來回回地看，心情也上上下下，光看著那麵團從盆底慢慢長大膨脹，然後變成一顆圓渾的小球，居然興奮到熱血賁張。盯著說明書食譜上的照片，排氣、分割、滾圓、靜置、拿起擀麵棍開始壓平、捲起，在這三小時的時光中，體驗不安、疑惑、興奮、孤獨、期待又怕受傷害的心理過程。

「完蛋了，慘了～」，總覺得自己好像做錯了，但是手上這顆麵團正如同書中所寫的發生在眼前，情緒也像那麵團一樣起伏發酵，原來手作麵包是這般不可思議的奇妙旅程。

隔著烤箱玻璃，看著一顆顆圓鼓鼓的奶油卷麵包，心情也跟著漲到最高點。出爐的那一刻，居然忍不住打了一通電話給老公，分享成就感滿溢的瞬間。翻開當時用日文寫下的手扎：

人生初めてのバターロール。レシピ通りにステップバイステップで作ってみたけど、やっぱり不安や疑問が沢山あった。発酵した生地がオーブンの中ですごく大きくなって、パンパンになった。皆くっついてしまったけど、何とか出来上がった。その瞬間、達成感がいっぱいでした。焼き立てのパン、最高！

沒想到，那次人生首次的奶油卷麵包刻銘在心中的感動，啟發了我這個宅在家主婦對手作麵包的嚮往和憧憬。結果，自認為奶油卷麵包的大成功，卻也讓我天真地以為「原來自己動手做麵包也沒有想像中的困難呀！」當時的我，真可謂井底之蛙不知世界之大，好高騖遠即想一步登天，隨即就想要挑戰最愛吃的歐式麵包。

馬上衝到圖書館去把所有關於烘焙麵包的書都借來，每次一借就是好幾十本，每週都去換一批，看過再借，借了再看，同時也不斷地在我的小廚房天地中實驗起來。看似平淡無奇、相貌平平的一顆歐式巨大麵包，卻讓我從大成功的雲端跌落到大挫敗的谷底。從烤箱拿出來的是一顆又扁又硬、彷彿就像從舊時期時代洞穴裡挖出來的麵包化石。

「急於成為高手的心態是新手們最常遇到的誘惑。」——印尼知名作家，土巴貝塔。

想想，這不就是我正掉入的陷阱嗎？才剛剛學會參考烤箱說明書中的食譜，只學會按下「烘烤」功能鍵，就是這種不知天高地厚的心態而掉入這無形的誘惑中，不練基本功，只心羨他人做出來賞心悅目的麵包，以為照本宣科也能當「高手」。

為了終止再讓老公試吃硬綁綁的麵石和乾扁無力的麵球（我無法稱它們為麵包），於是下決定在家附近找一間烘焙教室先學點基本功，展開一年學手作麵包的日子。

一邊上學，一邊在家勤做，每天腦袋裡盡想著做麵包，遇到問題左思右想，天天上網找資訊，

幾乎把圖書館裡有關烘焙麵包的書全抱回家研究，還到中古書店找尋烘焙麵包的參考書，只要看到解答，無論是一句話或是一段文字就開心到無法言語。

其實在手作麵包之前，公公和婆婆早就已經帶領我進入美妙的「手作り」世界。

記得剛嫁到日本時，公公婆婆就親自教授我如何製作果醬、醃梅干、果醋、傳統日本漬菜、米糠泡菜、常備保存食等等，他們倆老不厭其煩地一步一步教導我這個外國媳婦，認識日本老一輩手作世界。公公年輕的時候是東京都園藝高校的食品科學老師，在學校教導手作食物，天天和學生們一起做實驗，從煙燻火腿、培根、果醬、麵包等等，手作的種類多到數不清，甚至在 1981 年出了一本書叫做《手作りの味いろいろ》（中文譯成「各種手作食物」），這本書早就絕版了，他把這本書送給我。 我每次打開這本書，從剛開始的驚訝到後來的感動，漸漸理解屬於他們那個時代對「手作食物」的堅持。

「何事も地味にコツコツ（腳踏實地勝過取巧）」

一開始學習最基礎的手揉麵包，我就以此精神和態度勉勵自己，從探求發酵原理、配方調節、材料使用，一直到成型技巧、烘焙手法等，一項一項不斷的自我鑽研，奮起實做，努力也終於有了代價，烤出來的麵包已脫離了石器時代，漸漸有了文明世界麵包的模樣。一直到後來，甚至開始利用食材培養野生酵母，連酵母粉也自家生產。沒有在麵包店打過工，也沒有接受什麼專業的烘焙訓練，幾乎可說是自己摸索獨學而來。家中的小廚房如同小工房，懷著初生之犢不畏虎的好奇心，勇於嘗試，敢於探索，勤於實練，而另一伴是我最忠實也是最誠實的粉絲。他從起初歪頭皺眉的表情，慢慢轉變成讚許的笑顏，甚至一邊啃咬麵包還一邊直呼「oishi」了呢！有時還會用懷疑的眼神問「這是妳做的嗎？」。信心大增之後，也開始做麵包和親朋好友們分享，媽媽、姐姐、公公、婆婆等眾親友們也都豎起大姆指的讚許，同時我也在臉書上設了小專頁，藉著網路世界認識了許多同好朋友，幾乎每天風雨無阻地幫我按讚，那種受到肯定而喜滋滋的心情真是比中彩券還開心。

手作麵包開始漸入佳境之後，每日一大早的餐桌風景也起了變化。從單純地「吃」麵包，慢慢提升為懂得「享用」麵包，尤其是和家人一起分享一天中最美好的早餐時間。

當麵包香噴噴熱騰騰出爐的瞬間，就滿心期待地想用魔法棒把它們從灰姑娘變成美麗的仙度拉

公主，閃入腦袋瓜的發想盡是千變萬化的排列組合，從主角麵包、焦點主餐、開胃副菜，甚至到餐後小點心，無邊無際的想像空間跳脫了「做麵包」的框架，進入了「麵包料理」的境界。

花一點心思，動一動巧思，日本人稱為「工夫」。

在味覺上下「工夫」。不喜歡吃甜椒嗎？不喜歡吃紅蘿蔔嗎？沒關係，把它們切成細丁，如同五彩的織布，撒上滿滿的起司和麵包一同焗烤成香噴噴的 Pizza toast，不管是挑嘴的大人還是偏食的孩子，絕對是爭先搶食的不敗吃法。

在視覺上下「工夫」。換上一條水藍色的桌巾吧，它如廣闊無垠的大海，配上橙花般俏麗的盤子，有如天際一顆豔紅的太陽。籐籃中放幾顆古樸的鄉村麵包、水果蔬菜，加上幾束香草，隨手一擺就是一幅風光明媚的印象派畫作，晨光交錯著美食，視覺呼應著味覺，早餐如此精彩絕倫。

生活觀的改變，視野不同，看食材的角度也不同了。發覺自己原來對食物的認識是如此的膚淺無知。現代人常只透過媒體而養成對某種食材的刻板印象，不是神格化就是妖魔化，日本人常說「食わず嫌い（沒嚐過味道就直說討厭）」，這個不能吃那個不能吃，不能這樣吃又不能那樣吃，怕這個怕那個，選擇食材變成單行道，以及一成不變的調理方法和呆板的口味，縮限了每日的飲食內容實在可惜。就像是「白蘿蔔和紅蘿蔔不能一起吃」的例子，看看日本人傳統家常年菜「紅白なます」，看看那越南人在三明治裡夾著滿滿的蘿蔔泡菜，他們可一點都不介意流失營養的問題。吃法無對錯，如人飲水冷暖自知。

許多人在餐廳大啖美食佳餚時放心又放膽，一回到家裡連做生菜沙拉都覺得不安全，對自己親手處理的食材反而比外食還沒有信心，這樣的心態想想也真是奇妙。當我學習用更柔軟更寬容的心態去面對各類食材、口味和吃法時，嘗試將腳步停留在從來都沒逛過的食材區，伸手拿瓶異國調味粉，買顆長像奇特的乳酪來嚐嚐，吃看看不同顏色的蔬果，從而發掘到許多意想不到的味覺驚喜。

三年前的某天收到一封來信，一位出版商邀請我出書，當時我的小小專頁不到三千位的粉絲，我想這位出版商一定是寄錯人了，或以為是個玩笑，或是什麼亂七八糟的商家，反正也不當一回事，說了幾句話打發掉這位自稱出版社的陌生人。沒想到過了三年，那位出版商陌生人又寄來了一封信，詢問我出書的意願，而這位「讀書共和國幸福文化出版社」梁編輯的誠心誠意打動了我的心，但我也很納悶她要我寫什麼書？

她說每天「視吃」我上傳在專頁的早餐，美味誘人，羨慕中充滿著嚮往，希望也能夠像我一樣，在家裡創造幸福美好的早餐時光。但是，想想喔，我並非專業麵包師父，也不是什麼出名的料理大廚，只是一位每天在廚房小天地裡享受手作樂趣的家庭主婦，連「網紅」都排不上。專業麵包書或料理食譜都不是我得意的項目，所以要在競爭激烈的書戰中打出血路無法預期。意外的是，她只回應說：「就教我們做蜜塔風格的早午餐」。

蜜塔，是專頁粉絲友們給我取的小名，蜜塔天天在專頁上說麵包小故事、手作早餐漫談，還有像便當、料理、日常大小事、養身運動，甚至連社會觀點都嘮嘮叨叨，天馬行空的傻大姐風格是

引起共鳴的地方。

　　有了她的激勵和邀稿，我也決定把這幾年烘焙和料理的心得和經驗化作文字和攝影，分享給所有天天鼓勵、默默支持的朋友們，同時也是對這段自我料理的人生留下美好的印記。結果，這個承諾換來的是一場「心力交瘁」的創作歷程。

　　從來沒有寫書經驗的我問了梁女士一個笨問題，我要寫多少個字？她只回我一句「盡量發揮！」。我也很天真地聽從指示，開始構思內容、設計菜單、製作麵包、編排吃法、佈置攝影，然後化成文字，幾乎日夜不休地埋進這本書的創作，一人當三人用，廚師、攝影師、作家。每天一樣得洗衣、煮飯、打掃，主婦工作一樣也不少。廚房、餐廳、書房三邊跑，在廚房裡奮力的製作，在餐廳擺盤攝影，甚至天氣不好拍攝過程不順利，好不容易製作好的整套早午餐只為了拍出一張「亮一點」、「美一點」的照片，又必須歸零而重新來過。一陣製作和拍照工作結束之後，堆積如山的鍋碗瓢盤，亂七八糟的流理台，等著恢復原狀。尤其深夜裡孤獨一人埋首振筆地書寫，忍受疲勞又寂寞的心理煎熬，一直寫到右手得了肌鍵炎，又因熬夜失眠，兩眼充血，壓力大到雙腿得了紅斑性皮膚炎。曾幾度後悔想要放棄，但是純綷的信念支撐著我，就是「不可失信」。辛苦工作的另一伴也利用時間幫忙分擔家事，甚至每天睡前用精油幫我按摩疲勞的雙手和頸肩，給予全力的支持。

　　一段一段文字的書寫，一張張照片的拍攝，每道菜的呈現，都是我一個人獨立完成，這段苦思竭慮的時光幾乎可以說到了「嘔心瀝血」的程度。全世界一邊做麵包一邊做瑜珈的大概只有我一人了，利用發酵時間靠瑜珈放鬆緊張、解除疲勞，在麵包出爐前，我已經前前後後做了兩個多小時的運動。

　　這四個月天天日以繼夜不眠不休地創作編寫，終於這本書完成了。結合麵包烘焙、料理、手帖、指南、攝影、散文的綜合創作，跳脫了傳統食譜和麵包書的寫法，以一位家庭主婦的角度，鉅細靡遺地紀錄手作的過程和叮嚀，把早午餐最有人氣的幾款麵包從配方、做法到吃法全部重新設計和製作，並賦予每顆手作麵包獨特的個性，包括地理歷史、文化軌跡、融合日常生活的發想、料理大小事的解讀、季節感的詮釋，都紮紮實實地記載在這本書中。

　　我要感謝一路走來全力相挺的家人，以及不斷給予鼓勵的粉絲好友們，還有對於幸福文化出版社梁女士的伯樂之恩，出版團隊的辛苦配合，皆銘感於心。

　　最後，給自己一個大擁抱。お疲樣した！辛苦了。

蜜塔木拉 Mitamura

1

LET'S BRUNCH

讓我們「動手」
做早午餐

早午餐（brunch），是由 breakfast 和 lunch 組合而成，而早午餐起源於歐美地區，人們每週日有早起上教堂的習慣，做完禮拜後相約親友共享一頓比平常豐盛的餐點。

　　一大早整個街頭「熱鬧吃早點」的盛況是華人圈生活的特色之一。走進市街，三步就有一家早餐店，中式早餐中的豆漿、蛋餅、包子、燒餅、油條，西式早餐裡的漢堡、三明治、咖啡，加上超商和路邊的早餐車，包羅萬象讓人眼花撩亂，提供了快速方便的餐點。而許多忙碌的上班族和學生族一天中的第一餐就是由此開始。

　　不過一到了假日，街頭早餐風景搖身一變，人們慵懶地一覺睡到自然醒，然後帶著全家大小或約三五好友走進時髦的咖啡店、餐廳，願意花上一、兩個鐘頭，用比平日貴兩到三倍的價錢享受一套豐盛的早午餐，從親子一家，或是親朋好友、姐妹淘、媽媽友等，從充滿歐式風情的排餐麵包組合到精緻清爽的日式朝食定食，任君挑選，愜意地一同消磨晨光。

　　無論是排排站的簡便外帶早餐到假日一位難求的豪華早午餐，我們可不可能「在家裡」，不用出門人擠人就能享受一套營養滿點又美味滿分的早午餐呢？自家的餐桌呈現出一片美好又豐盛的早餐風光是多麼令人開心的事。藉著我們的一雙手，然後加上濃濃的愛就可以實現。

☞ 主導權在自己，安心又安全

　　從堅持手作麵包，到準備主餐、副菜、飲品所挑選的各式食材，哪怕是連沙拉醬、調味醬汁，從頭到尾都要將「食」的主導權掌握在自己的手裡。當材料的品質和鮮度掌握後，就可以隨心所欲調整成自己或家人喜愛的口味，尤其有過敏體質或是對某種食材敏感的家人時，選擇適合「我家」的食材，再加以自由自在搭配，減去多餘的調味和調理，再加進滿滿的營養和美味。

☞ 活絡家人感情，讓親情更加溫

　　平淡無趣的平日早餐，加上家人匆匆忙忙各自出門，平日交流感情的機會極少，不妨和家人定個計劃，利用假日悠閒的早晨一起動手做份早餐。從設計菜單、採買備料、處理清洗、製作餐點、整理打掃，藉著彼此共同參與和分工合作，創造對話和交換想法的機會，在平淡的生活中加入新奇的小改變，不但增添樂趣，也可以讓家人的關係更親密。

☞ 細嚼慢嚥，享受進食

平日一大早為了趕趕趕，五分鐘不到就「解決」一餐，只為了填飢，忘了「食」的根本。是在於細嚼慢嚥中體會出食材的滋味。進食不只是將食物送入身體，而是在細嚼慢嚥中享受味蕾得到的刺激，這是精神和身體得到養分及舒緩的過程，也是刺激腦部活化的「口腔體操」。再美味的食物少了細嚼慢嚥一切都是浪費，正好利用週末假日的早晨，好好地給自己一個優雅又悠閒的進食時光，真正放鬆地享受美味一餐。

☞ 用柔軟開放的心態嘗試新調味、新食材

難得的假日時光，不妨大膽任意地嘗試與平日不同的調味和食材，走入市場找找當令新鮮的水果，看看今天小農賣什麼菜？魚販進了什麼新鮮的魚種？買幾株從來沒吃過的蔬菜吃看看，或者到花農攤前買幾株香草回家營造香草園，只要隨手一摘就能調出異國風味沙拉醬汁，或做一盤水靈鮮活的田園生菜沙拉，或打一杯沁脾舒爽的果昔，煎個培根蛋，擺出自家製的鄉村麵包，佐上青醬和乳酪，就是色香味俱全的早午餐了。

☞ 去餐廳，不如換桌巾

佈置一下餐桌空間，落地窗大刺刺地拉開，讓明亮的晨光流瀉進來，微風徐徐，舖上色彩繽紛的桌巾，拿個小黑板寫上今日早午餐菜色，幫自己做的餐點取個有「亮點」的名字，像什麼「今日特選」、「主廚精選」、「夏日清涼」等等，最後畫上一個 heart，簽上自己的名字，讓家人一走進餐廳，就好像來到了「別世界」，剩下的就是展開雙臂迎進心愛的客人享用了。

☞ 走入廚房也要走出廚房

為了準備一場早午餐饗宴，掌廚的人一定是累攤了，也餓壞了，當端上最後一道菜的那一刻，請先忘了那堆成山待洗的鍋子碗盤，忘了那雜亂的流理台，忘了廚房裡的一切，優雅的脫下圍裙、梳理一下面容，來個深呼吸，用最美麗的笑顏和家人享用自己親手完成的每道菜餚，看看他們輕呼「歐依希」的滿足表情，體驗這充滿愉悅的一刻。

早午餐黃金拼盤

　　一份營養豐盛兼美味可口的早午餐，是結合了營養、色彩和風味三要素的黃金拌盤，滿足視覺及味覺的優質早午餐能開啟活力飽滿、精神奕奕的一天。

🖝 營養

　　包括了碳水化合物、蛋白質、膳食纖維、油脂、維生素、礦物質等等。早餐是攝取碳水化合物的最佳時機，它提供了身體所需的能量和體力，尤其是全穀根莖類、含穀類或全麥的麵包，除了澱粉之外，還含有豐富的膳食纖維，能穩定血糖，還可以提供飽足感。蛋奶魚肉等所含的豐富蛋白質，可幫助提升專注力、集中力。富含纖維的蔬果或穀片，有助消化通腸。沙拉醬中的油脂和醋汁，可以促進修復組織和新陳代謝。記住要把握營養均衡，多樣適量攝取為原則。

🖝 色彩

　　白、青、黑、赤、黃五彩食材除了賞心悅目，也代表各種營養素，例如紅蕃茄的茄紅素、黃色南瓜的 β - 胡蘿蔔素、紫色藍莓的花青素、白色洋蔥的硫化物、綠色蔬菜的維生素，顏色愈深營養成分愈高。

🖝 風味

　　包括了酸甜苦辣的滋味和各種香氣。早午餐是積極攝取優質油品和醋的絕佳時機，家中隨時準備一瓶專門調製沙拉醬的油醋架，擺上各類果實油、風味醋、香草罐、香料罐，並且放在最醒目之處，自由的百變組合搭配，隨時可調出一款可口的油醋沙拉醬。而帶有苦味的蔬菜，例如菊苣、苦瓜等清火解熱，微苦中帶著清新感更是另一番風味。帶點辛辣味的洋蔥、大蒜、辣椒，甚至像芥末醬、胡椒等等，能促進新陳代謝又增添多層次風味。

　　讓我們動手做一份兼具「營養、色彩、風味」的早午餐，開啟美好的假日！

BRUNCH CONCEPTS

早午餐的
美味關係

沙拉與早午餐

　　當令新鮮蔬菜最美味的吃法，就是享用原汁原味的「生菜沙拉」。一盤充滿各式活力蔬果的生菜沙拉，絕對是早午餐菜單中最吸睛的亮點。

　　自古羅馬時代，人們就開始以油、醋、鹽當佐料來享用蔬菜，可說是沙拉（Salad）的雛形。

　　想製作出美味沙拉從頭到尾一點都不能馬虎，豐盛精美的程度可媲美一道主餐的地位。沙拉美味的精華就在新鮮的食材和獨特的沙拉醬汁。從處理食材、調製沙拉醬到將食材和醬汁合而為一的翻拌，都體現了沙拉世界的講究和精妙。

1. 泡冷水保持新鮮、提昇口感

　　食材的新鮮度就是沙拉最基本的要求。菜葉清脆鮮活時，正是生菜沙拉最美味的時機。菜葉經過沖洗後泡冷過濾水一段時間，蔬菜切片吸水之後活靈活現，彷彿從田裡剛摘起般鮮綠清脆，是處理生菜類不可省略的步驟。洋蔥經過泡水換水，除了可以去除大部分的辛辣味，也變得更為溫和脆口。

撕成片的生菜浸泡約 10 分鐘。

洋蔥切絲或切圓環，泡冷水 5 分鐘，換水一次，再泡 5 分鐘，可保鮮脆，而且降低嗆度。

2. 徹底去除水氣

　　水可帶給生菜活氣，但生菜身上多餘的水滴則會大大破壞生菜沙拉的風味和口感。蔬菜脫水器（salad spinner）利用離心力簡單快速地脫去水氣，或用濾水篩網上下晃動瀝掉大部分水珠後，再用乾毛巾、餐巾擦去水氣。

3. 調製沙拉醬

這是製作生菜沙拉過程中最充滿樂趣和想像空間的步驟。只要準備基本的材料，如油、醋、鹽，攪拌均勻，就是最原始的沙拉醬。利用各式風味的油品和眼花瞭亂的風味醋，再加入五花八門的香辛料，千變萬化的排列組合，隨心所欲、樂趣無窮。

4. 食材和醬汁合而為一

翻拌沙拉是最後也是最關鍵的步驟，準備一個寬、深、大的沙拉盆和長一點、大面積的平面寬杓以方便翻拌沙拉。其實乾淨的雙手（可戴上調理用手套）就是最佳的混合道具，十根手指配合著蔬菜舞動，掌心朝上，十指打開，從外側深入底部，把空氣翻入生菜沙拉各角落，蓬鬆輕飄的空氣感是沙拉口感的精華之一。雙手的溫度使沙拉醬自然而然地和食材融合為一，服服貼貼，每一口都是生菜和沙拉完美的呈現。

☞ 充滿美味及能量的食材組合

食材的主角就是鮮嫩清脆的生菜族群。清淡脆口的球形萵苣、鮮脆多汁的蘿蔓，輕鬆爽口的皺葉生菜、滑嫩柔和的奶油生菜，微苦回甘的苦味生菜如菊苣、苦苣、羽衣甘藍等，還有紫高麗菜、紫洋蔥、各類香草、蕃茄、小黃瓜、蘿蔔等。適合搭配口感脆爽的食材，例如香脆的堅果、麥片和果乾，或者搭配新鮮的水果，例如清甜的蘋果、奇異果、水梨、莓果、柳橙、鳳梨、芒果、火龍果、葡萄等等。甚至再撒點各式起司乳酪、橄欖，就是完美又平衡的組合，是味覺的一大饗宴。

多層次風味的沙拉醬

成就一盤令人回味無窮的美味沙拉，沙拉醬（dressing）是靈魂所在。

沙拉醬（salad dressing），其實是一種泛稱，指的就是各種調好並用於涼拌沙拉的調味醬汁。它包括了如美乃滋、各種油醋醬等，所有可以用來佐沙拉的醬汁都可以叫做沙拉醬。

一般來說，以柔軟生菜為主的簡約系沙拉適合清爽的油醋類醬汁，而以脆硬生菜為主的多層次系沙拉，適合濃郁香純的美乃滋類醬汁。水果沙拉可用低脂優格、果汁或果醬混合搭配的優格風味醬，清爽又入味。帶有海鮮、肉類的沙拉非常適合用香氣濃郁的油醋類醬汁，甚至在美乃滋基底上混合各類食材，例如拌入雞蛋成為蛋沙拉、加入酸黃瓜或醬菜成為塔塔醬沙拉、各類根莖類組合的洋芋沙拉等，都可以在家 DIY 製作出屬於自我風格的美味沙拉醬。

・美乃滋（mayonnaise）

又稱為蛋黃醬，是一種以雞蛋、油、醋為材料攪打後呈現濃稠狀的沙拉醬，分為只使用蛋黃或使用全蛋兩種。像歐美超市所賣的 egg yolk，就是屬於雞蛋成分極高的美乃滋醬。日式美乃滋（マヨネーズ）蛋黃含量高，呈現淡淡象牙黃色，微微酸氣中帶著濃郁雞蛋香。台式美乃滋，甜中帶著油香，幾乎無酸味，是製作台式三明治的基底醬料。在美乃滋基礎上，可以加入各式各樣的配料，創造千變萬化的風味，例如凱撒沙拉醬、千島沙拉醬等等。

・油醋醬（Vinaigrette）

主要是由油、醋、鹽混合調製而成。傳統來說，一份油醋汁，油和醋的比例為 3：1，均勻攪拌使之乳化，可混合各類香料或香草來增添風味。油醋汁通常作為沙拉醬汁使用，但也可以做為肉類或魚類的醃料。製作油醋醬所使用的油類，以各種果實和種籽油為主，最受歡迎的如橄欖油、酪梨油、芝麻油、亞麻籽油、葡萄籽油、葵花籽油等等，正是品嚐優質美味油脂的好時機。

不同的醋可以帶來不同的風味，如穀物醋、巴沙米可醋、水果醋等。另外像檸檬汁、柳橙汁、乳清都可以取代醋。醋還可以添加其他配料，比如大蒜、香料、蜂蜜、莓果、乳酪等，成為各式風味的油醋醬。

・優格醬

以優格為整個沙拉醬的基底，是用優格取代油脂，創造出清爽又如乳酪般濃郁滑順的口感。低熱量、高營養的魅力，讓美食和健康合而為一，絕對是搭配輕食沙拉的不二選擇。

· 製作與保存方法

美乃滋或蛋黃系沙拉醬,材料融合的奶化程度較高,所以建議使用電動攪拌棒,快速又效果好。而油醋和優格系的沙拉醬,製作非常簡單,手動攪拌即可。一次製作的量可以多一點,吃不完就放在瓶子中,蛋奶類沙拉醬可以冷藏保存約 3 ～ 4 天左右;油醋類可放 1 ～ 2 星期沒問題。除了做為生菜沙拉調味,直接當沾醬,或做為炒菜用油、三明治底醬、肉類的醃料都非常實用。

甚至更簡單的方法,就是直接在鮮美的生菜盤裡淋上美味的橄欖油,輕輕地翻一下,再撒上少許的鹽和黑胡椒粗粒粉,就是一盤爽口怡人的生菜沙拉。

本書食譜將介紹各式美味沙拉及風味沙拉醬。

凱撒沙拉

尼斯沙拉

養生藜麥什錦沙拉

凱撒沙拉醬

法式蜂蜜芥末油醋醬

義式巴沙米可油醋醬

希臘田園沙拉

自製優格

日式飯店沙拉

豆漿沙拉醬

優格水果沙拉

自製優格

酪梨彩蔬沙拉

哇沙比油醋醬

棒棒雞沙拉

堅果沙拉醬

馬卡羅尼沙拉

日式美乃滋

紫蘇梅油醋醬

柚香油醋醬

台式美乃滋

日本老奶奶的洋芋蛋沙拉

蘋果塔塔醬

和風芝蘇沙拉醬

簡單快速、營養美味的水燙青菜

日本著名的料理雜誌,介紹了一種快速燙青菜的方法,瞬時成為火紅話題。這種只在鍋中放入 3 大匙水, 蔬菜經過短短 3 分鐘時間的「燜蒸」,就可以燙出一盤清脆美味的青菜,不用再燒一大鍋水,省瓦斯,省時省力,真是主婦福音。

利用鍋中的蒸氣和蔬菜本身的水分,讓蔬菜經過「燜蒸」產生有如清燙的效果,少了高溫油煙,卻保留了蔬菜營養。另一方面,將傳統「先油後炒」的方法改變成「先蒸後油」的調理方式,也是品嚐優質好油的絕佳時機。用油去「炒」菜,不如用油去「拌」菜,讓每種食材都保留新鮮原味。

【簡易】3 匙水燙青菜版

3 匙水燙青菜的重點和程序如下:

1. 青菜清洗後濾乾水氣備用。長條形蔬菜像菠菜就切段或是切短一點。
2. 將青菜倒入鍋中平放。莖梗處先放在底部,葉則放上部。
3. 撒入 3 大匙的水。
4. 開中大火(或偏大火)。
5. 緊蓋上蓋子。
6. 按青菜的種類和數量,平均蒸 2 ～ 3 分鐘。花椰菜約是 2 分鐘,葉菜類約是 2 分鐘。
7. 關火,打開蓋子,把上部和底部翻動一下,再蓋上蓋子燜 1 ～ 2 分鐘。
8. 最後調味,撒上鹽或是淋醬汁和拌上喜愛的油品。冷壓初榨的果實油類如橄欖油、芝麻油酪梨油、亞麻仁籽油或是風味獨特的豬油和發酵奶油等都非常適合。

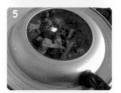

【進階】3 匙水燙青菜版

不同種類蔬菜,一鍋搞定,原則是根莖類或體積大、重量重的蔬菜放在下層,葉菜類放在最上層。

1. 青菜清洗後,切段或切短之後,放在濾網上濾掉多餘水氣備用。
2. 將青菜倒入鍋中平放。莖梗處先放在底部,葉則放上部。
3. 撒入 3 大匙的水。
4. 開中大火(或偏大火)。
5. 緊蓋上蓋子。
6. 按青菜的種類和數量,平均燜 2 ～ 3 分鐘。花椰菜約是 2 分鐘,葉菜類約是 1 ～ 2 分鐘。

例如,我選用櫛瓜(切約寬 2 公分圓段狀,放最下層),中層放花椰菜,上層放蘆筍(老皮削掉切成對半)。平整疊放好了,鍋中撒入 3 大匙水,開中大火,緊蓋上鍋蓋。燜煮 2 分鐘,關火燜 1 分鐘。打開鍋蓋,每樣蔬菜熟度剛好,不會爛爛溼溼的。把菜夾出來,放在架子上吹散熱氣。然後分類放入保存盒中,或是調味、涼拌都非常美味。

若是做為冷凍保存用的常備菜，因為解凍後會出水變軟，燙熟程度約八分熟即可。

燙過一定要去水氣再保存，我會用餐巾把水氣吸掉，再用保鮮膜分包，然後放在保存袋中，放入冷凍庫，可保存1個月。這樣隔天做便當菜或做早餐配菜都很方便，只要前天晚上拿出來解凍，或是不解凍，直接放在滾水中燙一下也可以。加熱之後可以直接撒鹽或是拌醬汁馬上變成副菜。

清湯與早午餐

　　一大早起床，喝一碗清爽怡人的湯品暖心暖胃，能舒服地喚醒味蕾和身體。尤其是乾燥秋冬，或是夏天吃太多生冷飲食時，一碗暖呼呼的清湯，滋潤著五臟六腑，養生又美容。正餐前喝點清湯可以開胃，也可以增加飽足感以減少食量。

　　製作清湯的第一步就是「高湯」，運用大自然的「甘味」來做高湯，本書介紹兩款超簡單又美味的清湯湯底。

・雞胸肉高湯做法

　　1.　雞胸肉（從冰箱取出要先回溫），用叉子叉幾個洞（比較容易受熱），太厚的地方要用刀劃開。放入湯鍋中（也可使用電鍋），加入水淹過雞肉，一塊雞胸肉約放1000cc左右的水。放入蒜頭、蔥段、薑片和酒（可任何搭配）。

　　2.　蓋上鍋蓋，大火滾開後，轉小火煮約10分鐘。時間到了關火，不要動它至放涼。

3．從湯鍋取出放涼的雞胸肉，利用細孔濾網把湯汁裡的雜質和材料濾乾淨，即是簡易雞胸肉高湯。

4．煮好的雞胸肉，拿擀麵棒在雞肉表面輕拍打，再切片或手撕成雞絲享用，分袋保存也非常方便。

・日式水高湯（水だし）做法

日本料理的精神就在「高湯」（だし）。日本人用的高湯材料，主要是以「乾物」為主，其中以柴魚、小魚乾、昆布、香菇等最為常見。製作日式高湯，常常讓人覺得很麻煩，有一種非常輕鬆方便而且日本婆婆媽媽都常在用的方式，就是「水高湯」。

1．準備高湯材料。柴魚片（鰹節）、小魚乾、雜魚粉、乾香菇、昆布等都可以。細粉或小型材料放入茶包裡，然後封緊封口。昆布剪成適當長度夠放入瓶子即可。乾香茹就整粒放入。

2．放入瓶中，一種大型的塑膠涼水壺非常方便。可以分成兩瓶，放入不同材料會有不同香氣，例如一瓶放香菇，一瓶不放，因為加入香菇的高湯香氣不同，可以自行調配不同香氣的高湯。

3．加入水，一般飲用水即可，當然過濾水也可以。

4．放入冰箱泡1晚以上就可以用了。

5．使用時直接從瓶口倒出高湯，然後再加入新水，一直泡到沒有香氣為止。泡過的材料可以再利用。

水高湯在菜餚上的使用

1．煮飯：把水高湯直接取代水，米飯清甜美味。

2．炊飯：代替普通的水做為湯底，再加入其他食材和調味料做成日式炊飯。

3．滷菜：做為日式滷菜、煮魚，即使冷掉風味不變。

4. 湯麵：做為湯麵的湯底。

5. 味噌湯：最常見的使用方法。

6. 沾醬：加入少許的高湯，醬汁更有風味。

7. 養生茶：把高湯加熱，直接當茶飲用，也別有風味。

8. 湯飯或稀飯：做成湯飯或稀飯的湯底，清甜美味。

高湯材料再利用法

1. **昆布**：如昆布高湯，第一天一定會非常黏稠，但是再泡三、四回就會愈來愈淡，這時就可以把昆布拿出來，放在米飯上面一起煮，飯會特別香甜好吃。昆布還可以切片放入滷肉中一起滷，或是切成細絲炒菜，或是滷醬油變醬燒，或是直接沾柴魚醬油也非常美味。

2. **柴魚**：從茶包拿出來後，加入醬油拌一拌，撒上白芝麻，放在白飯上，就是美味蓋飯。

3. **小魚乾**：我把小魚乾再曬乾一點，打成粉，加入細鹽、少許無添加的味精、海苔粉、白芝麻粒，就是美味香鬆。

4. **香菇**：可以直接用來炒菜、煮湯等等。

本書食譜將介紹七款早午餐清湯。

雞肉蘿蔔清湯

蕃茄豆苗蛋花湯

紫菜蛋花湯

海帶芽豆腐清湯

簡約味噌湯

青蔥蛋花湯

三絲清湯

材料小不點

小魚乾 —— 即是將小魚煮熟後乾燥過的產品。一般是以沙丁魚為主，或是竹筴魚、飛魚等為原料。日本以長崎或是瀨戶內海為主要產地。因為是青魚類，含有豐富的不飽和脂肪酸和鈣質，所以近年來，成為一種健康取向的食材。用小魚乾製作日式高湯的主要使用方法是：

水出法：1000cc 水配 50 公克小魚乾，泡 10 小時以上。

煮出法：1000cc 水配 30 公克小魚乾，煮 10 分鐘。

綜合法：1000cc 水配 30 公克小魚乾，泡 10 小時，再煮 10 分鐘。

有些體型較大的小魚乾，使用前需將內臟和頭部去除，否則容易有苦味（圖1），小型的則不需要。現在市面上有一種即食用的小魚乾（圖2），可以乾炒過配上調味料，就是美味的田作（圖3）。

圖1

圖2

圖3

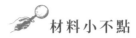 **材料小不點**

柴魚片 —— 日語為鰹節，一般在市面上販賣的是柴魚片或柴魚粉，是將鰹魚乾刨成薄片或是打成粉，是日本人飲食生活中必用的食材之一。柴魚片常做為日式高湯的底料，也時常加入味噌湯的湯底，增加味噌湯的鮮味及甜味，或是可用於皮蛋豆腐及涼拌豆腐作為調味品。用柴魚片製作日式高湯的主要使用方法是：

水出法：1000cc 水配 30 公克柴魚片，泡 10 小時以上。

煮出法：1000cc 水配 30 公克柴魚片，先放入水燒開沸騰後關火。加入柴魚片，浸泡 2 分鐘，然後倒至舖上濾紙的濾網，將汁液和柴魚片分開，即為柴魚高湯。以 1000cc 的柴魚高湯，大約可做 4～5 人份的味噌湯。濾出的柴魚片可加入芝蔴油、醬油、糖、芝麻拌炒即可當成配飯香鬆，日語稱為おかか。

濃湯與早午餐

「麵包配濃湯」，單純的美味元素就能讓早餐營造出幸福的氛圍。

香滑溫潤的濃湯中有滿滿的營養精華，趁冒著熱氣時細細品嘗，或是沾著烤香的麵包，一口接一口最是享受。

西式濃湯一般多使用牛奶、鮮奶油，口感濃郁稠厚，有蔬菜、海鮮、動物性肉骨等熬煮而成的湯底。常用奶油炒成的麵糊（roux）做為增稠劑，是製作白醬的主要手法，或者使用馬鈴薯、米、麥片等增加滑稠度，所以喝起來鮮甜滑口，非常適合沾著麵包，或將整個麵包浸泡著湯汁享用。

感覺費時又費力的西式濃湯，在家製作其實一點也不麻煩，只要利用常見的食材和簡化的手法，一樣可以做出香濃醇厚、營養豐富的西式濃湯。

1. 奶油炒洋蔥

洋蔥經過奶油炒香，散發自然甘甜和香氣，是濃湯風味最關鍵的基底。奶油也可以用風味油品代替，重點是在洋蔥經過慢火炒香的過程，逐漸焦化而釋放出如天然味精的甜分，炒至透明熟軟即可。

2. 用牛奶或豆漿增加香濃度

不需特別使用鮮奶油水，只要一般全脂牛奶和純濃豆漿，一樣風味不減，香濃誘人。

3. 馬鈴薯為天然的增稠劑

馬鈴薯最主要的成分是澱粉，讓湯汁自然呈現濃稠的口感，是天然的勾芡材料。馬鈴薯本身含有豐富的維他命 C、膳食纖維，更可以提供飽足感，一舉多得。如果家中臨時沒有馬鈴薯，還可以在炒香洋蔥和食材時，加入少許麵粉一起拌炒，再加入牛奶或湯底，一樣有相似的效果。

本書食譜將介紹九款早午餐濃湯。

培根綠花椰濃湯

南瓜濃湯

毛豆濃湯

地瓜濃湯

洋芋菇菇濃湯

玉米濃湯

牡蠣巧達濃湯

什錦養生麥片粥

鹹豆漿

泡菜與早午餐

　　人類製作食用泡菜的歷史悠久，世界各角落都有泡菜的影子，風味獨特的泡菜紀綠了人類飲食文化的大寶庫。

　　泡菜一般分成發酵和無發酵，經過長時間發酵醃漬過的蔬菜含有豐富的乳酸菌，風味沈穩深厚，是人類生活中最常見的保存食之一，像韓國泡菜、日本的米糠泡菜等。而無發酵的泡菜，主要是將蔬果簡單地「去青」，並混合調味料加以短時間「醃泡」的方法，是馬上可以享用的醬菜，藉由醃泡過程使調味料滲入食材而提升食物的美味，例如日式淺漬、西式的酸泡菜（pickles）等。

婆婆六十年的
米糠泡菜

日式淺漬

美人蘿蔔淺漬

小黃瓜淺漬

　　在家裡製作簡單的泡菜做為佐餐的副菜，也可以開胃提神、去油解膩，是非常討喜的小菜之一。而且提供豐富的膳食纖維和營養素，做為小菜、配料、配菜等都是優質的低熱量食物。一年四季都可以製作成常備菜，隨時製作隨時享用。

　　日式淺漬，幾乎是日本人三餐必備的小菜。精緻小巧的淺漬碟裡，擺放幾片蘿蔔、小黃瓜、茄子醃菜，日本人還取特別優雅的名字，叫お新香。

　　西式的酸泡菜，以醋和糖為基底，加入風味獨特的香草和香料，口感脆生、色澤鮮亮、酸酸甜甜，是老少喜愛的配菜，例如像小黃瓜、甜椒、花椰菜、蘿蔔都非常適合做成酸甜的西式泡菜。

　　在家裡製作泡菜，有時間的可以做發酵泡菜，想即席享用的就動手做淺漬，當作常備菜、佐餐小菜、便當菜都非常方便。

超簡單日式淺漬法

　　只要用一張乾淨的塑膠袋、鹽或糖，就可以製作出最簡單又美味的即席淺漬了。

1. 以小黃瓜為例，把切好的小黃瓜放進塑膠袋中，加入 1 小匙鹽或 1 小匙糖，然後把塑膠袋充滿空氣，一手抓開口，一手搖晃膨膨的塑膠袋使混勻，再把空氣擠出來，最後綁好袋口，放置 10 分鐘。

2. 10 分鐘過後，揉一揉整個袋子，袋中小黃瓜就會被壓擠出瓜水。

3. 打開袋口，袋口朝下，一手抓著袋口留個小縫，一手壓著袋子把瓜水從袋口的縫隙中擠出來。然後把小黃瓜倒入保存盒中即可馬上享用，或是放冰箱冰著涼涼吃也很美味。

  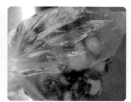 

　　這樣的方式省時又省力，用過的塑膠袋直接丟棄，不用洗一堆碗盤和道具，真是主婦福音。家裡有小朋友，不吃辣不吃酸，這樣單純的淺漬，老少皆宜。想要加點味的朋友，可以在此基礎上再放入醋、香油或辣椒油等等，隨個人喜好調配即可。

　　如果一次做的量較大，或是使用體積較大的蔬菜，可以用壓重物靜置去青的方法。

西式酸甜泡菜醃漬法

　　酸酸甜甜又帶著香料風味的洋風泡菜，搭配牛排、烤魚、燒肉等主食，讓餐桌轉眼之間變的多彩多姿。尤其是夏天一到，早午餐的菜色中出現一小盤消暑爽口的泡菜，酸甜爽口的滋味開胃誘人，讓人暑氣全消。

| 材料 | 紅蘿蔔 1 條
櫛瓜 1 條
甜椒 2～3 顆 | **基本醃汁** 
水 200cc
白醋 100cc
鹽 1 大匙
砂糖 80 公克 | **風味佐料**（隨意加入）
蒜頭 1～2 瓣
月桂葉（乾燥）1～2 葉
紅辣椒（乾燥去籽）1 根
黑胡椒粒數粒
迷迭香（或香草）適量 |

做法

1. **處理蔬菜**：快速滾水汆燙約 20 秒左右去除生味，濾乾水氣後放入鍋盆中備用。（推薦的蔬菜有：蘿蔔、櫛瓜、甜椒、洋蔥、白花椰菜、磨菇、玉米筍、芹菜等。）

2. **準備醃汁**：醃汁主要成分是醋和糖，也可以在此基本上添加各式香料、調味，例如加上咖哩粉的咖哩醃汁。

3. 將醃汁趁熱淋澆到步驟 1 的盆中。再拌一下食材，使醬汁充分吸收。

4. 將食材連同醃汁一同放入乾淨清潔的保存瓶中，待熱氣消散後，再放入冰箱中保存，浸泡約 1 天以上即可享用。

乳酪與早午餐

以上分別是：**A 卡門貝爾乳酪　B 高達起司　C 藍紋乳酪　D 帕馬森乾酪　E 米莫雷特乾酪　F 塔萊焦乳酪**

　　乳酪、起司、起士、奶酪、乾酪、芝士，五花八門的稱呼，指的都是 cheese。

　　乳酪和人類的關係深刻又久遠，遊牧民族將多餘的奶汁利用發酵使之凝固而便於移動時攜帶與保存。相傳在公元前二千年，埃及墓葬壁画中就描繪了有關乳酪的製造。

　　乳酪，是以動物奶汁（多為牛奶），加入凝乳酶或培養菌進行發酵使之凝結，再將固體和乳清分離壓製為成品。乳酪，因其乳源、製造方法不同而有各式各樣的味道、口感和形式，甚至不同的霉菌帶給乳酪不同的風味。奶酪還可以加入香料、香草、調味料、色素等，成為不同風格的乳酪。

　　美味的乳酪是天然的「元氣大補丸」，它濃縮了牛奶的精華，含有高含量的鈣質、蛋白質、乳酸菌和各種營養素，對於成長發育的兒童或是鈣質缺乏的老年人都是非常優質的食材。

　　乳酪的享用方法也是千奇百樣。乳酪文化區的人們在任何時間都會直接把入乳酪切塊送入口中，或是配上葡萄酒、堅果、麵包一起享用，或是當做佐料加入湯品，或大把地撒在披薩上烤到爆漿拉絲，或夾入三明治、拌入生菜沙拉、沾著橄欖油或香醋享用，道道都是美味，讓人無法抗拒流下口水。

本書所介紹的起司如下：

奶油乳酪（cream cheese）

是用純鮮奶油或是鮮奶水製成的新鮮軟質起司。質地軟滑，適合直接塗抹在麵包上，或是混合其他食材成為帶有乳酪風味的抹醬，或是拿來做起司蛋糕。

帕馬森乾酪（Parmesan）

是超硬質的乾酪，出產於義大利帕爾馬及艾米莉亞地區，以該地名來命名。它又被稱乳酪之王。香氣濃郁，有種特別的乳腥味，風味鹹度適中，主要是磨成粉狀灑在義大利麵上，或取一大塊佐義大利香醋食用，或撒在 Pizza 上，也是做義大利乳醬和青醬的主要材料。市售的「起司粉」一般所指的就是粉狀的帕馬森乾酪。

莫札瑞拉起司（mozzarella）

外形圓渾純白如一顆水煮蛋，奶香濃郁、口感滑順醇厚，是義大利料理中常見的乳酪。新鮮莫札瑞拉的成熟期很短，所以水分含量高，保存期也非常短，冷吃或加熱享用都各有風味。開胃冷盤中常見的蕃茄夾上莫札瑞拉，淋上橄欖油和香料就是餐桌上的亮點。放在披薩上烘烤至絲絲入扣，香濃滿溢，絕妙美味。

巧達起司（Cheddar Cheese）

原產於英國的 Cheddar 村。傳統的巧達起司又重又硬，金黃濃郁，帶著微微的鹹味，可說是世界上產量最大的乾酪，也是英美最受歡迎的奶酪類型。它的質地堅硬紮實，香濃入味，非常適合做為料理食材。

卡門貝爾乳酪（Camembert）

是一種軟質白霉圓餅型乳酪，以法國諾曼第所出產的（Camembert de Normandie）最為有名，也是屬於超市百貨裡常見的乳酪之一，通常以小小的圓餅狀販售，直接切塊搭配堅果、酒類或麵包享用，最美味的吃法就是送入烤箱，烤至如火山熔漿般濃稠，沾著麵包、水果、蔬菜享用。

藍紋乾酪（Blue cheese）

普通奶酪固化後，加入青黴菌發酵便會形成奶酪上的藍紋。以義大利的古岡左拉（Gorgonzola）地區所生產的藍紋奶酪最為著名，質地鬆軟，容易崩碎，霉香味重，口味偏鹹，是一種極有個性的乳酪。

塔萊焦乳酪（Taleggio cheese）

可說是歷史最悠久的義大利半軟質乳酪之一，外層用鹽重覆清洗，皮薄內軟，霉香味

極為濃重，是一款獨特的個性派乳酪，隨著保存時間愈長也愈軟，搭配水果享用可以緩和其濃重的乳腥味。

米莫雷特乾酪（Mimolette）

源自法國里爾。外殼有些微的凹陷如月亮表面，最大的特徵是明亮的橘黃色或較深的橙色，耀眼色澤，讓人食慾滿滿。質地堅硬，屬於硬質乳酪。香氣濃郁，也是屬於個性強烈的乳酪款式。

高達奶酪（Gouda Cheese）

形如車輪的黃色奶酪是荷蘭的象徵之一。屬於硬質乳酪，乳香濃郁但溫和，經過烘烤融化牽絲，非常受歡迎。適合高溫烘烤的披薩、焗烤或做三明治夾心都很美味，也是超市中起司絲的主要原料之一。

奶油乳酪（cream cheese）

帕馬森乾酪（Parmesan）

莫札瑞拉起司（mozzarella）

巧達起司（Cheddar Cheese）

卡門貝爾乳酪（Camembert）

藍紋乾酪（Blue cheese）

自製優格（Yogurt）

是由動物的乳汁，經發酵產生乳酸菌而形生的固態或液態酸奶，稱為優酪乳。優格一詞源自於土耳其語，有濃稠豐厚的意思。優格含有豐富的益生菌，有助於提高免疫力，所含鈣質、維生素、胺基酸、蛋白質的量和質都是屬優等生等級，除了當做養生食材，做為飯後甜點或是調味料都是絕佳享用方式。利用簡單輕鬆的方法，就可以在家簡單地製作出濃純香的優格，天天享受，健康又美味。

鮮奶優格或豆漿優格

材料	 基本的材料就是牛奶（豆漿）和菌種。使用全脂牛奶（乳脂肪要超過3.6％以上）的比較容易成功，而且口感滋味佳，豆漿則使用純濃豆漿。第一次做的朋友，可以去超市買純優格（原味、無糖、無添加）一盒當母菌，以後就每次留下一份剛做好的優格當起種母菌（大概留200公克左右），下次再添加800cc的全脂牛奶混合即可。可以買所謂「菌種粉」，例如像カスビ海優格菌種（卡斯比海菌種），直接用菌種來養優格。用卡斯比海菌種培養優格的最佳溫度在25～30℃之間，按照菌種裡面的說明書來看，放在這個溫度帶中約24小時優格就可以完成。用卡斯比海菌種做出來的優格濃厚順口，較為滑稀、酸氣淡、奶香味較重。
⚲ 道具	玻璃深度容器、攪拌棒、保鮮膜、小盤子等。注意使用前都要徹底清洗、滾水消毒、充分乾燥。
做法	製作方法一般有兩種： **傳統電鍋法**     在傳統電鍋中放入一個淺盤，不讓玻璃容器直接接觸鍋底（溫度太高），用家裡的大同電鍋保溫功能製作。蓋不蓋鍋蓋視情況，例如冬天蓋上蓋子，夏天可以不用蓋，放一個晚上（冬天約10～12小時，夏天約6～8

小時），牛奶與起種母菌混合（比例約 4：1），例如 800cc 的牛奶（豆漿）就放入約 200cc 的起種優格，混合好之後將容器放入電鍋，插電，保持保溫狀態，放上一晚之後，再放冰箱冰鎮凝固後就可以了。做好可以直接享用，但最好直接連同容器馬上放冰箱冰鎮，放上半日再吃，讓優格定型穩固，冰過口感會像嫩豆腐和布丁一樣，才不會水水稀稀的。

市售優格機法

我使用虎牌家用優格機，製作方式有兩種，一種是用優格做優格，一種用菌粉做優格。準備 500cc 鮮奶和 1 包 3 公克菌粉，或 1000cc 鮮奶（豆漿）和 50cc 市售無糖無添加優格，兩者混合後放入優格機

中。優格機中有兩個按鍵，一個是菌粉用，一個是市售優格用。剛完成的優格表面會浮一層乳清，試吃後覺得酸度想酸一點，可以再放久一點。我放了 10 小時（夏天），感覺是剛剛好，口感和酸味適中。（每種優格機的機型不同或是菌粉品牌不同，會有不同的使用方法。材料的份量也可能會有不同，詳細請參考自己買來的機器和菌種說明書。）

希臘優格（Greek yogurt）

又可稱為「水切優格」，就是濾過乳清的優格。去脫乳清的優格，口感綿密滑口，乳香特別濃郁，單純地品嚐就十足地美味了，淋上果醬或是風味橄欖油，鹹的吃或是甜的吃都非常可口。把剛做好的優格放在濾網上，利用廚房紙巾，或是咖啡濾紙，或是豆漿棉袋子，濾過乳清一晚就是希臘優格了。放在蕃茄片上，上面再擺上酪梨，淋上橄欖油、鹽、黑胡椒粒，就是美味的希臘優格沙拉。

果昔與早午餐

　　果昔（Smoothie），是由各式各樣蔬果打成的濃稠果汁，富含膳食纖維和營養素，有助於代謝、消化、排便，一杯含有蔬菜、水果、堅果、優格、牛奶或豆漿的果昔，是身體環保的清道夫。除了含有滿滿的優質營養素，還有蔬果的自然香甜，一喝就愛上的清新風味，已成為早午餐菜單中的魅力飲品。

　　家中只要準備好一台果汁機，運用基本的食材就可以打出口感綿密香甜又營養豐富的果昔。

　　創造綿密滑口的優質材料，有香蕉、蘋果、酪梨、堅果、優格、牛奶、豆漿等。如香蕉、蘋果有天然果膠，酪梨和堅果因富含油脂，只要加入優格、牛奶或豆漿其中一項材料一起攪打，自然形成「濃純香」的口感。但同時這些食材也容易氧化，所以果昔現打現喝，趁最新鮮時候飲用最是享受。

香蕉和酪梨是創造綿密滑口果昔的優質食材。

　　材料份量沒有特別比例，以蔬菜、水果、堅果、優格、水、牛奶或豆漿組成。也可以加入蛋白質豐富的豆類，像水煮大豆、黑豆、紅豆、毛豆等，或是加入葡萄乾、橄欖等果實，都是營養美味的選擇。調味可以加入少量蜂蜜，或是使用甜度高一點的水果，像香蕉、鳳梨、柿子、西瓜、葡萄等增添甜味。

　　本書食譜將介紹五款果昔。

紫色涵氧果昔　　黃色陽光果昔　　粉紅舒療果昔　　精選元氣果昔　　綠野高纖果昔

拿鐵與早午餐

牛奶（milk），法語稱為 lait, 義大利語為 latte，音譯為拿鐵或歐雷。

Caffè Latte，咖啡加牛奶，就是我們俗稱的「拿鐵咖啡」。同樣的，法文的 café au lait 就是咖啡（café）加（au）牛奶（lait）之意，一般人則稱為「咖啡歐蕾」，或是「歐蕾咖啡」。

牛奶，是人類最古老也是最親近的天然飲品之一，香醇濃郁，營養豐富，東西方都視牛奶為天然營養聖品。

聽説，第一杯咖啡牛奶可溯及到十七世紀，為了調和黑咖啡的苦味，人們嘗試在咖啡中加入牛奶，結果喝起來意外地溫潤爽口，咖啡牛奶也逐漸被人們所接受喜愛。拿鐵咖啡流行至現代，成為一種時尚、精英、富裕的象徵之一，許多世界級連鎖咖啡店更開發了以「拿鐵」為基底的各式風味拿鐵。

日本的街頭咖啡店，加入和風元素的焙茶拿鐵、抹茶拿鐵，甚至有養生風的芝麻拿鐵、紅豆拿鐵等等，在各式美味食材中沖入熱騰騰的牛奶，滿溢滑口的奶泡，食材與牛奶完美極致的交融，讓吸飲的每一口都充滿著無限的幸福感。

在家裡我們也可以 DIY 做出一杯濃醇美味的拿鐵飲品，牛奶和食材比例隨心所欲，若有一台電動奶泡器就太方便了。沒有奶泡也無所謂，食材中直接沖入熱騰騰香噴噴的牛奶也是美味無限。

本書食譜將介紹十款拿鐵。

可可拿鐵

五穀珍寶拿鐵

咖啡拿鐵

抹茶拿鐵

焙茶拿鐵

黑芝麻拿鐵

南瓜拿鐵

紅豆拿鐵

黑豆拿鐵

印度拉茶

（每個人對牛奶反應不
同，東方人患乳糖不耐
症的比例高，請衡量體
質適度飲用。）

雞蛋與早午餐

雞蛋，幾乎是家庭中最普通又平常的食材，但也是獲取蛋白質最快速又直接的來源之一。除了豐富的蛋白質和脂肪，雞蛋中含有人體所需的氨基酸和卵磷脂、維生素 A、維生素 B 群等營養素，一顆雞蛋幾乎含有人體所需要的全部營養素，可說是最完整全面的營養品了。

早餐是吃雞蛋最佳的時機，雞蛋中的油脂和蛋白質除了提供飽足感，更是一天精力和活力的來源。一個雞蛋可以創造千變萬化的料理，從最簡單的太陽蛋到包裹滿滿餡料軟溜滑嫩的歐姆蛋，甚至是打成濃郁可口的美乃滋，充滿了無限的可能性。連吃法都五花八門，從百分之百生吃的日式「生蛋蓋飯（卵かけ御飯）」，到煎煮炒炸烤，雞蛋無論使用何種調理方式，隨著不同的調理方式，呈現出不同的口感和風味。

本書食譜將介紹十一款雞蛋料理。

玉子燒
（日式玉子燒三明治）

好燒歐姆蛋
（夏威夷披薩風焗烤麵包）

西式散蛋
（超商經典水果三明治）

太陽蛋
（日式乾咖哩烤餅餐）

水波蛋
（班尼迪克蛋堡餐）

麵包鑲蛋
（培根蛋焗烤麵包盒）

溫泉蛋
（凱薩沙拉）

甜椒鑲蛋
（蘋果片洋芋三明治）

水煮蛋
（醬滷雞肉叉燒三明治）

西班牙烘蛋
（希臘優格三明治拼盤）

蛋沙拉
（明太子蛋沙拉三明治）

 輕鬆做水煮蛋

　　只要 2 大匙的水和 1 張餐巾紙就可輕鬆做出外表白亮亮，內部溼潤有彈性的白煮蛋，以後就不用再燒一大鍋水了，平底鍋和電鍋都適用。平底鍋法是日本料理網站流行的方法，電鍋法是台灣網路風行的方法，兩種都是造福主婦簡單又快速的撇步。

平底鍋法

材料		放在冰箱約 1 星期的雞蛋 3 粒。（盡量不要用剛買回來的新鮮雞蛋，放置幾天之後的雞蛋煮過比較容易剝）
道具		1 個大小適中（3 顆蛋，約 18 ～ 20 公分直徑）的平底鍋、相容的鍋蓋 1 張廚房用餐巾
做法		1. 將餐巾紙分成 3 條，捲成圓圈狀，當做雞蛋的地基。把雞蛋放在地基上。雞蛋能事先回溫最好，直接從冰箱拿出來不用回溫即可馬上做。 2. 將 2 大匙水（約 30ml）淋在地基旁邊，讓紙巾溼透。蛋的數量、有無回溫、鍋子大小都會影響加熱時間和水量，這個水量是以 3 ～ 4 粒蛋為準。 3. 緊蜜地蓋上蓋子，然後開中火煮至水蒸發完畢（約 3 分鐘），不要打開蓋子，直接放置約 6 分鐘。6 分鐘是九分熟到全熟之間，熟度可以自行調整時間。 4. 把蛋取出，泡冷水，水變涼再換冷水，然後剝掉蛋殼即可。白亮亮滑嫩的水煮蛋完成。熟度和口感剛好，內部卻溼潤鬆軟，非常美味。

註：有雞蛋過敏體質的人，食用時要注意。另外生吃雞蛋需注意大腸桿菌、沙門氏菌，所以選擇新鮮雞蛋是不二法門。

傳統電鍋法

材料	放在冰箱約 1 星期的雞蛋（盡量不要用剛買回來的新鮮雞蛋，放置幾天之後的雞蛋煮過比較容易剝） 
道具	傳統電鍋（例如大同電鍋）、2 張廚房用餐巾
做法	1. 將 2 張沾溼水的廚房用紙巾舖在電鍋外鍋底部，上面放上蛋。 2. 先蓋上鍋蓋，按下開關，等開關跳起來，再把蛋取出，泡冷水，剝掉蛋殼即可。

香草與早午餐

當泰國料理少了香茅，當台式三杯雞少了九層塔，當生魚片旁少了紫蘇，真是無法想像有多麼「食之無味」。

除了蔥薑蒜，我們生活中還有許多香氣獨特的「食用香草」。

無論是西方或東方，香草運用在料理上歷史悠久，不

同人種民族、不同地理文化區，都有特別偏愛的香草。中國人喜愛香菜、泰國人愛香茅、日本人常用紫蘇、三葉草，而西方料理中，香草可說是不可或缺的元素之一，西方料理就是香草的大千世界。

香草，應用在各種料理上有畫龍點睛的效果，它獨特的香氣和滋味突顯了菜餚的色香味，更有「癒療」效果，能安定心神、開胃保健。在庭園中種上幾盆新鮮的迷迭香、羅勒葉、荷蘭芹、薄荷等，隨手一摘，料理靈感和巧思隨手可得。

香草是非常有「個性」的調味料，不論是新鮮或是乾燥，氣味、滋味甚至營養素都各有不同。不同香草排列組合，從單一至複方調配積極地運用在早午餐點上，讓早午餐的色香味變得更多彩多姿。

☞ 世界三大香菜

香菜（Coriander）

香菜又名芫荽，可說是中國和東南亞最常見的食用香草之一，它散發獨特的香味，具有刺激食慾、增進消化等作用，常見於湯品的點綴裝飾、增添風味，或是直接涼拌，當作生菜沙拉中的佐料、麵食或小吃的配料。

鴨兒芹（Mitsuba）

又稱山芹菜，日語為三つ葉，因其葉片從中央分成 3 片而得名，和孜然、香芹、香菜都屬於同一科。日本料理中，在湯品、火鍋、蓋飯上常見到它的踪影。具有一種優雅迷人的香氣，聞到那香味就彷彿置身在高級日本料亭中。日本主要利用溫室水耕栽培，含有豐富的 β-胡蘿蔔素，整年都有生產。

香芹（パセリ, Parsley）

又有巴西利、洋香菜、洋芫荽、荷蘭芹之稱。原產地中海沿岸。具有清爽的香味和鮮綠色。自古羅馬時代起就用於烹調，也是世界上使用最廣的一種香草。含有多種複合維生素、β-胡蘿蔔素、鈣、鎂、鐵等和食物纖維，它的這些營養素含量在蔬菜中屬優等生。香芹主要有皺葉的荷蘭芹和非皺葉義大利香芹。後者葉子形態與香菜相似，氣味較為柔和舒服，是「荷蘭香芹」和「中國香菜」的混血兒。

🖐 其他風味香草

迷迭香（Rosemary）

一種西方料理和精油常用的香草，因為特別喜光耐旱，易長易活、栽種容易。新鮮或乾燥的迷迭香葉子可以做香料使用，在傳統地中海料理中，常添加迷迭香葉子來增加食物風味，也常做為花草茶的原料。迷迭香的香味能讓人提振情緒、對抗憂鬱、安定神經、促進血液循環。

車窩草（chervil）

也叫細葉香芹，西餐食物料理中極為常用的傳統香草，具有辛辣的香氣，常運用在沙拉、菜餚，甚至是甜點的裝飾上。

羅勒（Bazil）

「羅勒」，品種繁多，較常見的有甜蜜羅勒和九層塔。前者香氣溫和，後者辛香味濃郁。九層塔在「三杯雞」、「炒蛤蜊」等台菜中做為提香之用，甜蜜羅勒則是義大利青醬的主要材料，也是義式料理、披薩、生菜沙拉中用來增添風味的常見香料。

紫蘇（Perilla）

一種充滿和風的香草，富含礦物質和維生素，具有很好的抗炎作用，而且可為其他食品保鮮和殺菌。其葉可製作菜餚，也可用來醃製泡菜。種子富含有益健康的紫蘇油。

薄荷（Mint）

帶有清涼的香味，有消除疲勞、安定神經、提神醒腦、防腐殺菌、清新空氣的功效。綠薄荷（Spearmint）和胡椒薄荷（peppermint）為最常見的品種，多添加於調味品、泡菜、調味冰品中。香蜂草（Lemon balm），有檸檬清新的香味，常使用於料理、茶品和甜點中。

蒔蘿（Dill）

　　又名洋茴香或刁草，外型與茴香相似，但茴香氣味較甜，蒔蘿則有較明顯的辛香味。蒔蘿具有健胃整腸、緩和疼痛和安神作用。可以新鮮食用，也可以乾燥加工成香料粉，氣味優雅清香，常用於海鮮和魚料理的烹飪上。

自製義大利青醬

　　青醬，是起源於北義大利熱那亞和利古里亞地區的調味醬，以蒜泥、甜羅勒（Sweet Bazil）和松子調入橄欖油和起司粉製成，香氣迷人，清爽可口，塗在麵包上或做成義大利麵等都是美味吃法。其實許多香草也可以拿來做青醬，像本土九層塔、綠紫蘇、蒔蘿、義大利香芹、茴香等，都可以混合調配成風味獨特、香氣迷人的青醬。所以如果在市場上看到新鮮幼嫩的香草，一定要記得買回家做看看。

 份量　｜　150cc（2瓶）

 材料

蘿勒葉 80 公克	帕馬森起司粉 2 大匙	橄欖油 150cc
松子 30 公克	鹽 1/3 小匙	黑胡椒粒 4 ～ 5 粒
蒜頭 3 公克	白醋 1 小匙（或檸檬汁）	

做法

1. 羅勒葉用水浸泡清洗，再用脫水器或用餐巾紙充分吸去水氣。葉子和全部材料放入調理機或攪拌機中打勻，量多可以分次打，濃稠度可以用橄欖油量調整。

2. 打好放入乾淨的瓶中，放入冰箱保存可以放約 1 ～ 2 週。表面會氧化泛黑，所以要盡早食用，或是再倒入一些橄欖油隔離空氣。一般青醬，原則上以羅勒為主，也可以再佐一些義大利香芹、蒔蘿、綠紫蘇，也可自行搭配喜愛的香草類或堅果類，像核桃、杏仁，都非常對味。香草類葉子要選用新鮮的幼嫩新葉為主，老又粗的會比較有青臭味及苦澀味，這點要注意。

DIY 香草粉

從單味香草的乾燥粉至複方調配的綜合香草粉，把喜愛的香草類，如荷蘭芹、香菜、迷迭香、羅勒、薄荷、茴香等等，放在太陽下曬成乾葉，用果汁機打碎或是用手剝碎，放入乾燥清潔的瓶中，就是充滿自我風格的香草粉，可放在冰箱長期保存，非常方便。

 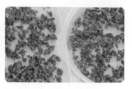

果醬與早午餐

果醬，歷史悠久的保存食，充滿人類愛惜食材的生活智慧。利用砂糖天然防腐的特性，以最簡單的熬煮方式形成水果天然果膠，自然產生黏稠感來保留食物的美好。沒有比麵包塗上香甜果醬更誘人的組合了。果醬除了當抹醬享用之外，還可以拿來做沙拉醬、打果汁，甚至可以入菜做調味料。

酸甜適中又充滿果香的水果最適合拿來做果醬，溫帶水果中的草莓、蘋果、柳橙、藍莓、水梨、杏桃等等，或是熱帶水果中的芒果、鳳梨、百香果、桑椹、奇異果等等，都是絕佳選擇。除了水果之外，像南瓜、地瓜、蕃茄、紅蘿蔔等也可以製作成風味果醬。

逛逛市場找一找當令食材，做一瓶專屬自家風格的果醬吧！

基本道具	1. 不銹鋼、銅、琺瑯材質的鍋具都可以，避免使用鋁製道具
	2. 帶金屬蓋的玻璃瓶
	3. 長柄平面狀金屬製或是木製杓匙
	4. 撈醬沫的網杓
	5. 小湯杓
	6. 小盤子
	7. 手套

基本流程	1. 水果清洗浸泡 2. 確實計量比例 3. 材料混合靜置 4. 器具消毒風乾 5. 慢火攪拌熬煮 6. 裝瓶倒置冷藏	

☞ 覆盆子果醬做法（新手入門版）

覆盆子、蔓越莓、藍莓、黑莓、草莓等漿果類植物屬於強力抗氧化水果，含有大量有利於視網膜的花青素以及豐富的維生素、礦物質等營養，是有助於減緩老化、活化腦力、增強記憶力的超級食物。此款果醬以覆盆子（Raspberry Framboise）為主角漿果，主要盛產季節雖是夏天，但自北美進口的新鮮覆盆子一年四季都有，再佐以藍莓、蔓越莓、黑莓、草莓等綜合莓果為配角，酸酸甜甜特別爽口怡人。

份量	約 400 公克
材料	新鮮覆盆子 240 公克　　白細砂糖 250 公克　　蘭姆酒 1 小匙 冷凍綜合莓果 260 公克　　新鮮檸檬汁 1 大匙　　（可省）

做法

1. 新鮮覆盆子泡水清洗，重覆 2 ～ 3 次，換至濾網中滴乾水氣。

2. 把覆盆子、冷凍莓果、砂糖一起放入鍋中混合好之後，放進冰箱靜置 1 晚，也可以室溫放置約半日（有助於果肉出水和入味）。

3. 果醬玻璃瓶連同金屬蓋放入鍋中，加入水淹過瓶身，開火煮至沸騰，保持在滾水中煮 5 分鐘取出，自然風乾或用乾淨餐巾紙擦乾（瓶和蓋皆必須注意擦乾）。

4. 將鍋子從冰箱取出回溫後，放在爐上開中大火加熱，加入檸檬汁和蘭姆酒滾開之後，換成中小火慢慢熬煮，每 1 ～ 2 分鐘不斷地攪拌，要小心顧火。

5. 煮至約 20 分鐘後轉中火，撈起泡沫，這樣做出來的果醬會比較漂亮透淨。

6. 最後將醬汁煮到用匙子可以劃出溝紋的稠度即可裝瓶。

7. 煮好趁熱即馬上倒入果醬，倒至全滿再緊栓蓋子，隨即倒立放置，待全涼之後再放入冰箱保存。

8. 裝瓶好的果醬，經過簡單包裝就化身成精品級的小禮物。

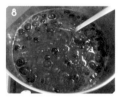  

 溫馨小叮嚀

1. 材料和砂糖的比例一般是 2：1，可按水果甜酸度微調砂糖量，但是注意含糖量愈低，保存期愈短，愈容易腐敗。

2. 容器要煮沸、消毒擦乾或自然風乾，以免滋生雜菌。

3. 煮好後必須趁熱馬上裝瓶至全滿，倒立放置，使瓶中呈真空狀，以利長期保存。未開瓶狀況下保存期限可達半年。開瓶之後盡速食用完畢。

4. 全程都使用不銹鋼材質的器具製作。

5. 為防止燙傷，請帶手套和穿長袖以策安全。

 整顆草莓果醬做法（季節限定版）

說到草莓，老少都愛，它討喜的模樣和鮮紅的色澤，加上香氣迷人，甜酸度適中，總讓人忍不住一粒接一粒。尤其是當季的小草莓拿來做果醬，可以保留整顆果實的美味，拿來搭配麵包、餅乾和優格都十分可口。

份量	約 400 公克
材料	新鮮草莓 500 公克　新鮮檸檬汁 1 大匙 白細砂糖 250 公克　蘭姆酒 1 小匙（可省）

做法

1. 草莓泡水清洗，重覆 2 ～ 3 次，把蒂頭部分去掉後，再泡水清洗 1 次。換至濾網中滴乾水氣。

2. 把草莓和砂糖放入鍋中混合好之後，放進冰箱靜置 1 晚，也可以室溫放置約半日（有助於果肉出水和入味）。

3. 果醬玻璃瓶連同金屬蓋放入鍋中，加入水淹過瓶身，開火煮至沸騰，保持在滾水中煮 5 分鐘取出，自然風乾或用乾淨餐巾紙擦乾（瓶和蓋皆必須注意擦乾）。

4. 將鍋子從冰箱取出回溫後，放在爐上開中大火加熱，加入檸檬汁和蘭姆酒滾開之後，換成中小火慢慢熬煮，每 1 ～ 2 分鐘不斷地攪拌，要小心顧火。

5. 煮約 20 分鐘後轉中火，撈起泡沫，這樣做出來的果醬會比較漂亮透淨。

6. 最後將醬汁煮到用匙子可以劃出溝紋的稠度即可裝瓶。

7. 煮好趁熱即馬上倒入果醬，倒至全滿再緊栓蓋子，隨即倒立放置，待全涼之後再放入冰箱保存。

材料小不點

草莓 —— 日本是草莓王國，其中以栃木縣產量最多而且品種多樣。とちおとめ有草莓小不點之稱，可愛小巧但是香甜多汁，深受日本消費者的喜愛，正因為小巧又香甜，正是做為「整顆」草莓果醬的絕佳品種。

☞ 整顆桑椹果醬做法（鄉土風味版）

　　每年春天是台灣桑椹的盛產時節，自家栽種的桑椹樹結滿了飽滿又多汁的桑椹果，大熱天裡除了清洗處理果實的勞動之外，還得在熱烘烘的廚房熬煮果醬，真是辛苦的手作工程，但是桑椹果醬那種香甜爽口的美味，讓一切辛勞真變得有代價。把桑椹果醬加點冰塊，就變成好好喝的桑椹果汁，解渴又消暑。我最愛的吃法就是把桑椹果醬淋在涼涼的優格上，酸酸甜甜，每一口都是極致享受。

份量 | 約 2.8 公斤

材料 | 新鮮桑椹果實 約 4 公斤　　新鮮檸檬汁 1 大匙
白細砂糖 2 公斤　　　　蘭姆酒（可省）2 大匙

做法

1. 新鮮桑椹果泡水清洗，重覆 2 ～ 3 次，換至濾綱中滴乾水氣。

2. 把桑椹和砂糖一起放入鍋中混合好之後，放進冰箱靜置 1 晚，也可以室溫放置約半日（有助於果肉出水和入味）。

3. 果醬玻璃瓶連同金屬蓋放入鍋中，加入水淹過瓶身，開火煮至沸騰，保持在滾水中煮 5 分鐘取出，自然風乾或用乾淨餐巾紙擦乾（瓶和蓋皆必須注意擦乾）。

4. 將鍋子從冰箱取出回溫後，放在爐上開中大火加熱，加入檸檬汁和蘭姆酒滾開之後，換成中小火慢慢熬煮，每 1 ～ 2 鐘不斷地攪拌，要小心顧火。

5. 煮至約 30 分鐘後轉中火撈起泡沫，這樣做出來的果醬會比較漂亮透淨。

6. 最後將醬汁煮到用匙子可以劃出溝紋的稠度即可裝瓶。

7. 煮好馬上趁熱倒入果醬，倒至全滿再緊栓蓋子，隨即倒立放置，待全涼之後再放入冰箱保存。

🏴 瑪瑪蕾德香柚醬做法（變化進階版）

柑橘果醬的英語是 Marmalade，在法國流傳著有趣的故事，指當地橘子醬的名稱是來自一句「Ma'am est malade」（意指夫人病了），指的是蘇格蘭瑪麗一世從法國搭船歸國，她要法國廚師準備蜜糖橙來治暈船，所以瑪瑪蕾德醬是歷史悠久的果醬。

任何柑橘類水果，像檸檬、柳橙、青檸、萊姆、葡萄柚、柚子、橘子等都非常適合做成瑪瑪蕾德醬，只是做法比一般果醬來的費力，多了去澀這道功夫。不過，這種帶有淡淡苦澀味的橙香清爽怡人，酸酸甜甜的風味正是這種果醬特別美味的精華所在。

 份量 | 約 1200 公克

材料 | 香柚果皮 600 公克　　柳橙汁（市面含糖瓶裝）400cc　　蘭姆酒 2 大匙
香柚果汁 400cc　　砂糖 750 公克

 做法

1. 把香柚外表沖洗乾淨，用乾布擦乾表皮，再利用榨汁器，把果汁榨出。

2. 將果皮內側的白色膜部分用湯匙刮除。將果皮切成細絲。（此處是辛辣苦澀味的來源，所以刮除愈乾淨愈沒有雜味。

3. 將果皮切成細絲放入鍋中，加入清水淹過果皮，放至爐上開大火煮滾後，濾掉煮汁，此步驟重覆 3 次。

4. 將去澀過的果皮絲濾乾水氣後，和果汁和砂糖一同放入鍋中，放冰箱靜置1晚。（此次香柚品種所榨出的果汁少，所以利用市售的柳橙汁補充，原則上果汁量必須超過果皮量才能充分煮出果皮風味。若使用柳橙汁補充果汁不足的部分，因甜度不同，所以砂糖份量也必須隨之調整。）

5. 果醬玻璃瓶連同金屬蓋放入鍋中，加入水淹過瓶身，開火煮至沸騰，保持在滾水中煮 5 分鐘取出，自然風乾或用乾淨餐巾紙擦乾（瓶和蓋皆必須注意擦乾）。

6. 將鍋子從冰箱取出回溫後，放在爐上開中大火加熱，加入蘭姆酒滾開之後，換成中小火慢慢熬煮，每1～2分鐘不斷地攪拌，要小心顧火。

7. 煮至約 20 分鐘後轉中火，撈起泡沫，這樣做出來的果醬會比較漂亮透淨。

8. 最後將醬汁煮到用匙子可以劃出溝紋的稠度即可裝瓶。

9. 煮好趁熱馬上倒入果醬，倒至全滿再緊栓蓋子，隨即倒立放置，待全涼之後再放入冰箱保存。

 溫馨小叮嚀

日本香柚也可以用柳丁、香吉士、橘子代替，做法相同，但各有風味。

2

LET'S BAKE !

讓我們
「動手」做麵包

「這事是不用花什麼錢的，它充滿著愉悅，像是被催眠一樣，又像某種古老儀式中的舞蹈，整個屋子飄著甜蜜香氣，你會感到無比的詳和平靜。這事卻極花時間，但只要你願意花時間，那一切就簡單了。如果沒時間，就為了這件事去找出時間吧。它讓你放空所有雜念，比任何療法、瑜珈運動、瞑想都來的有效。它就是動手做麵包！」

—— 美國知名料理研究家 瑪麗費雪

從一開始做麵包，我就是「手揉派」。

將材料一項一項添加混合，然後揉打，這一連串的物理化學反應，是一段很私密的時光，透過指尖和手掌揉摸充滿生命力的麵團，感受酵母獨有的溫度和張力，用心去傾聽麵團所發出來的呢喃。這段私密的時光是屬於我和我手中的那顆麵團，我們用彼此熟知的語言對話，用默契傳心。

所以，手揉不只是「手揉」，而是「手感」的過程。

有人覺得手揉麵團既費工又費時，把雙手搞的黏呼呼的，遇上大熱天更是磨體力和耐心。但我這人卻相反，最享受的卻是這段揉麵團的過程，唯有透過親手觸摸才能了解軟硬彈性，憑感官來判斷麵團的變化，從錯誤和失敗中累積經驗值，從成功中享受成就感，最重要的是知道所吃的食物掌握在自己的手裡，那種安心感無可取代。

心動了嗎？讓我們就開始「動手」做麵包吧！

認識製作麵包的基本材料

「麵包，是有限材料創造無限可能的產物。」—— 蜜塔木拉的喃喃自語

　　古埃及有位奴隸，某天晚上想為主人做麵餅，把水和麵粉混合好的麵團放在桌台上後，忙著去升爐火，結果打起瞌睡，一覺醒來，發現麵團脹大了，連忙把麵團做成了烤餅。沒想到烤餅吃起來又鬆又軟，還帶有微微的甜味，主人大為讚賞，結果這位愉懶的奴隸陰錯陽差變成第一位麵包師始祖。

　　這個有趣的傳說故事，告訴我們一顆麵包的誕生，其實就是一個簡單的道理：有限的材料創造出無限的可能。

　　最基本主材料——只要以下這四樣材料就可以做出美味麵包。

 麵粉

　　小麥麵粉的筋性高低取決於蛋白質含量。一般來說，麵包大多用蛋白質含量為12% 以上的高筋麵粉，蛋白質含量愈高，筋性愈強，製作出來的麵包才有 Q 彈膨鬆的口感。中式麵食主要使用中筋麵粉，而蛋糕餅乾則多用低筋麵粉。不同於台灣和

▲麵粉袋上所標示的蛋白質和灰分含量。

◀適合製作法國麵包的偏中筋麵粉種類，日本人稱為準強力粉。

日本，法國則以灰分（小麥中麥殼和胚芽部分所含的礦物質成分）為區分麵粉等級的標準，所以常聽到所謂 T45、T55、 T65 法國麵粉，45 指的就是灰分 0.45% 之意。灰分量愈高，營養和風味也愈明顯。

 烘焙手帖

麵筋（gluten）——又稱麩質，小麥麵粉中的蛋白質與水經過攪拌形成所謂麵筋（gluten），即是支撐麵包的骨幹。麵團在發酵過程中產生的二氧化碳，麵筋的網目結構將氣體包覆在組織之中，使麵團體積變大，增加了麵團的彈性。不同筋度的麵粉影響製成麵包的口感，例如製作吐司主要使用最高筋性的麵粉，追求細緻 Q 彈的口感，而硬式麵包如法國麵包、鄉村麵包等追求外脆內軟，所以使用中度筋性的麵粉。另外，對有些人的體質來說，麩質也是過敏源之一，所以了解自己的體質是享受美味麵包的首要原則。

溫馨小叮嚀

如何保存麵粉

盡量一次不要購買太多麵粉，建議購買以 1kg 單位的小包裝。開
封過的麵粉放入密閉容器中，再放置冰箱冷藏室保存。未開封的
麵粉可以常溫保存，已開封者則盡早使用完畢。冬天做麵包時，
可提前從冰箱取出回溫再使用。

如何保存酵母粉

若是製作麵包頻率不高，可購買以 3 ～ 5 公克為單位的分包型包裝，
若是製作頻率高則可購買 50 克以上整盒包裝，再移至乾燥清潔的空
瓶中緊蓋後再放入冰箱冷藏庫保存，取用時一定要使用乾燥清潔的湯
匙，並在保存期限內使用完畢。

酵母

　　酵母是麵包的生命源，做為烘焙麵包所使用的酵母產品，主要分成新鮮酵母、乾酵母、
即溶速酵、自家培養的野生酵母等。

　　新鮮酵母（fresh yeast）——又稱為生酵母，為沒有經過乾燥粒化處理的酵母，發酵
速度快，活性佳，價格較低，所以常使用於營業用途的烘焙上。但因含水量高，保存期
限較短，保存不易，所以一般家庭比較少使用此類酵母。用量約是乾酵母的 2 ～ 3 倍。
以酵母份量的 5 ～ 6 倍溫水加以充分融化後再和其他麵團材料混合。

　　乾酵母（dry yeast）——在製造新鮮酵母的最後階段利用熱風使
其乾燥製成。使用時必須提前將酵母放入 5 倍份量左右的水中預備
發酵。像有名的「白神こどま酵母」和「有機穀物酵母粉」就是一
種乾酵母。

　　即溶速酵（Instant yeast）——即溶酵母顆粒比乾酵母來的細，
發酵能力強，不需要預備發酵，直接加入麵粉中即可馬上使用。注
意加入後 5 分鐘之內必須開始攪拌，攪拌必須充足，否則容易殘留
顆粒於麵團中。份量為麵粉量的 1 ～ 2% 左右，一般家庭製作麵包
以此種酵母最為方便省時，穩定性高。像法國燕子牌和日本日清牌都是常見的知名即溶
速酵品牌。本書主要使用日本日清牌即溶速酵製作麵包。

自家培養的野生酵母（Wild yeast starter）——想要讓麵包風味更與眾不同，可以在家利用水果、穀物或是直接使用麵粉來製作野生酵母，是發酵麵食酵母的元祖。例如歐美人家庭風行使用麵粉和水培養酸種（sourdough）做麵包，以及中國傳統留老麵做為發酵種製作饅頭包子，都是運用自家培養野生酵母的原理製作麵食的例子。比起一般商業酵母，這類以野生酵母製作出來的麵包經過長時間發酵而帶有淡淡酸氣，散發自然的果香和麥香，呈現豐富又獨特的風味。

所以，那位埃及奴隸想必是陰錯陽差地使過夜的麵團不小心自然發酵，因此做出了美味又鬆軟的烤餅。

▲自製天然酵母粉

◀各類水果酵母

以上每種酵母的發酵力道、使用方法、份量比例、所費時間和精力都不同，相對於在麵包上呈現的風味和效果也各異。衡量個人能力條件和評估烘焙環境，選擇最適合自己偏好的酵母，學習熟用它才是製作麵包的不二法門。

烘焙手帖

如何製作天然酵母麵包？

近幾年，因為食品安全的問題，許多麵包店都標榜「天然酵母麵包」，彷彿只要聲稱麵包是用「天然酵母」做的，麵包的身份就變的特別「高級」，麵包的賣價也自然「高貴」。

其實，既然酵母是菌，無論是哪種酵母菌都是「天然的」，但是為什麼要特別區別所謂「天然」和「商業」？讓我用個簡單的例子說明。

一般自養的酵母菌又稱為「野生酵母」（Wild yeast），是未經挑選和馴化過的「野孩子」，把每位來自不同地方的野孩子組成一個軍隊，龍蛇雜處，有優等，也有調皮搗蛋的，有建設的，也有搞破壞的，送上戰場的話，很有可能全軍覆沒，當然也有勝利的可能。

商業快速酵母（大量標準化製品的酵母），其實也是野孩子，但是他們受到了嚴格的選別、訓練、調教，已是馴化過的精兵，是受過專業培訓的團隊，有明確的目標，就是一定要打贏才行。

野生酵母直接取自水果、穀物等做為培養基，做出來的麵包充滿個性，風味豐富獨特，然後工廠利用精密技術標準化培養出精英酵母菌種，幫助快速有效率地大量生產麵包，所以才稱為「商業快速酵母」。但是因菌種單一，風味也較為單純。

所以，沒有好不好的問題，沒有誰比誰「高貴」的問題，大家的目標都是一樣的，就是促成發酵，都可以做出美味的麵包。

☞ 水

水與麵粉中的蛋白質結合而形成麵筋網絡，水也是促進澱粉酶對澱粉進行分解，幫助酵母生長繁殖。每款麵包因不同配方、不同的含水量 (hydration) 產生不同軟硬度的麵團，直接影響麵包成品口感，例如貝果類屬於低含水量麵團，紮實度高，咬勁足；相反的，  歐式麵包的烘友們風行以 High Hydration（高含水量）來製作麵包，藉以提高麵包保水度和溼潤度，烘烤出外皮脆薄、內部溼潤柔軟的口感，改善原本歐包容易硬梆梆的問題，也因此引發了一股「高含水免揉麵包」的風潮。

另外，各種材料本身含水量不同，也會影響麵團的整體含水度，更會對麵團軟硬度產生不同的效果，例如加入多量油脂、乳製品、砂糖、蛋等材料的麵團，烘烤後的麵包整體口感較為柔軟溼潤。若是想以牛奶代替配方中的全部水量，則牛奶量必須比配方水多出約一成為調整方法。

各類常用副材料含水度一覽表	
材料名	含水量
奶油	15%
全脂／脫脂奶粉	2 ～ 3%
牛奶	90%
鮮奶油水	50%
全蛋	70%
蛋黃	50%
蛋白	88%
蜂蜜	20%

資料來源：《パンこつの科学》（吉野精一 著）

 烘焙手帖

日本麵粉非「made in Japan」？

台灣麵包界受日式烘焙影響深遠，許多店家也標榜材料使用「百分之百日本貨」以營造高品質形象，甚至許多瘋迷「日本貨」的烘友特別遠渡日本，千里迢迢扛著一包一包所謂「日本貨」的麵粉回家，形成一種「爆買日本麵粉」的奇象。

田間自然野生小麥

其實，「日本貨」並非等同「日本國產」。

日本，自古以來是以米為主食，就文化、地形和氣候上來說，栽培小麥並非主流，幾乎依賴自歐美進口。因此，日本國內販售的麵粉，除了少之又少的「地粉」和「國內栽種且研磨成的小麥麵粉」之外，絕大多數都是從美國和加拿大進口的小麥，經過研磨加工包裝而成，或是直接進口麵粉成品。

日本東京都小農栽種「農林 61 號」品種小麥

說起來，日本和台灣販賣的絕大部分麵粉成分，其實大同小異。近幾年，台灣烘焙界也逐漸重視台灣本土自產麵粉，創作屬於台灣在地原味的麵包。真的不太需要特別買昂貴機票，大老遠來日本辛苦地當扛夫。

製作麵包的時候，水的溫度為什麼需要調整？

麵團的水溫要如何計算？怎麼知道現在做的麵團要用多少度的水才適當？

在揉麵團的時候，水的溫度直接影響到揉成麵團的溫度，使酵母有不同程度的活性，當然也會影響後續發酵時間。麵團溫度過高，容易發酵過度而做出組織粗糙、外表起皺的成品；相反地溫度太低，發酵不足，麵團體積小，不夠柔軟可口。所以水的溫度必須按照所處環境的室溫和所製麵包的種類等狀況來調整，才能確實地做出想要的口感及成品。

由於我們不是「做生意」，沒有專業設備環境之外，在家裡做麵包要做到百分之百的溫度調節實在不容易，幾乎都是靠五感來判斷，所以至少準備一支好的食物「溫度計」和室內環境溫溼度器（我家電子時鐘有此功能）是缺一不可。

一般手揉好的麵團溫度平均在 23 ～ 28℃ 之間，但麵團從揉成到最後發酵完成，隨著時間會自然提高 3 ～ 4℃ 左右，所以以我個人經驗來說，採直接法發酵麵團揉畢的最佳溫度是落在 25℃，若是採冰箱冷藏發酵則在 23℃ 左右較佳。

一般而言，夏天因為室溫高，自然麵粉溫度也高，手溫也高，揉麵台和容器溫度高，所以必須要用冷水，大熱天甚至需要用到冰塊水，相反的冬天就要用溫度高的水。但是酵母在 45℃ 以上活性極度下降，4℃ 以下進入冬眠狀態，所以必須要注意調整溫度範圍。到底麵團的水溫要如何計算，怎麼知道現在做的麵團要用多少度的水？這是一般標準的計算方式，供大家參考：

使用攪拌機的場合——水溫＝ 3 X（預定揉成麵團溫度－摩擦係數）－（粉溫＋室溫）

例如：想要揉成麵團的溫度為 28℃（一定要先預設好），量了粉的溫度約 25℃，室溫是 30℃，摩擦係數（固定是 6 ～ 7℃），這樣得出來水溫是 11℃。

手揉的場合——（水溫＋室溫＋粉溫）÷3 ＝預定揉成的麵團溫度

例如：室溫是 28℃，粉溫是 28℃，預定揉成麵團溫度是 28℃，這樣得出來水溫是 28℃。

另外，不同的麵粉吸水量也不同，日本國產麵粉吸水量約在 55 ～ 60％ 左右，而歐美進口麵粉和台灣大品牌的高筋麵粉則在 65 ～ 70％ 之間，所以就算加入等量的水，因所使用的麵粉不同，麵團的軟硬度也會有差異。

還有，水質也會對麵團產生些許的差異。一般來說，歐美地區和台灣屬於硬水，日本屬於軟水。麵包製作上以偏硬水的水質較佳，有利於發酵，生產出來的麵包品質較高。若以軟水製作麵包，麵筋容易軟化，麵團黏稠。但使用硬度過高的水質，則反而阻礙發酵，麵團容易斷裂乾燥。我因為住在日本，做歐式麵包時用的水會特別使用法國進口的礦泉水。

麵團中的含水量就是決定麵團的軟硬度，也是麵包口感的關鍵，但是家庭手作麵包講究「臨機應變」，只要決定好製作的麵包款式，掌握好基本的加水量，手揉麵團感覺至接近「耳垂」軟度是大原則，一般不用太過於拘泥細節。

☞ 鹽

鹽，除了有提高麵團筋性、形成緻密的麵筋網目組織功能，適當的鹽分還可以調節發酵速度，抑制過度發酵。鹽也是麵包風味重要的來源之一，沒有加鹽的麵包食之無味、難以下嚥，尤其是材料單純的硬式麵包更講究使用高品質的鹽，鹽的品質和份量都是麵包美味的關鍵。麵團中加入鹽的用量一般在 1～2% 之間，太多或太少都會影響發酵和風味。家庭製作麵包所使用的鹽，建議使用天然海鹽，和一般料理用的精製鹽分開保存。若是受潮結塊的鹽，可以稍微乾炒過篩再加入麵團。

鹽，有抑制發酵的特性，所以混合材料時應和酵母粉分開放置，或是待酵母和其他材料初步混合攪拌後再添加入麵團中（後鹽法）。

鹽除了是麵團基本材料之外，例如岩鹽也可以當作裝飾用鹽，在一些風味獨特的義式麵包或是德式椒鹽麵包上撒一些粗粒岩鹽，使風味更上層樓。

岩鹽

🔍 烘焙手帖

做麵包可不可以不放鹽？

我的答案是 NO ！

鹽，不只是風味，它更是影響組織和發酵。吃了無鹽的麵包，比吃到「無味」還令人心情低落。

不加鹽，當然也可以做成麵包，只是「吃」那種麵包，就失去了「享受」的真意。

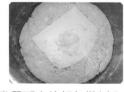

有一次，我沒加鹽在麵包裡，不是故意不加，而是「忘了加」，最後我發覺那次的麵包難以入口，一直吃不完，最後把它做成麵包粉放入漢堡排中消化掉了。從那次之後，就提醒自己一定要記得放鹽，尤其是水合後鹽法，「後面加鹽」就會變成多次「忘記」的情形。後來我想出一種方法，就是直接把鹽放在刮刀上，然後將整個刮刀放在水合麵團上，這樣水合完成之後，就直接利用刮刀把鹽加入麵團中。用了這種方法之後，就沒有發生過忘了加鹽的意外了。

☞ 各式各樣的副材料，隨心所欲加入來增添口感和風味

1. 砂糖

砂糖是酵母發酵的主要來源，加入砂糖的麵團也比較溼潤柔軟，烘烤時容易上色，成品也不容易老化，保存時間較長。除了一些硬式麵包幾乎不加砂糖，一般麵團的砂糖添加量為麵粉量的 5～8% 左右。若是加入過多的砂糖會抑制發酵，表面也容易烤焦。製作麵包時，砂糖可以放置在酵母旁一起混合，以助發酵。市面上有許多風味糖，例如楓糖、蜂蜜、黑糖等等都可以依喜好放入麵團中。

2. 蜂蜜

也是不錯的甜味素材，加入適量的蜂蜜，除了麵包容易烤上色，麵包保溼度高，烤出的麵包香氣也特別濃郁。但是建議用量為麵粉量的 5% 左右，過多的蜂蜜量，除了甜味厚重之外，還會阻礙發酵。

蜂蜜的甜度約是砂糖的 1.3 倍，1 大匙的蜂蜜約是 21 公克，所以約等同 3 大匙（約 27 公克）的砂糖量。

3. 油脂類

油脂，是天然的潤滑劑，可以提高麵團的柔軟度、溼潤度和伸展性，也可以抑制水分蒸發，防止麵包老化。尤其主要以奶油（butter）風味為基底的麵包，口感上特別蓬鬆柔軟，是軟式甜麵包、丹麥麵包、法式可頌不可缺少的材料之一。

各種不同風味的食用植物油，像橄欖油、菜種油、米油都是不錯的選擇。液態油可以直接加入麵粉中和其他材料一起混合，也可以在手揉途中一邊加一邊揉。除了直接加入麵團之外，烘烤完的成品趁熱在表面上擦上薄薄的油，讓麵包烤色更光澤誘人。

奶油主要分為無鹽和含鹽兩種，製作麵包所使用的奶油，一般是指「不含食鹽」的奶油，但如果使用的是含鹽奶油（一般含食鹽量約 1.5% 左右）也可以，不過得適當減少配方用鹽的份量。

市面上有各種不同的風味奶油，但原則上不使用人造奶油。奶油可以利用奶油分割盒，分割成 5 公克單位的小塊，集中於冰箱冷藏庫保存。夏天可不回溫直接揉入麵團中，冬天則需回溫放軟後再加入麵團。仍稍有硬度的奶油，可利用手指溫度捏軟、搓入麵團，或是利用刮刀在揉麵台上壓平後加入麵團。

4. 雞蛋

雞蛋是天然的乳化劑，蛋黃所含的脂肪類似油脂類的作用，可使麵包體積膨大、柔軟溼潤、延緩老化、烤時膨脹、烤色美、風味佳。蛋液除了當作麵團材料，還可以當作裝飾用，例如進烤箱前塗抹在麵包表面，出爐時麵包表面呈現光滑感的金黃光澤。當想要在麵包表面上黏附種籽或堅果時，也可以

當作漿糊般的作用，先沾蛋液再沾種籽，這樣麵包表面就容易完整沾附種籽了。無論是直接當麵團材料或是作裝飾用，注意要使用新鮮雞蛋，使用之前要充分打散，最好過篩，確保蛋液質地均勻。

烘焙手帖

麵包出爐後在表面塗蛋液，有什麼作用？

蛋黃含有胡蘿蔔素般的黃色色素，加上蛋白含有蛋白質熱變性的效果，一旦接觸到空氣加熱後就會形成薄膜，而使麵包表面呈現光滑感的金黃色澤。

但是塗太厚時，上色太快容易焦黃，而且麵包表皮也會因過厚的蛋液而變硬皮。所以我常常會用水稀釋蛋液，一半全蛋液一半水，這樣可以符合想要一點光澤又不要上色太過的需求。

相反的，如果想要讓它金光閃閃就加重蛋黃比例，或再加一點蜂蜜，或加上少許的味醂，甚至加上一點咖啡液，就可以達到有點像「照燒」的上色效果。

塗蛋液的技巧，蛋液要過篩（這很重要！），盡量使用纖細刷毛，塗的時候施力要輕、方向要一致。塗之前要先把多餘蛋液抹在其他容器上，最重要的是不要貪心塗太厚，不然表皮烤出來會厚厚的。

除了蛋液之外，還有單純在烤前噴水、塗牛奶、塗橄欖油或奶油，都有不同程度的上色效果。還可以在發酵之前刷一次，進烤箱之前再刷一次，這樣烘烤出來表面就會有兩種深淺顏色的層次對比，效果更活潑。

5. 乳製品

麵團材料常用的乳製品，除了奶油，還包括了新鮮牛奶（milk）、鮮奶油（fresh cream）、煉乳、優格、優酪乳、奶粉等。乳製品含有乳糖、乳酸菌和各種營養素。乳糖有助於焦化反應，因此有利於麵包烤出美色，也可以延緩老化，但過多也會容易焦黑。乳製品也是奶香風味的來源，但是即使用牛奶代

替全量的水分，製作出來的麵包也嚐不出特別的牛奶味，所以配合使用奶粉也是不錯的選擇。這種方法要注意兩點，第一點，若是想用牛奶代替配方中的全部水量，則會產生麵團水分不足的問題，有必要再增添約10％的牛奶量。第二點，奶粉用量要小心。奶粉有吸水性，使麵團較乾緊，所以必須適當增加麵團配方水量，過度的奶粉量也會阻礙發酵。麵包店一般使用烘焙專用的脫脂奶粉，主要是粒質細緻、不容易結塊、常溫可保存、成本低。但是一般家庭比較容易取得的是全脂奶粉，我使用全脂奶粉用量約是麵粉量的 2～3% 左右，因為全脂奶粉脂肪較高，所以也會適度減少其他油脂用量。

現在也流行將優格和煉乳做為副材料加入麵團中。優格因為含有豐富的乳酸菌，優格量多時容易破壞麵筋組織，麵團溼軟黏手，增加手揉難度，此外，烤出的成品也略帶酸

味，口感也偏黏重。煉奶因為甜度高，要適度調整配方中的砂糖量。除了甜度高，練奶特有的濃郁奶香是喜愛牛奶風味者不錯的選擇素材。

6. 果乾

果乾一向是麵包材料中增添風味和襯托香氣的人氣材料。近年來流行將地產特色的水果製作成果乾添加入麵包中，突顯在地風格。烘焙麵包常見的果乾如葡萄、蔓越梅、櫻桃、藍莓、龍眼、柳橙、椰棗、杏桃等等。加入麵團中的比例不可過高，除了一些特殊的節慶麵包款式之外，一般添加量大致在 5～10%，否則阻礙發酵。

果乾加入麵團前要先泡溫熱水軟化，或是浸泡在白蘭地、葡萄酒、蘭姆酒等風味酒中2～3天，讓果乾散發酒香。泡水或泡酒過的果乾加入麵團前，先用餐巾或手將多餘水氣擠出，以免影響配方中水量。體積大的果乾要切成細丁，像小粒的葡萄乾就可以整粒放入。放入果乾一般有三個時機點，一是在剛開始就直接和其他材料混合攪拌，此法適合數量少、體積小的果乾，二是在初步成團後，將麵團攤開，平均撒入果乾，捲折再持續手揉至完全均勻。三是在整型中加入再進行發酵，例如像果乾麵包卷等等。

7. 蔬果類（果粉、果泥、果肉、果汁）

紫芋粉

許多新鮮蔬果都可以加入麵團中，例如將南瓜蒸熟後去皮搗成泥，混合麵粉揉入麵團中會呈現天然金黃色；葉綠色菜汁也可以加入麵團。各種根莖類像芋頭、地瓜、南瓜蒸熟後去皮切丁，或是搗成泥後放入麵團中做為內餡也有一番風味。

最近市場上流行的蔬菜粉、根莖類粉，五顏六色，營養價值高，提供麵團不同色彩變化。同樣的，用量上要小心不可過量，如果揉入麵團中的果泥比例過高，除了影響水分、麵團格外溼黏、增加手揉難度，加上果泥影響發酵又不容易烤熟，所以發酵時間和烘烤溫度都要特別小心。

另外，若想取用熱帶水果的果汁做為風味材料，要盡量避免使用蛋白酶含量高的鳳梨、木瓜、奇異果，或是酸性高的水果，容易破壞麵筋，使麵團斷筋而無法操作。

8. 雜糧、豆類

加入紫米飯的麵團

各式各樣五穀雜糧、豆類以不同型態加入麵團中，例如米飯、紫米、薏仁、藜麥等煮熟後混入麵團中攪拌。煮熟的豆類，像紅豆、黑豆等在攪拌時加入或是在成型時加入。有些雜糧類，像即食燕麥等加工成品，或是專門製成烘焙材料的綜合雜糧包，或加工成細緻的粉類，都是非常方便的選擇。在手揉情況下放入煮熟過的米飯

麵團，含水量和黏度高。相反地，乾性雜糧直接加入麵團反而會吸水，這些都要考慮的地方。

9. 風味粉類

　　日常生活中常見的巧克力、可可粉、即溶咖啡、茶葉粉、香草粉、調味粉等都可以適量放入麵團中，各種排列組合做出自己喜愛又風味豐富的麵包。

10. 堅果、種籽

　　堅果和果實種籽是烘焙麵包的養生材料，加入堅果的麵包除了香氣濃郁，口感酥脆，還提供了豐富的營養素和油脂。常用於麵包中的各類堅果和種籽有：核桃類、松子仁、南瓜籽、杏仁果、腰果、花生、夏威夷豆、開心果、向日葵籽、奇亞籽、亞麻仁籽、罌粟籽、黑白芝麻等等。不論是堅果或是種籽類，注意用量，避免影響發酵。按顆粒大小或個人偏好，先磨成細粒再加入麵團，或也可以整粒直接加入麵團。建議加入麵團前稍微乾炒或烘烤出油，提升香氣和口感。

 烘焙手帖

如何美味享用堅果？如何保存？

堅果富含優質的不飽和脂肪、礦物質、蛋白質、膳食纖維，每日食用適量堅果有益健康，是天然的維他命。

新鮮，是美味堅果的首要條件。因堅果容易氧化受潮，變質的堅果反而容易滋生毒素，所以開封之後盡早食用完畢，吃不完一定要密封好放冰箱冷藏保存。一般的家庭用量，可以向信用良好的店家購買真空小包裝，以方便保存。

盡量購買無油炸和無調味的生堅果，回家自行加工成喜愛的形式。堅果經過乾炒或烘烤，香氣濃郁，更美味可口，有兩種方式可以加熱堅果：

第一：放入炒鍋，中小火乾炒，過程中要不斷地拌炒以免炒焦，直到表面出油略為上色即可。炒熱的堅果倒入耐熱盤子中平舖放涼後，放入密封容器再冷藏保存。

第二：用烤箱約 150 ～ 170℃ 左右的溫度，烘烤約 15 ～ 20 分鐘，也是烤至表面出油上色。烘烤中途要記得取出拌翻 1 ～ 2 次，然後倒入耐熱盤子中平舖放涼後，放入密封容器再冷藏保存。

由於我家每天早晨都習慣泡一碗加入各式堅果的麥片粥來暖胃。堅果麥片粥裡有打碎的各式

堅果、糙米粉、黃豆粉、薏仁粉、芝麻粉、奶粉、小麥胚芽粉，自己調製吃的安心。依家人人數需要，一次大量購入各式堅果，分批乾炒後放涼，再放入專門研磨堅果的機器中研磨。如果家裡沒有研磨機器，可以把堅果放入厚底的袋子中，把毛巾舖在袋

上，隔著毛巾用乾淨的鐵槌把堅果打碎。打碎後的堅果粉分包放入保存袋中，放入冰箱保存，製作精力湯、沙拉醬汁、調味料等都非常方便。

製作麵包的基本道具

「Spend a little, learn a little.（花小錢，學一點）」

這句話是我讀研究所時，一位英國教授提醒我們這些畢業生的名言。他告訴豪情壯志的年輕人，無論開創何種事業，都先 Spend a little, learn a little，萬事起頭先花少少的錢，但一定得學到東西，再花一點，再學一點。

我一直將這句話牢記於心，所以每開始一項興趣或嗜好，也是抱著這樣的態度。

把家裡小小的廚房空間化身為個人烘焙工坊，只要準備基本的工具，不需驚天動地一下子就購買高階設備或道具，烘焙時間久了自然會慢慢添購一些用具。其實最基本的工具只有一樣，就是萬能的雙手，就連普通的平底鍋都能代替烤箱使用，但是為了追求烘焙品質，所謂工欲善其事，必先利其器。以下就是我剛開始手作烘焙的基本道具，還有一些覺得實用的小物。

☞ 烤箱

在歐美國家，烤箱是一般家庭常見的廚房設備，近年來亞洲烘焙風潮盛行，小家庭也開始購入大型家用烤箱。烤箱的種類、大小、構造、使用方法等都會影響烘焙品質。

1. 烤箱種類

一般市售的家用烤箱，分成電氣型和瓦斯型。不同國家偏好的烤箱類型也不同，歐美偏愛瓦斯型，東亞慣用電氣型，尤其台灣喜愛用熱風循環式電烤箱，而日本最常見的是所謂「微波烤箱」。

· **瓦斯型烤箱**：適合廚房空間大，以烘烤為主要調理方式的家庭。優點是火力大、加熱快，最高溫度可達 300℃ 以上，適合烘焙量大、尤其製作大型麵包如歐式鄉村麵包的需求。使用時控制火候難度高，需要長年累積使用經驗。

· **電烤箱**：即所謂的 Convection oven，是家庭最經濟的選擇。市售電烤箱一般是配備 4 根發熱管，頂部 2 根，底部 2 根。發熱管數目愈多，烤箱內部溫度均衡控制愈好，食物受熱也較為平均，盡可能選購熱電管多根以上的機型。熱風循環式電烤箱（又稱旋風烤箱），利用內建風扇快速將熱氣傳送至烤箱各角落，烤箱內部受熱快又平均，溫度控制性高，可以一次烘烤多量的食物，多配有控制上下火功能，最高溫度平均在 250℃ 左右。

‧**微波烤箱、水波爐和蒸氣烤箱**：微波烤箱在日本稱為オーブンレンジ，多種功能結合於一機的微波烤箱其實是符合日本人重視小空間、多機能需求所設計，日本家庭主要都以微波為主，蒸烤為副，基本上都是此類烤箱。此類烤箱中又以過熱水蒸氣為主要流行款式，又稱為水波爐。另外，蒸氣烤箱為結合蒸煮與烘烤兩種功能，於烤箱中注入水，利用高溫水蒸氣烘烤食物，使表皮酥脆又不乾柴。以上的三種機款一般都無法獨立控制上下火，雖然最新機種最高溫度可 350℃ 以上，仍以製作中小型麵包為宜。

 烘焙手帖

熱風循環式電烤箱（又稱旋風烤箱）中的旋風功能，什麼時候使用？如何使用？

 近年來新式的熱風循環式電烤箱（又稱旋風烤箱），成為家用烤箱的主流，功能上有一種「切換旋風」的貼心設計。
旋風功能，什麼時候 on，什麼時候 off，有熱風和無熱風，是剛開始使用此款烤箱最令人頭痛的問題。
我一開始學習做麵包用的就是旋風型烤箱，以為有了旋風，可以讓所有的麵包受熱均勻、烤色漂亮，所以幾乎全程都讓旋風 on 的狀態烘烤。結果發現，風扇的迎風面和背風面烤色有明顯差異，而且外皮口感也不同，迎風面直接面對風扇，所以上色快、烤溫高，導致外皮烤色深且厚乾。
一開始就使用旋風功能，雖然內部溫度上升快速，相對地也會產生表皮已固定上色、麵包內部未熟的現象。尤其是製作表皮裂口的法棍或歐式麵包時，麵團表皮一下子受到強烈熱風吹打，表皮部分受熱快，但熱度尚未達到麵包中心，導致麵包未膨脹前，表皮已經定型，裂口自然就無法開展。這就是為什麼歐美人士製作鄉村麵包常利用加蓋鑄鐵鍋，就是為了在前半部阻斷熱風，使裂口順利張裂之後，後半段再打開蓋子持續烘烤至麵包熟透。
經驗累積之後，無論烤什麼麵包，預熱時我會打開旋風，等到麵團進爐後關上旋風，烘烤後半段才打開旋風功能，軟麵包烤約 3 分鐘，硬麵包烤約 5 分鐘，讓麵團表皮烤上一層金黃色澤。

2. 烤箱大小

烤箱大小主要是以「升」為單位，指的是爐內容量。以家庭人數、製作量、擺放空間為考量選購烤箱。例如打算製作吐司類，就要考量烤箱內部的高度。也可以考慮購買內部可放置雙層或是三層式烤盤的烤箱，既節省空間又增加烘烤面積，是不錯的選擇。不過，烤箱內一次放置三盤量和一次只放一盤量的烘烤品質是完全不同的，所以對於有意經常製作麵包的家庭來說，通常會選擇大一點的烤箱，主要是空間大對流佳、受熱均勻、烘焙品質穩定。但是大烤箱也相對佔空間，預熱時間長又較費電。小烤箱預熱快又用電成本低，短時間可以回溫麵包，製作少量麵包或焗烤是非常實用的配備。

一般來説，人數與烤箱大小的關係如下：

一人需求：20L 以下。

二到三人家庭：25L 左右。

四人家庭：26 ～ 30L 之內。

四人以上：30L 以上。

實用小建議

陽春小烤箱 ── 就是一般家庭用回溫麵包，是製作簡單焗烤料理的迷你烤箱。這類烤箱在日本稱為 oven toaster（オーブントースター），主要就是回溫吐司麵包用的。功能雖然簡單陽春，但是預熱快、成本低、操作便利，建議不論是否家裡有無大烤箱，都應配備一台這樣方便的小烤箱。

溫馨小叮嚀

我用的烤箱和它們的個性

我在台灣的家有兩台烤箱，一台是 25L 的熱風循環式電烤箱和一台 8L 陽春小烤箱。在日本，我則是使用一台 30L 東芝 ER-MD300（過熱水蒸汽微波烤箱），一台 20L 夏普 RE-S209（微波烤箱式）和一台象印 10L 陽春小烤箱。除了陽春小烤箱之外，都配有獨立發酵的功能，其中日本製的微波烤箱無法調整上下火是最大的缺點。每種烤箱因為構造設計上不同都有其個性，所以烤箱的説明書、使用手冊和所附的食譜非常重要，要確實保存，例如像了解熱風出風口和主要出火口都有助於調整烘烤不均的問題。

以下針對我常使用的東芝 ER-MD300（過熱水蒸汽微波烤箱）説明它的特點：

1．烤箱內實際溫度和設定溫度不一致

按照烤箱預熱功能所設定的 200℃ 預熱，但時間到了，實際烤箱內部的溫度只達 180℃。所以預熱時間我通常會比烤箱本身所設定的時間多延 5 ～ 10 分鐘，或是提高預熱溫度。

2．預熱快，但降溫也快

途中只要一打開烤箱門，內部溫度就會一下子降 20 ～ 30℃ 左右，關上烤箱門回溫至設定溫度也需要數分鐘時間，所以途中盡量不要打開烤箱，若是必要打開烤箱門，盡量在烘烤已超過 10 分鐘之後再打開。

3．熱風風力強且風向不均

熱風出風口設計在後面正中央，下段尤其以後方右側的風力最大，然後是烤箱門側的左側。上段以後方正中央和前方正中央最大。這些地方都特別容易上色烤焦。所以我經常特別在烤盤邊留下多一點烘焙紙或是鋁箔紙來阻隔集中的熱風，或是避免將麵團靠近這些區塊。

☞ 揉麵台

　一般麵包店家製作麵包的作業台有人造大理石、不銹鋼、木質等等。市面上有販售一種個人用的小型揉麵板，不同材質因應不同的需求。人造大理石清洗容易、持久性佳、衛生方便。大理石材質溫度低，適合製作高油酥皮、奶油麵包，或是熱帶地區及炎熱季節製作麵包適用。木質板面則是恆溫性佳，不容易隨季節溫度變化，也容易吸收手粉和水氣，缺點則是清洗保養麻煩。不銹鋼面的作業台則是折衷的不錯選擇，一般家庭的不銹鋼或是大理石流理台也可以代用，平整穩固而且容易清潔。使用前先充分洗潔表面之後，再用清潔乾布或餐巾紙擦乾，或用食用酒精擦拭消毒後再使用更佳。

🔍 我的揉麵板

我在台灣的家是直接使用大理石流理台，而我在日本的家則是使用的人造大理石材質的小型揉麵板，長度約 50 公分、寬度約 40 公分、厚度約 0.6 公分。由於是為了烘焙需求而專門設計，所以板面

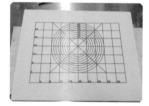

上附有尺規，非常方便。直接放置在流理台上容易滑動，所以我會在下方墊上薄型止滑墊再使用。適合廚房空間小的家庭，有容易清潔保養收納的優點。

☞ 量秤、量杯、量匙

　準備一個精確的量秤是非常重要的，一般烘焙、料理用的量秤即可。最大重量至少在 3 公斤以上，最小重量在 1 公克之間的範圍。測量液體時，少量使用量匙，量匙分為大匙、小匙兩種。市面上也有賣各種尺寸的量匙，從大到小一串的設計最為普遍，也有電子量匙。測多量的液體時使用量杯，耐熱玻璃量杯可以同時加熱液體又可以計量，是非常方便的選擇。

　量杯或量匙使用時注意：第一、各國量杯單位標準不一，例如美國是 240cc，而日本為 200cc。第二、量杯或量匙設計形狀不同、食物密度、含水量不同，都會影響測量結果。第三、使用量匙量固體時，要先刮平表面再量測才正確，而測量液體時，量

杯放置在平整表面上，目測時視線要平行刻度，稍微有點凸出刻度為原則。有時常用電子飯鍋的量米杯（180cc）代替，但注意各家量米杯都不太一樣，最好統一使用固定測

量道具。日本人在料理上常用手指頭量測少量的調味料，一般是以大姆指和食指捏住的量為 1 小撮（食鹽為 0.6g），而用 3 隻手指捏住的量為 1 大撮（約 1g）。

☞ 溫度計

製作麵包除了要考慮烘焙環境的溫溼度，還有材料、麵團本身的溫度變化。另外，烤箱內的溫度是否達到實際所要求的水準，需要一支烤箱內的溫度計。所以準備三種溫度計，一是室內環境溫溼度計，二是料理用溫度計，三是烤箱專用溫度計。一般廚房

是家中最溫暖的地方，買一個廚房內專用的時鐘，附帶顯示室內溫溼度功能，是非常方便的選擇。料理用溫度計除了可以測量麵團中心溫度之外，料理時也可以測量油溫等，在一般賣場都可以容易購得，但烤箱專用溫度計則必須到烘焙材料專門店才能買到。

日本測量主要調味料的重量簡表			
材料名	測量工具		
	量杯 200cc	大匙 15cc	小匙 5cc
水	200	15	5
細砂糖	110	9	3
細鹽	210	15	5
酵母粉	——	10	3
酒、醋	200	15	5
醬油	230	17	6
沙拉油	180	14	4.5
低筋麵粉	100	8	2.5
高筋麵粉	100	8	3

☞ 材料盆、保存盒

一般考量麵團大小、麵包款式等來選擇使用容器，家裡現有的容器只要大小適中即可，太大或太小都會影響目測發酵程度的準確性。

1. 圓盆

開始製作麵包準備混合材料步驟時，建議使用一大一小顏色不同的圓盆。一般我做一次麵包的麵粉量在 300 ～ 500 公克之間，所使用的圓盆大的直徑在 20 公分左右，小的直徑在 16 公分左右，先將麵粉分成 2 等分，分別放置於大小盆中，將酵母材料放於大盆中而非酵母材料放於小盆中。

・大盆（酵母材料）

盛裝麵粉、水、酵母粉、砂糖、麥芽精粉等有助於發酵的材料。

・小盆（非酵母材料）

盛裝麵粉、鹽、油、奶粉、蛋液等材料。

先將大盆中的材料加水均勻混合攪拌 2 ～ 3 分鐘，讓酵母充分暖身之後，再將小盆中的材料倒入大盆中一起混合成團，是在開始手揉麵包之前確實做好的工作。在靜置時，可直接用麵盆朝下覆蓋即可，在基礎發酵時也可以直接在麵盆內塗上薄油做為發酵盆。

2. 方形食用保存盒

揉畢後的麵團，除了直接使用材料盆做發酵容器之外，我愛用長方形食用保存盒來發酵麵團，方形保存盒比圓形盆不佔空間，製作兩種麵團以上的場合，容易堆疊，密封式的蓋子也可以確保麵團不乾燥，尤其是高加水麵團或是需要成型為長型或方型的麵包款式，方便排氣和拉折，也容易從側面看出發酵變化，也可以從透明底部看出網目組織和氣孔狀況。

☞ 攪拌匙

混合、攪拌麵團材料時使用的匙子或棒子，用飯匙或筷子也可以，但我愛用光滑平整的長形木匙和一種耐熱矽膠製刮刀型攪拌匙，它除了在攪拌麵團材料時不容易沾黏，用來製作白醬、咖哩、卡士達醬、紅豆餡、炒蛋等都非常好用。

🖐 麵團刮板

　　刮板材質各式各樣，一般有塑膠和金屬兩種。塑膠適用於混合、攪拌、拾起、集中、整理作業台上的麵團，而金屬除了以上功用之外，用於切割麵團快準又乾淨，建議各準備一組。

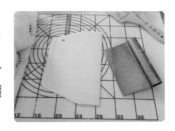

🖐 麵棍

　　麵棍一般有木質和塑膠兩種，粗細和長度不一，最好長短都各備一根。有一種擀麵棍除了擀平麵團之外，具有粗糙不平整的表面可使麵團不容易沾黏於棍子上，適合用來一邊擀麵一邊排氣，較不容易弄傷麵團。

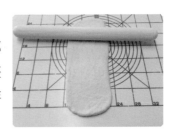

🖐 烤模

可製作小吐司的八連模

八連模小吐司

　　不需要任何烤模就可以製作簡單造型的麵包，但是隨著烘焙西點麵包的風潮流行之後，各種造型的烤模琳琅滿目，不同造型也讓製作麵包增添趣味風格。

　　一般需要烤模是以做吐司麵包為代表，而各國的吐司模尺寸、材質、使用方式不同都會影響麵粉量、麵包口感和烤色。例如金屬的吐司模中，有鋁合金、鐵氟龍不沾型、不銹鋼型等，我使用的是鐵氟龍材質的吐司模，主要是容易脫模，不需空燒，也容易清洗和保養。除了金屬材質的烤模之外，紙模和矽膠膜的烤模也是選項之一。家中既有的金屬容器，像金屬便當盒也可以當烤模用，我也常利用牛奶盒或厚紙來自製烤模，成本低、材料簡單，用完即丟，非常實用。

自製烤模，勞作趣味多

買一堆烤模除了佔空間之外，保養清潔也麻煩，所以我也常利用牛奶盒或是厚紙來自製烤模，成本低、材料簡單、用完即丟、環保又實用。牛奶盒、餅乾糖果包裝紙盒、西卡紙都可以代替為紙模的主材料，再舖上1～2層鋁箔紙或烘焙紙，用釘書機固定好四個角落即可。使用前，在鋁箔紙上塗上薄油以方便脫模，烘焙紙則不需塗油即可輕鬆脫模。

英式瑪芬堡模

1. 牛奶盒剪成長約 25 公分、寬約 3 公分的長條，共 8 條。
2. 鋁箔紙則是長約 25 公分，寬約 6 公分的長條，共 16 條。
3. 將牛奶盒的紙條用一層鋁箔紙包起來。
4. 再包上第二層。收口在外側。用手指壓平整。
5. 接口處用釘書針釘好，總共做 8 個。
6. 每個模的內側塗上一層薄沙拉油或奶油備用。

佛卡夏麵包模

同樣方式，利用大一點的紙盒，可以製作佛卡夏麵包模，也可以利用牛奶盒做成四角小餐包模。

佛卡夏麵包模　　　　四角小餐包模

吐司烤模的大小事 ── 模具大小、麵團量、麵粉量、麵包口感之間的關係

常使用的吐司烤模基本上有台灣製和日本製兩種。日本習慣用「斤」稱呼,台灣習用「兩」稱呼。日本人稱吐司單位為「斤」,這個斤和所謂的公斤或是台斤都不一樣。「斤」主要源自明治初期受到英式以「磅」計的影響,當時一條吐司生麵團重量約是 450 公克(約 1 磅),日本人就以此稱為 1 斤了。但是隨著時代改變,現在日本麵包界所用的 1 斤吐司模麵團量約在 340 ～ 400 公克。所以日本人稱的「斤」已經成為一種俗稱,而非真正的度量單位。

既然是非度量單位,日台兩方的吐司模也無法用所謂「半斤八兩」來換算對照。所以在購買模具時,一定要先確認是使用日規還是台規,這樣才能調整出正確的配方。

另外,日本生產吐司模的廠商眾多,吐司模按照形體主要分成無斜邊(勾配のない)和有斜邊,簡單說就是上下寬度不一樣,影響容積甚大。以我個人經驗,就算是買到相同「斤」的吐司模,廠商不同,容積可以差到上百公克的麵團。所以,一般在購買日規吐司模時,產品會附上一張基本配方,最安全保險的方法就是按照產品上的配方表試做一次,如果產品包裝只說明烤模的長寬高尺寸,我們就必須自行計算出麵團的重量。

烤模大小和型態影響製成吐司口感,計算出「比容積」是了解烤模大小、麵團量、口感之間的重要關係。「比容積」是指烤模中需要放入多少麵團才能做出喜好口感的麵包的參考值。

「比容積」= 模型容積 / 麵團重量

一般來說,比容積愈大,所做出來的麵包愈鬆軟,愈小則口感偏厚重緊實。按照烘焙界的經驗值,山型吐司的比容積一般在 3.7 左右,而帶蓋吐司在 4 左右。

以我使用的日規「無斜邊 1.5 公斤吐司模」和「無斜邊 2 公斤吐司模」為例來說明,假設以本書「日式超軟牛奶麵包」的配方做成 3.7 比容積口感的山型吐司為條件:

無斜邊 1.5 公斤吐司模尺寸:108*206*100mm
無斜邊 2 公斤吐司模尺寸:250*120*125 mm
比容積設為:3.7

1. 算出「容積」:將烤模的長寬長相乘就是容積

    1.5 斤:108*206*100mm=2225
    (扣掉一些模邊的容積,大概是 2200)
    2 斤:250*120*125 mm =3750
    (扣掉一些模邊的容積,大概是 3700)(在吐司模中倒滿水,得出水的重量,也是另一種快速得出吐司模大約容積的方法。)

2. 算出「麵團重量」= 模具容積 / 比容積

    2200 / 3.7=595 、 3700 / 3.7=1000

3. 算出「所需要的麵粉量」= 麵團重量 / 合計百分比

    595 / 183=325 、 1000 / 183=546

日式超軟牛奶麵包 烘焙百分比	
材料名	比例 %
高筋麵粉	100
低筋麵粉	
全脂牛奶	70
酵母粉	1
鹽	1
砂糖	5
奶油	3.3
全脂奶粉	2.7
合計	183

由此可知，1.5 斤吐司模需要 325 公克的麵粉，而 2 斤吐司模則需要 546 公克的麵粉。當然此方法也試用於各式各樣的模具，所以只要買了新烤模，有了這步驟公式，就可以自行計算和了解模具大小、麵團量、麵粉量、麵包口感之間的關係。

☞ 發酵帆布

製作高含水或硬性麵包時常使用的帆布。帆布粗糙的表面和材質有利於吸收水氣，將麵團放置在帆布上操作，不需要大量的手粉，排氣和成型時都不容易沾黏，在發酵過程使用它，可以防止麵團在發酵過程中變形。但是每次使用完畢之後的清潔保養非常重要，否則容易發霉、藏污納垢，每次使用後，用粗毛刷先把附著在帆布上的麵粉、麵團屑全面刷乾淨，然後再用無香精型的食器洗潔劑或肥皂洗刷、脫水、曬乾。市售的帆布尺寸各式各樣，建議可以買尺寸長一點的，一側做為墊布，一側可以直接當蓋布蓋在麵團上。

☞ 發酵定型籐籃

製作鄉村麵包等高含水的麵團時，由於在最後發酵過程中容易向四周攤平變形，籐藍的材質有助於吸收水分，也有助於保持集中麵團，所以常使用發酵籐籃來幫助麵團定型。籐藍的造型有圓型、長方型和橢圓型等，尺寸也大小不一。由於籐籃特

殊的紋路，使得鄉村麵包特別有一番美感，受到歐包烘焙迷的愛用。當然，也可以使用大小適當的濾菜籃代替，也可以使用湯碗舖上一層棉布代替。使用前在籐籃裡平均撒上麵粉有助於脫模，使用完畢一定要確實將沾黏在縫隙中的粉渣清除乾淨，放在乾燥的地方風乾。

🦞 烘焙手帖

如何避免麵團沾黏在籐籃而取不下來？
在麵團放入籐籃之前，一般都會在籐藍內側平均撒滿麵粉，但是撒的太厚會讓紋路消失，撒的太少麵團又容易沾黏。主要的對策就是籐籃裡要撒粉之外，在麵團放入籐籃前，麵團表面也要平均沾上薄粉。而全麥麵粉、上新粉（一種在來米粉）會比一般高筋麵粉來的吸水不易沾黏。

麵包刀、麵團割紋刀

麵包刀長短不一，建議買一把刀身部分長度 30 公分以上的麵包刀，除了切吐司之外，切大型的鄉村麵包也很方便。一般麵包刀的刀刃為鋸齒式或波浪式設計，記得使用完畢一定要清洗乾淨，擦乾後收入刀鞘之中，可保持刀刃鋒利。製作歐式麵包常用麵包割紋刀在麵包上劃紋路，也可以用一般水果刀或是刮鬍刀片代替。吐司麵包切片用的切割器，是為了在切片時固定麵包位置避免壓壞變形，還可以切出厚度一致的切片。

 烘焙手帖

為什麼製作法式或鄉村麵包要先在麵團表皮上割紋才送入烘烤呢？

在麵包表面上用刀片劃上深淺不一的刀痕，稱為 scoring，日文稱為クープ。並非所有麵包需要割紋，以硬式麵包（如鄉村、法棍等）為主，由於硬式麵包材料無糖無油，烘焙彈性低，加上體積大，水氣不易發散，熱度也不易進入麵包內部中心，藉由割紋，熱度和水氣順利進出，有助於麵團在烘烤時膨脹擴展（oven spring）。表面缺少刀痕的硬式麵包會在高溫烘烤的情況下，出現側面爆裂的現象。劃紋的時機主要有兩個，一是最終發酵前，如維也納麵包，二是進烤箱前，一般的鄉村麵包和法國麵包都是進烤箱前劃紋。最終發酵過的麵團纖細敏感，刀片一定要鋒利之外，下刀快速但溫柔，不能壓擠到麵團，以免麵團消氣平攤。為了有助於下刀，可以在麵團表面撒上麵粉、或是在刀刃上塗油或沾水。劃紋另一個功能就是增添美感，劃紋被視為一種工匠麵包的重要元素，各式各樣的紋路如工藝雕刻般展現手作麵包的另一種境界。

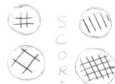

 烘焙紙、鋁箔紙

烘焙紙除了一般紙張材質之外，還有一種不沾黏的烤盤墊布，它不沾黏、不變形、耐高溫、可水洗重覆使用，購買大一點的尺寸，還可以裁剪成需要的大小，方便又實用。鋁箔紙最大的功能就是烘烤中途覆蓋在麵包上，為了避免麵包頂部烘烤過度或上色太快，而且還可以做為自製紙模的材料。

讓我們「動手」做麵包 製作麵包的基本道具

☞ 大小刷毛

小刷毛用來塗擦油品、蛋液等等,大刷毛用來清除多餘手粉和發酵帆布及籐籃上的麵粉屑。有一種沙拉油的瓶頭兼附小毛刷,直接在麵團表面上刷油,或是在容器、鍋子表面上塗油都非常實用。

☞ 保鮮膜、浴帽、保存食物用夾鍊袋

保鮮膜是冷凍保存麵包時不可缺少的用具之外,在麵團發酵過程中使用可以防止表面乾燥。也可以用乾淨的浴帽代替,飯店所贈的便利型浴帽就非常實用,可直接套蓋在麵盆上。保存食物用的夾鍊袋除了用來裝冷凍麵包,在堅固厚底塑膠袋中放入準備發酵的麵團,封好袋口,有防止乾燥的絕佳作用,並且可以直接放入冰箱做冷藏發酵非常方便。我常使用 5 公斤塑膠米袋或是麵粉包裝袋,這兩種塑膠袋非常堅固,可以耐

住發酵力道不容易被撐破,但是一般的厚底塑膠袋仍然有被撐破的危險,所以我只要有用完的米袋和麵粉袋一定會留下來備用。

☞ 作業手套、長袖上衣、圍裙等

穿上長袖和圍裙作業除了防止沾染髒污,長袖上衣也可以防止開烤箱門拿烤盤時燙傷手臂。一般普通的作業手套因為厚度不夠,所以我常用二雙手套重疊在一起使用,算是消耗品。破洞污損就馬上更新,所以最好多備幾雙。使用時除了手套要保持乾燥不可沾上水氣之外,也必須要充分擦乾手才穿上手

套,使用沾上水氣的手套拿高溫烤盤非常容易燙傷。穿著長袖可防止手臂部分被燙傷。此外,像蓋麵團用的棉布、撒手粉用的罐子(用一般鹽罐或胡椒罐代替即可)、移動法

棍時用的長形木板或用厚紙板,這些都是家庭製作麵包時的小物,備用很方便。

製作麵包的方法

「你，才是老大。手上這麵團得聽你的。」── 美國知名廚師，茉莉亞切爾德

　　製作麵包的方法各式各樣，按場合、環境等條件採用最適合的方法，例如工廠大量生產和家庭少量手揉兩種對比環境設備、控制要因各有不同。一般主婦在家裡做麵包，設備齊全一點的有電動攪拌機、控溫的發酵器等，設備簡單的就只有一台烤箱，加上純手揉搞定。

　　初入烘焙麵包世界，從每個人家中的廚房築起手作小天地。我建議從最簡單的純手揉開始，採用最易理解、易操作的製作方法。只要有一台烤箱，再利用家中現有的設備，就可以把家裡的廚房變成每日飄著麵包香的烘焙屋。本書最建議家中手作麵包所採用的兩種方法：

直接法 ── 又稱為一次法。即麵團只需一次性攪拌完成後直接開始進入發酵，製法流程簡單、發酵快、製作時間短，可直接體現麵包風味。但直接法麵包相對也老化較快。直接法是家庭手作麵包中最常使用的方法。本書絕大部分都是採用直接法製作手揉麵包。

中種法 ── 又稱為二次法。預先做好中種（或稱發酵種），再與主麵團混合，即麵包經過兩次拌料、兩次發酵後製成，好像在麵團中放了一顆海綿，所以又稱為 Sponge dough method，製作時間較長、流程也較繁瑣。中種法適合製作體積較大的麵包，發酵種提供強壯的筋骨，麵團膨脹力強，得以撐起沈重麵團，所以麵包內部組織結構更為細緻。雖然中種法花費時間較長，但時間運用彈性高，而且經過長時間發酵的麵包風味比直接法來的沉穩，後韻足。本書中在無油無糖的硬式麵包、大型鄉村麵包上多採此法。

我的中種法、配方及做法

製作中種所使用的麵粉，一般視麵包款式決定，可用百分之百的高筋麵粉，也可以使用高筋與低筋混合，或法國麵包專用粉（偏中筋）。每次製作的份量視欲製作麵包的數量來增減。

中種麵團所使用的材料量，按個人偏好，沒有一定比例。以我常使用的材料量來說，麵粉量取配方中 30～40% 左右的麵粉，加上佔麵粉重約 60～70% 的水，加入 0.5% 的酵母，攪拌成團，經過至少 1 天左右的冰箱冷藏發酵，然後取出所需的份量，切成小塊加入主麵團中，混合揉出的麵團即是麵包的最終麵團。

此書使用中種法的固定配方如右。

中種（發酵種）		
材料名	重量 g	比例 %
法國麵包專用粉	100	100
酵母粉	0.5	0.5
鹽	2	2
水（室溫）	70	70
合計	172.5	172.5

將全部材料放置於麵盆中，然後攪拌約 2 分鐘至粉水合一即可，將麵團移至保存容器中稍微將表面整平之後，蓋上溼布，再蓋上容器的蓋子，放入塑膠袋中封好，室溫放置約 30 分鐘後，再放入冰箱蔬菜室冷藏發酵約 1～2 天，或發酵至 3 倍大即可使用，2 天之內使用完畢，以免發酵過度而產生酸氣。

補充要點：

1. 法國麵包專用粉 100 公克（可用高筋麵粉 80 公克加低筋麵粉 20 公克代用），此配方可得中種麵團量約 170 公克左右。

2. 中種佔主麵團的比例不一，從 1～7 成都有，甚至有人使用全量中種做為最終麵團。全量中種麵團含水量達到極致，如超高含水量之巧巴達（拖鞋）麵包，麵團如軟泥般。在製作鄉村麵包、法棍等硬式麵包上，我一般使用 3～4 成左右的中種。

3. 此 170 公克中種麵團，可以製作成 1 顆大型鄉村麵包或是 1 顆中大型鄉村麵包加 4 顆中小型的巧巴達（拖鞋）麵包（或 4 顆迷你法棍）。

☞ 製作麵包的基本程序 ───────────

「確實踏出每一步，享受每一次小進步的喜悅，因為每一小步加起來就是一大步。」
── 蜜塔木拉的喃喃自語

　　麵包經過我們的雙手而創造出來，從零到有的這段過程，是確實掌握每一步流程和操作累積而來的，少了一步都成就不了一顆美味麵包的誕生。

　　Step by Step 是麵包的基本功中的基本，無論是高難度的工藝麵包或是每日的家庭小餐包都是從以下這七步驟而來，而每一大步都是每一小步累積而成。

第一步：環評備料

　　評估環境
　　配方計算
　　材料秤重

第二步：攪拌揉麵

　　分類混合
　　初步攪拌
　　確實揉麵

 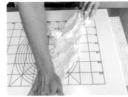 

第三步：基礎發酵

　　初步發酵
　　排氣翻麵
　　延續發酵

第四步：分割滾圓

　　排氣分割
　　滾圓收口
　　中間發酵

第五步：成形加工

　　設計造型
　　整型裝飾

第六步：**最後發酵**

> 安排環境
> 計量時間
> 評估程度

第七步：**入爐烘烤**

> 烤箱預熱
> 烤前美化
> 中途調整
> 脫模冷卻

第一步：環評備料

　　此步驟又以「評估環境」、「配方計算」、「材料秤重」最為重要。決定好想製作的麵包款式後，查看天氣狀況，開始在腦中排列生活作息和製作流程的進行配合表，例如炎夏和寒冬，天氣影響麵團溫度極為明顯，所以查看室內溫度計，考量及調整使用材料的溫度，再配合生活作息選擇發酵方法，例如職業婦女可以在早晨揉好麵團，放入冰箱冷藏發酵，待傍晚回家就可以開始製作麵包，或是想一大早享用現烤麵包，就可以在晚上揉畢麵團放入冰箱冷藏發酵，一大早起床簡單成型、發酵後即可烘烤。這些都屬於「評估環境」的內容。

 麵包種類＋季節狀況＋生活作息

【情境設定 A】王小姐（夫妻兩人）

生活型態：全職家庭主婦。每日在家製作早餐。

烘焙意向：週間早餐和晚餐都想吃 2 ～ 3 次的手作麵包。

烘焙經驗：餐包、吐司、歐包。

烘焙方案：

A. 早餐吃麵包：直接法配合隔夜冷藏發酵。睡前揉畢麵團，利用冰箱做隔夜冷藏發酵，早上利用烤箱發酵機能做最後發酵。

B. 晚餐吃麵包：當日直接法。下午 1 點多後開始揉麵包，使用直接法，傍晚製作完成。

【情境設定 B】陳太太（一家四口）

生活型態：職業婦女、朝九晚五上班族、週休二日、外食早餐居多。

烘焙意向：想利用週末假日早晨親手做麵包和早午餐和家人同樂。

烘焙經驗：簡單餐包、披薩、點心麵包

烘焙方案：

直接法配合隔夜冷藏發酵。星期五睡前揉畢麵團，利用冰箱做隔夜冷藏發酵，星期六早上利用烤箱發酵機能做最後發酵。

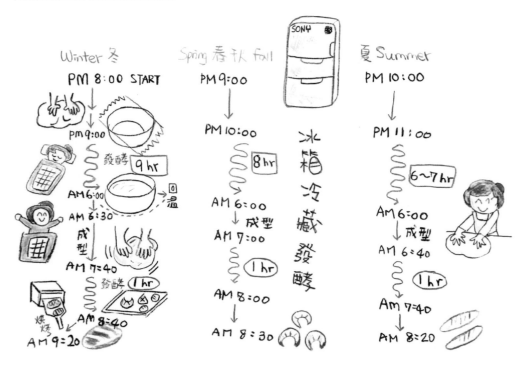

大概了解製作麵包的流程之後，就可以開始決定好一款想做的麵包了。

麵包書或是網路上看到各式賞心悅目的麵包照片，不僅讓人口水直流，更讓人想馬上捲起衣袖，摩拳擦掌躍躍欲試。

但是許多麵包書的配方，都顯示一種叫做烘焙百分比的表格。簡單的麵包食譜，一般直接將材料份量用重量呈現出來，簡單明瞭。但是一家四口和一家兩口的製作數量不同時，配方要如何調整呢？這就必須用到所謂「烘焙百分比」的觀念了，我將烘焙百分比特別開個專欄說明如下，方便大家計算參考。

 烘焙手帖

何謂烘焙百分比？

烘焙麵包配方中常出現的材料百分比，是以配方中的麵粉量為基礎，固定為100％，其他材料均依麵粉量設定一定比例，也就是材料和麵粉之間的比例關係。

有了【表1】的烘焙百分比，就可以換算成想製作麵包的份量了。但是首先要考慮麵團耗損率，也就是在秤重、混合、攪拌、分割等過程中，麵團或多或少會有耗損的情況產生，大致上取5％的耗損率，再來計算倍數，才能算出正確的份量。

例如：想把本書日式超軟牛奶麵包的配方換算做成12粒的小餐包，1粒約60公克，加上5％的麵團耗損率，那麼配方表修改成：

原始麵團重量：60 × 12 ＝ 720g
考慮耗損率後麵團重量：720*105％ ＝ 756g
756 ／ 183 ＝ 4.13（係數）

【表1】

以本書「日式超軟牛奶麵包」（6粒）配方為例子說明		
材料名	重量 g	比例 %
高筋麵粉	250	100
低筋麵粉	50	
全脂牛奶	210	70
酵母粉	3	1
鹽	3	1
砂糖	15	5
奶油	10	3.3
全脂奶粉	8	2.7
合計	549	183

材料名	原配方重量 g	比例 %	係數	調整後重量 g（比例 × 係數）
高筋麵粉	250	100	4.13	330
低筋麵粉	50			83
全脂牛奶	210	70	4.13	289
酵母粉	3	1	4.13	4
鹽	3	1	4.13	4
砂糖	15	5	4.13	21
奶油	10	3.3	4.13	14
全脂奶粉	8	2.7	4.13	11
合計	549	183	4.13	756

第二步：烘焙階段

決定好做麵包的款式、份量以及準備好配方材料，接下來進入正式烘焙階段。就用本書所介紹的兩款麵包當做範例，說明如何分別製作軟式和硬式麵包。

	英式瑪芬麵包	巧巴達麵包（拖鞋麵包）
麵包種類	軟式餐包	硬式主食麵包
主副材料	含奶油、砂糖	無油、無糖
麵包型態	體積小、Q彈軟鬆	體積大、外脆內軟
製作方法	當日直接法或隔夜冷藏法	中種法配合當日直接法或中種法配合隔夜冷藏法
工時	短，約3小時	長，1～2天不等（含製作中種）
作息彈性	低	高
享用時機	早餐、下午茶	三餐主食皆可
製作配方	**份量8粒** 高筋麵粉 250 公克　水 190cc 低筋麵粉 50 公克　奶油 5 公克 快速酵母粉 3 公克　鹽 4 公克 全脂奶粉 5 公克　砂糖 10 公克 玉米粒粉 適量	**份量4粒** **中種（發酵種）** 法國麵包專用粉 100 公克 水 70cc 鹽 2g 快速酵母粉 0.5g 得中種量約 170 公克 其中取 70 公克做為此麵包的發酵種量 **主麵團** 法國麵包專用粉 250 公克 小麥胚芽粉 10 公克 水 180cc 鹽 4 公克 快速酵母粉 1.5 公克 麥芽精粉 1 公克 發酵種 70 公克

英式瑪芬麵包	巧巴達麵包（拖鞋麵包）
準備作業	
奶油室溫放軟。計算水溫（夏天可用冷水，春秋用常溫水，冬天用溫水）。	製作中種（參考 P.86 中種製作方法）。計算水溫（夏天可用冷水，春秋用常溫水，冬天用溫水）。
攪拌	

<table>
<tr><td>

1. 將高筋和低筋麵粉充分混合均勻後，平均分成 2 等分，各放入大小不同的麵盆。

2. 大麵盆中分別放入奶粉、酵母粉、砂糖。

3. 小麵盆中放入鹽。

4. 將水從大麵盆中的酵母粉上方倒下，然後用攪拌棒充分攪拌至粉水均勻的稠狀。

TIPS：事先將酵母粉初步和水、糖混合攪拌 3 分鐘，有助於使酵母粉充分融入材料中。也是酵母的暖身動作。

5. 將小麵盆中的材料慢慢倒入大麵盆中，攪拌至成團狀。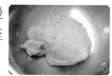

6. 將麵團倒在揉麵台上，並且同時把黏附在麵盆內的材料用刮刀刮乾淨。

</td><td>

1. 除發酵種外，將主麵團中的全部材料放入麵盆中，混合均勻。

2. 將水分 2～3 次倒入麵盆中，每倒一次就用攪拌棒將粉水混合，然後成團部分移至旁邊，再從乾粉處倒入水再攪拌，一直到水全部倒完。然後充分攪拌至粉水均勻的稠狀。

TIPS：硬式麵團因手揉程度低，為了讓材料混合均勻，分次倒入水，分次攪拌，有助於粉水混合，材料更容易吸收入麵團之中。

3. 將粉水初步成團的麵團倒在揉麵台上，並且同時把黏附在麵盆內的材料用刮刀刮乾淨。

4. 利用手指將麵團攤開，將發酵種分塊平均放入，再利用刮刀平行揉麵台，從不同角度將發酵種和主麵團刮開再集中，重覆至成團。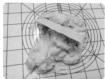

</td></tr>
</table>

英式瑪芬麵包	巧巴達麵包（拖鞋麵包）
揉麵	

7. 開始手揉（詳細步驟參考 P.94），將麵團伸展開，貼著揉麵台將麵團向前平推再收回，不同角度重覆推開收回，有點像是洗衣搓揉，確實將粉、水和材料均勻揉進麵團中。

TIPS：把黏附在手掌上的屑屑刮下來放入麵團中。

＊**此刻麵團狀況**：用手指拉一拉麵團，可以感覺麵團容易斷裂，表面凹凹凸凸不平整。

8. 揉到麵團表面初步光滑後，把麵團攤開成一正方狀，將軟化奶油利用手指力量戳進麵團中。

9. 利用步驟 7 的手揉方法，將奶油充分揉入麵團中，按情況配合摔打和 V 型左右揉合，使麵團充分出筋膜。（詳細做法參考 P.94）

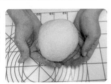

10. 手沾抹少許沙拉油，拉一拉一小塊麵團，檢查一下是否出現薄膜，出現則是代表麵團已充分揉至最佳狀態。

＊**此刻麵團狀況**：麵團表面光滑而平整，薄膜伸展性高，可以隔著薄膜透見手指。

11. 將麵團整圓收口朝下放回麵盆中，即可開始基礎發酵。

TIPS：先於麵團表面和麵盆塗上薄薄的沙拉油再放入麵盆發酵，可防止麵團乾燥及沾黏麵盆。

---

5. 開始手揉。先將麵團伸展開來，貼著揉麵台將麵團向前平推再收回，不同角度重覆推開收回，有點像是洗衣搓揉，確實將粉、水和材料均勻揉進麵團中。

＊**此刻麵團狀況**：用手指拉一拉麵團，可以感受到麵團一拉就斷，表面凹凹凸凸不平整。

TIPS：把黏附在手掌上的屑屑刮下來放入麵團中。含水量高的麵團非常黏手，盡量利用刮刀，避免使用手粉。

6. 揉到麵團表面初步光滑，手沾油拉開麵團一角，檢查破洞邊緣出現鋸齒般撕裂狀。此時即可將麵團放入麵盆中開始進行水合和拉折。

7. 三次水合及拉折作業，每間隔 40 分鐘。（詳細方法參考 P.97 烘焙手帖水合法與拉折法的圖解說明）

8. 手沾抹少許沙拉油，拉一拉一小塊麵團，檢查一下是否出現薄膜，出現則是代表麵團已可進入基礎發酵階段。

＊**此刻麵團狀況**：麵團表面光滑而平整，薄膜伸展性高，可以透看手指紋。

9. 將最後三折完成的麵團收口朝下放回麵盆中，即可開始基礎發酵。

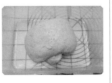

手揉麵團的分解動作和細節

揉麵團的動作，其實不只是揉，還包括了推、收、拉、合、搓、摔等動作的結合。手揉的動作因階段性目標不同，而有不同的操作變化：

前半部的目標 ── 要確實將材料「揉進」麵團中：

1. 一隻手壓住麵團的後端，另一隻手（大姆指下方那肉丘塊）壓住麵糰前端以推壓的方式平行揉麵台，往前推開，再向內捲起收回至身前，反覆搓揉，然後再換角度，重覆動作（類似在洗衣板上搓揉衣服的動作），約 3 ～ 5 分鐘，即可感到手中麵團已成團，但表面仍粗糙。（此階段一開始麵團會十分黏手，可配合使用刮刀，將手掌上和揉麵台上的麵屑清理集中回麵團中，勿使用手粉。）

  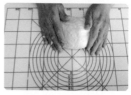 

2. 若有加入奶油的配方，則利用手指將奶油捏碎，然後搓入麵團中，再重覆步驟 1 的動作，至麵團表面光滑平整狀態。（奶油可以在事前就和材料混合入麵團，也可以待麵團成團之後再加進揉入麵團中。夏天可以使用冰奶油，利用手溫軟化即可，冬天即必須待奶油室溫軟化後再加入麵團中。）

 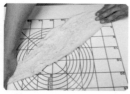 

後半部的目標 ── 就是達到「三光」或「薄膜」出現：

3. 利用手指勾住麵團一側，拉起後抬高將麵團朝前摔出，將手勾住的一端重疊其上，然後換方向，重覆摔打動作。（並非所有麵包麵團都適合摔打，摔打容易弄傷麵團，也容易造成麵團乾燥。低水量的麵團，如貝果等即可省略摔打，原則上不可用力過度或摔打過久，只要麵團呈三光即可停止。）

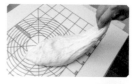 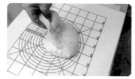 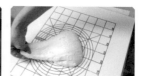 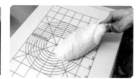

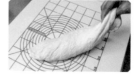 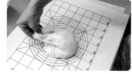

4-1. V 形左右揉推法（適合中低水量麵團）

將麵團利用手根部位向左向右，呈 V 字型推出、收回，類似像在打太極拳般，不可施力過度，以免拉傷麵團。此動作約重覆 2 ～ 3 分鐘，將麵團滾圓後，手沾抹少許沙拉油，拉一拉一小塊麵團，檢查一下是否出現薄膜，出現則是代表麵團已充分揉至最佳狀態。

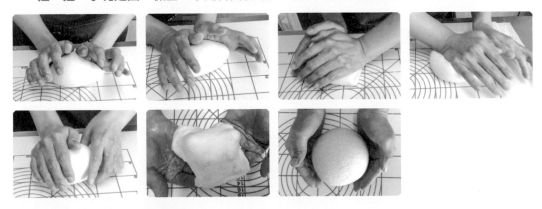

4-2. 按壓法（適合高水量麵團）

對於含水量高、容易黏手或是炎夏時避免摩擦麵團的狀況時，可以使用按壓法來取代 V 字形。將麵團用手掌略為整平後，對折按壓，再換角度重覆對折按壓動作，此動作約重覆 2 ～ 3 分鐘，將麵團滾圓後，手沾抹少許沙拉油，拉一拉一小塊麵團，再檢查一下是否出現薄膜，出現則是代表麵團已充分揉至最佳狀態。

麵團變化的過程為何？麵團為什麼會出現「斷筋」？不要揉到出現薄膜？

要回答這個問題，最重要的是先問自己要做什麼類型的麵包。

麵包類型中，一般有分硬式麵包和軟式麵包、單純材料的、副材料多的、蛋奶系的甜麵包，或是純粹體驗麵粉香的主食麵包等等。每一種麵包要求不同的攪拌程度和揉成狀態，視情況需要配合摔打麵團以至出膜。

一般來說，麵團攪拌（使用電動攪拌機、麵包機情況）按照流程一般分為「拾起階段」、「捲起階段」、「擴展階段」、「完成階段」、「破壞階段」。

1. **拾起階段**：將配方中所有乾、溼性材料充分混合攪拌（除奶油外），此時麵團粗糙、稍硬、無彈性、無延展性、容易斷裂、表面很溼。

2. **捲起階段**：麵團已成形，筋性出現，這時可以加入油脂。

3. **擴展階段**：加入奶油，已有光滑表面及光澤，彈性柔軟，具有伸展性，但是施力拉開仍具有鋸齒狀表面。

4. **完成階段**：麵團以手拉開，就會有如絲襪般的薄膜，撕裂時為直線而非鋸齒狀。一般來說，純手揉的狀況下，追求機器攪拌達到如絲襪般能透見指紋的薄膜程度難度極高，只要達到可透過薄膜隱見指頭尖即達成此階段。

5. **破壞階段**：麵團呈現如一攤爛泥狀無法成團、軟趴無力，俗稱「斷筋」。此階段的麵團已無力回復筋性。一般來說，麵團含水量高、使用筋度低的麵粉、副材料多、過度甩打、過度高速攪拌、加入含有蛋白酶含量高的材料、麵團溫度過高（尤其是在夏天高溫，這種情況愈容易發生）等因素有關。麵筋其實非常脆弱纖細，一旦進入「破壞階段」就無力回天，只能勉強做成蛋餅等消費掉了。

一般來說，軟系麵包的麵團因含副材料多，且油脂量高，手揉時常需配合多次摔打麵團，以達充分出筋。例如口感絲絲入扣的吐司類麵包需要到完成階投，普通餐包則到擴展階段即可。因為吐司麵包需要充分的延展性，組織要細緻，而一般餐包不需要。相對而言，無糖無油的硬式麵包如鄉村、義式或法式麵包，因副材料少，含水量高，減少攪拌程度，到捲起階段（水粉被麵團均勻地吸收）後再配合拉折法形成薄膜即可。

三種麵包的薄膜狀況如右：

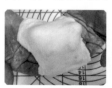  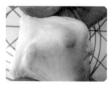

普通餐包　　　　硬式麵包　　　　吐司麵包

在早期，一般家庭沒有攪拌機的年代，一切都靠手揉製作麵食，所以也常常聽到「三光」的俗稱，也就是手乾淨、麵盆乾淨，麵團表面光滑。除了吐司，一般普通的麵包、饅頭揉到三光就非常充分了。

三光，約是所謂的擴展階段。對於還是不太了解的朋友，可以利用幾個小技巧就能簡單判斷自己揉的麵團是不是達到三光。揉好

 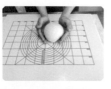

後，簡單將收口集中向下，放在作業台上，用手指夾一夾側面，是不是有彈性，再用手指壓一壓表面，是不是會彈回來，再用目測，看看表面是不是亮滑光澤。以上達到要求，就是及格了。

烘焙手帖

何謂「水合法」和「拉折法」？使用時機和方式為何？

水合法 (autolyse) —— 又稱為自我水解法，在正式揉麵之前先讓水和麵粉經過一段時間的靜置，讓麵團中的蛋白質和水自然結合產生麵筋，以縮短揉麵時間。水合法一般是先將麵粉和水混合，酵母和鹽後加，但

【圖1】　　　【圖2】

也有除了鹽之外，其他材料全部混合水解的做法【圖1】，也有全部材料都一起混合水解的做法【圖2】。

在製作如吐司、法棍、鄉村、托鞋等含水量高的麵包，或是避免麵團溫度因手揉而上升快速的時候，都可以利用水合法。

【圖3】

我的做法是將全部材料初步混合攪拌，水合靜置約 30 分鐘～1 小時，炎夏可放冷氣房或是冰箱蔬菜室，嚴冬可放在室溫，夏天約半小時，冬天約在 40 分鐘～1 小時之間，之後就可繼續一般製作麵包的流程。【圖3】

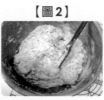 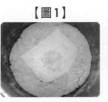

拉折法（Stretch and Fold） —— 在材料簡單、高含水量的硬式麵包麵團常使用拉折法取代手揉，一次拉折配合一次靜置水合，重覆數次，就可以達到足夠筋度和薄膜。我最常使用的方法是 30 分鐘左右的水合，配合拉折法 3 次，3 次靜置，各間隔 30 分鐘，拉折的次數主要看薄膜出現的程度。若是含水量極高或加入全麥、裸麥的麵團，可增加至 5～6 次，直到如絲襪般的筋膜出現。

拉折方法是將麵團盡量拉開整平（作業台上噴上少許水氣有利於操作），像折棉被一樣，由上向下折至 1/3 處，再由下向上對折，然後兩側對折其上如方塊。

揉麵台上拉折

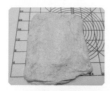 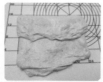    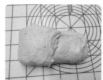 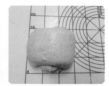

麵盆內直接拉折

＊以下為製作硬式麵包麵團使用水合法和拉折法時的筋膜變化：

1. 第一次水合和拉折完成

麵團經過第一次水合和第一次拉折之後，可看出來已產生某種程度的筋膜，比較初步手揉後的麵團筋度有明顯的差距和不同。第一次拉折之後再靜置 30 分鐘自我水解。

2. 第二次水合和拉折完成

第二次的水合與拉折後產生更強的筋膜，已可透看到手指。第二次拉折之後再靜置 30 分鐘自我水解。

3. 第三次水合和拉折完成

經過三次水合和拉折的麵團已產生了高度筋度，在測試薄膜時已可透看出指紋，感覺到近似絲襪的筋膜，達到此程度即可進行基礎發酵。

第三步：基礎發酵

　　此部分又以初步發酵、排氣翻麵、延續發酵為三項主要發酵工作。基礎發酵理想的溫度約為 30℃，相對溼度 75％左右。溫度太低，酵母活性弱，發酵速度慢；溫度過高，則會使發酵速度過快，影響麵包口感，高熱甚至使酵母死亡。溼度低或是秋冬乾燥的空氣，容易使麵團表面水分蒸發過多而結皮，影響麵包品質。

【圖1】

【圖2】

　　家庭無專業發酵器的場合，可利用家中現有的道具做基礎發酵。使用烤箱附屬發酵功能最為簡便穩定，也可以使用一些密閉保溫性高的空間配合熱水效果也很好，例如傳統電鍋【圖1】、烤箱內空間【圖2】、保冷箱、保麗龍箱，還有也可以利用冰箱冷藏發酵等。當然炎夏室溫高，放在廚房的流理台上就可以做基礎發酵了。發酵方法各式各樣，適合自己狀況，最為輕鬆的方法就是好方法。製作麵包要看自己的個性、烘焙工具、生活作息、家人的口味，最重要的是所處的烘焙環境，所以不需要特別執著於哪種方式，隨著環境都可以加以調整選擇。

　　當麵團膨脹約 2 倍大時，將手指沾點麵粉，插入麵團中心，抽出手指之後觀察洞口變化，若是不回彈也不塌陷即代表發酵完成，若是回彈則發酵不足，若是塌陷則是發酵過度。

 烘焙手帖

手指測試（finger test）基礎發酵程度

手指測試是觀察基礎發酵程度最簡單的方法之一。將手指沾點麵粉，插入麵團中心，抽出手指之後觀察洞口變化，若是不回彈也不塌陷即代表發酵完成，若是回彈則發酵不足，若是塌陷則是發酵過度。若是發酵不足則以 10 分鐘為單位延長發酵時間；若是發酵過度則必須加快製作速度，例如省略靜置或是減少最後發酵時間等對策來補救；但若過度塌陷、過發嚴重，甚至已消氣產生酸氣，表示麵團已失去風味，可改做成烤餅或是披薩。

NOT YET

OK

OVER

基礎發酵中，有些麵包的製作更需要細部的發酵作業，例如排氣翻麵和延續發酵。並非所有種類的麵團都需要這兩項額外工作，對於處理小麵團（400 公克以下）也可以省略。

排氣翻麵：麵團在發酵過程中會產生表面和內部溫度不均的現象，加上麵團內積蓄大量氣體，影響發酵不均。排氣翻麵主要目的是讓麵團受在外力刺激，排去多餘空氣，吸收新鮮空氣，平均內外溫度，再度強化麵團，帶出麵粉風味。

不過，不當的排氣方法卻會讓麵團受傷，結果烤出表面粗糙、質地偏乾硬的麵包，以下是兩種不同款式麵包的排氣翻麵方法：

1. **軟式麵包：**可直接在麵盆裡【圖1】、或作業台上【圖2】、或保存盒裡【圖3】、或隔著塑膠袋【圖4】【圖5】進行此動作，手握拳頭或利用手掌心輕輕從麵團中心向外，用按壓的方式將氣體從側面排出，把四周的麵團向中心集中簡單合為圓球，或是折成正方形即可。

2. **硬式麵包：**硬式麵包一般含水量高、筋性弱，特別敏感纖細，一受到過度強力的刺激容易受傷。所以在排氣時要特別輕快。主要的方法是，兩手沾水微溼或抹上薄油，手掌朝上從左右兩側伸入麵團底部後慢慢抬高【圖6、圖7、圖8】，再將麵團的氣泡輕輕地在手心裡按掉，向裡面靠攏再重新放入盆中，換個角度再重覆動作約3～4次，最後往裡面中心收，讓表面呈現張力狀態。當處理超高含水量的麵團時，先將麵團倒在作業台上，用手掌全面輕拍麵團表面，再用折疊方法翻麵【圖9、圖10、圖11】。

延續發酵：完成排氣翻麵的麵團，必須再經過持續約 30 分鐘～1 小時不等的延續發酵。麵粉筋度愈強，延續發酵所需時間愈長。延續發酵目的，在於使經過翻麵的緊張麵團得以吸收新空氣而使筋性重新伸展膨脹，達成完整基礎發酵的狀況。

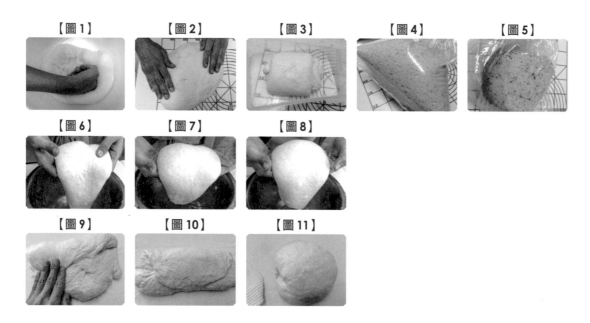

【圖1】　【圖2】　【圖3】　【圖4】　【圖5】
【圖6】　【圖7】　【圖8】
【圖9】　【圖10】　【圖11】

冷藏低溫發酵法

此法指的是把揉畢麵團放入密封袋或容器中置於冰箱內,以低溫約5℃冷藏超過6小時以上的發酵方法,讓上班族、家庭主婦可錯開忙碌時段,提供更有彈性的烘焙作息和時間,還有延長發酵時間有助於提升麵包風味的優點。我剛開始接觸此法是研讀了「相原一吉」寫的一本《低溫壓力發酵製作麵包》,日文書名為《たった2つの生地で作れるパン—発酵は冷蔵庫におまかせ》,書中的一句話打動了我的心:

発酵でいちばん大事なことは時間の早さではなく、いかに「熟成したいい生地にする」かです。發酵不在於時間長短,而是如何讓麵團「熟成」。

此法最重要的特徵就是「以時間換取時間」。

將發酵工作交給了冰箱,讓麵團在穩定低溫的環境好好睡覺及熟成,它本身就在為自己按摩,自己揉自己。而我們就在這段時間內處理許多生活上的大小事,接小孩、洗衣煮飯、做家事等。中途打開來看看它睡的如何,如果目視它膨脹到快爆了,那就是可以取出整型了。甚至還可以把最後發酵交給冰箱,我把全程睡在冰箱裡的發酵麵團叫做「睡美人」。整型完了再放回冰箱,等到它脹到2倍大,就可以拿出來焙烤了,提供我們不急不徐的作業彈性。麵團在冰箱裡睡覺,我們也可以同時安穩地睡覺去。此法改變了我以往做麵包的速度,它讓我更自在、更愜意、更優雅地享受做麵包的樂趣。

＊以下是我利用冷藏低溫發酵法所注意的細節:

1. **將酵母粉、水、麵粉事先充分混合**:無論季節,我都使用溫水,調合酵母、麵粉和水至少3分鐘。由於麵團揉畢之後是直接放入冰箱,所以必須在混合麵團材料之前,先將酵母粉和部分麵水混合好再加入麵粉中,使酵母較容易與麵粉混合,並且有效活化,充分吸收於麵團中。

2. **要揉到何種程度**:由於放置於緊密的塑膠袋空間中,麵團在進行發酵的同時,因受到空間限制的關係,等於麵團自己揉自己,因此放入袋前不用太過於揉搓麵團,揉至三光(盆光、表面光、手光)即可。在揉的過程中,盡量不要加手粉。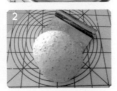

3. **確實包好綁好放好**:一定要用堅固厚底的塑膠袋(最好用2～3層,建議用米袋或是麵粉袋)。袋子內側可抹上一層薄油,以利之後取出麵團,然後用繩子綁起來,緊貼麵團。要把當中的空氣全部排掉,收緊封口。當然,使用一般食物密封保存盒也可以,但最好再加一層溼布,再蓋上蓋子,用塑膠袋將整個盒子包起來密封好再放入冰箱,以免乾燥。

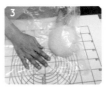 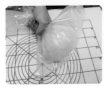 

4. **發酵時間長短**：根據所加的酵母量和揉畢麵團溫度是影響麵團發酵速
度的兩個主要因素，例如同樣的配方，在台灣的情況，放入冰箱不到
6 小時就脹滿了，在日本卻可能需要 10 小時，所以目測袋子狀況為
判斷方法，當袋子幾乎沒有皺紋，脹到如氣球，保存盒的情況就以麵
團體積脹至 2 ～ 3 倍大，那就是最佳時機。若不在這時機取出，就有可能發酵過度或爆裂
開來。所以如果有意延長或提早發酵時間，就必須調整酵母量及降低揉畢溫度。

5. **從冰箱拿出來後如何操作麵團**：從冰箱拿出來之後，把封口打開，隔
著袋子輕壓排氣（勿重壓或施力），然後將麵團整個拿出來。取出困
難的時候，用剪刀把袋子剪破也可以。在麵團低溫的情形下，避免使
用擀麵棍，也不可重壓施力，從中心處向外慢慢把氣排出，即可分割
麵團。

6. **拿出來是否要回溫**：冬天建議回溫 30 分鐘左右，夏天則可不回溫，之後就如一般製作麵
包流程操作即可。

7. **第二次發酵是否可以放入冰箱發酵**：利用此法做最後發酵也可以，在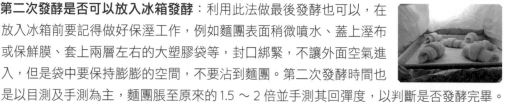
放入冰箱前要記得做好保溼工作，例如麵團表面稍微噴水、蓋上溼布
或保鮮膜、套上兩層左右的大塑膠袋等，封口綁緊，不讓外面空氣進
入，但是袋中要保持膨膨的空間，不要沾到麵團。第二次發酵時間也
是以目測及手測為主，麵團脹至原來的 1.5 ～ 2 倍並手測其回彈度，以判斷是否發酵完畢。

8. **冰箱的要求**：冰箱的蔬菜室（平均 5 ～ 7℃），要保持乾淨空間，不要放在一堆食物之中，
避免靠近出風口，以免影響冷度和空氣對流，降低發酵效果。

＊ **一顆一顆曾經與我一起創造美味記憶的麵團球：**

英式瑪芬麵包	
烤箱內放熱水發酵	冷藏低溫發酵
2 小時	8 小時
發酵前	發酵前
發酵後	發酵後

巧巴達麵包（拖鞋麵包）		
冷藏低溫發酵		
8 小時		
 發酵前	 8 小時冷冰箱冷藏 發酵後	 排氣翻麵前

 排氣翻麵後　　 延續發酵

製作麵包的方法

第四步：分割滾圓

此階段又分成排氣分割、滾圓收口、中間發酵三個細項。

1. 排氣分割：

完成基礎發酵的麵團，從容器中倒向作業台，可以稍做排氣後秤出總重量，算出每粒麵團的平均重量，再分割

【圖1】 【圖2】 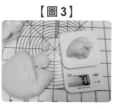【圖3】

成小麵團，也可以不秤重，將麵團鋪平直接分割【圖1】，但盡量每粒麵團的大小重量要平均，才能確保烘焙品質一致。作業台上可以抹點油或撒點手粉有利分割麵團。在分割成小麵團（一粒小型餐包大約是 60 ～ 70 公克）時，使用刮刀一刀切下，避免拉扯弄傷麵團【圖2】，盡量一次掌握出麵團大小再下刀（多做幾次大概就知道麵團大小），或有零碎麵團要收至麵團中心，在滾圓收口過程中合併入麵團中。【圖3】

2. 滾圓收口：

滾圓收口是製作麵包過程中極為重要的動作，把麵團用手掌滾圓，放在作業台上轉一轉圈收一個口，然後收口朝下放到容器中。在製作麵包過程中，以「基礎發酵」和「中間靜置」時，這兩個時間點最需要這個整圓收口的動作。

＊滾圓收口的目的：

第一，有助發酵：麵團因為整成圓形，表面呈現如有張力般的光滑面，使得麵團筋性保持緊張狀態，也同時將發酵時所產生的氣體保持在麵團中，有助於發酵。

第二，有助減少黏手程度：整圓過的麵團平均充滿氣體，支撐組織，使得麵團完整充實，所以可以減少整型時麵團黏手的程度。

第三，有助了解發酵程度：整圓的麵團比較容易看出來發酵膨脹的程度和狀態。

＊滾圓方法：

小粒麵團：將五指合攏拱起手背，手掌扣住麵團，朝一方向旋轉滾動，麵團在滾動時受到擠壓，麵團同時排氣而表面變成平整光滑後收口。或是把小麵團稍微壓成圓餅狀【圖4】，將四周邊邊的麵皮向中間折入集中【圖5】，然後將收口用手指捏緊【圖6】，再將收口朝下放在作業台上，用手掌從正上方向收口至內側推向身體，推個 2 ～ 3 次，這時表

面就會開始愈來愈平滑有張力【圖7】，最後再一次收緊收口。滾圓收口的動作要輕柔快速，以免其他麵團在等待過程中過度發酵。

【圖4】　　　　　　　【圖5】　　　　　　　【圖6】　　　　　　　【圖7】

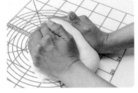

大型麵團：利用兩手手掌同時左右握住麵團兩側，收口朝下放在作業台上，朝一方向旋轉滾動，兩手手掌帶著麵團從前方慢慢推向身體，有如太極拳般的動作，推 2 ～ 3 次，這時表面就會開始愈來愈平滑有張力。

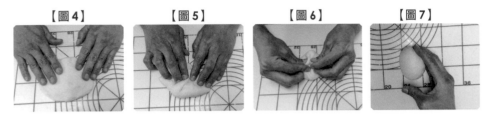

　　　　　但有些麵包為了方便之後的成形，不將麵團滾成圓形，而是以折疊成正方形、紡垂形或是稍為折成直條狀再收口即可。

3. 中間發酵（靜置醒麵）：

中間發酵，為一種短時間靜置的過程，讓經過排氣滾圓後緊張的麵團得以鬆弛，所以又叫做「醒麵」。26 ～ 28℃的中間發酵通常為 10 ～ 20 分鐘左右不等，醒發過度會導致麵包質地粗糙，影響風味。含油糖的麵團醒發時間較短，而硬式麵包麵團則較長，以達到表面組織完全舒展。除了一些不須成型的麵包款式（如巧巴達（拖鞋）麵包）之外，未經醒發而直接成形的麵團難以伸展，若是勉強擀麵或是整形，將使麵團受到傷害。我的做法是無論什麼季節，都直接放在室溫醒發，夏短冬長，醒發時在麵團上覆蓋溼布以避免麵團乾燥而表皮結皮。

英式瑪芬麵包	巧巴達麵包（拖鞋麵包）
排氣分割	
	  最低程度的排氣，如嬰兒拍嗝一般，將浮在表面上的氣泡拍出即可。直接利用刮刀切割成大小一致的麵團。
滾圓收口	
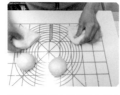 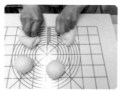 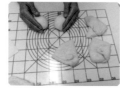 	巧巴達（拖鞋）麵包省略滾圓收口步驟。
中間發酵（靜置醒麵）	
	巧巴達（拖鞋）麵包省略中間發酵，直接進入最後發酵。

 **烘焙手帖**

常常看到麵包或饅頭製作說明中有「靜置」麵團的步驟，所謂「靜置」是什麼？
為什麼要「靜置」麵團？

靜置，有揉麵時的靜置及中間發酵時的靜置，主要都是給予麵團「休息」的時間。麵團在經過揉整之後，彈性愈來愈強，處於緊張狀態，硬是施強力來揉拉、揉整，容易讓麵團受傷，麵團愈變愈緊，無論如何成型都會回縮，然後麵團表面就破裂，斷裂受傷。剛開始「揉麵」的過程中，適當運用「靜置」，可以幫助水解，讓麵團揉的更為光滑均衡。而分割後的靜置（日語稱為ベンチタイム），也可算是發酵活動的一種，麵團經過適當的休息，重新膨脹，讓伸展性恢復回來。

常常聽到有人把麵團揉到斷筋，或是為了揉出所謂的薄膜，揉到手快斷的情形非常多，最後麵團筋斷了，手也快殘了。其實讓麵團休息一下，就算是短短的 5 分鐘，麵團所呈現的放鬆效果會完全不一樣。

麵團的個性和表情是由「人的手」去創造的，如果用「溫柔」的手和用一顆「等待」的心，麵團也會呈現「溫和」的表情。但是用「蠻力」或「硬碰硬」的方式去對待它，它也會用「猙獰」的表情面對我們。

剛揉約 5 分鐘（靜置前）麵團　　靜置中（蓋溼布再加一個盆子）　　靜置 10 分鐘後再揉 1 分鐘的麵團

讓我們「動手」做麵包　製作麵包的方法

107

成型時間到了，在只有麵團和雙手的時空裡，心念透過雙手，賦予每一粒小麵團獨一無二的個性。所以，做麵包是不是一種養生運動呢？

打開記憶庫，自然進入每道流程的程式中，放肆於想像，盡情地捏塑，展現腦力、創造力、肌肉與視覺的協調性、手腦的反應力、臨機應變的果斷力，更重要的是那種忘我的專注力，全部都用上了。

第五步：成形加工

完成中間發酵的麵團即可開始成型，但必須遵守「先後順序」的原則，也就是先排氣滾圓的麵團先操作成型。成形是將麵團整成各式造型擺入模具中，或整形完成直接放在烤盤上進行發酵【圖1】。有些麵包像巧巴達（拖鞋）和田園麵包常省略整形，直接切割成所需大小然後進行最後發酵。免入模具，直接手整成圓形、橄欖形、長條形等是最常見的方式【圖2】。無論有無入模，整形之前都必須將麵團做不同程度的排氣，最低程度的排氣就是如嬰兒拍嗝一樣，輕輕拱起手背，然後將浮在表面上的氣泡拍出，此法多用於硬式麵包麵團【圖3】。一般麵包則是如之前排氣滾圓的動作，將麵團多餘氣體排除再整型。程度高的像吐司麵包，使用擀麵棒分成2～3次將麵團擀平捲合，利用擀捲方法充分排除麵團中的多餘氣體，以達組織綿密細緻【圖4】。

完成整形的麵團擺入烤盤時，要考慮麵團的重量及大小。應排列整齊並調整適當間隔，使麵團四周受熱均勻，提供充分的空間使其擴張膨脹【圖5】。

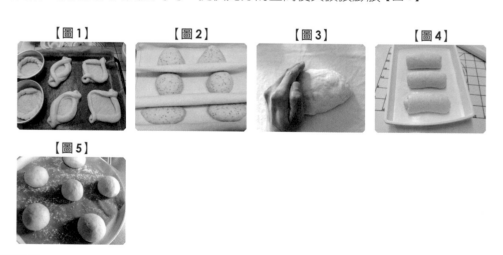

【圖1】　【圖2】　【圖3】　【圖4】

【圖5】

英式瑪芬麵包	巧巴達麵包（拖鞋麵包）
成形加工	

將烤模內側塗上薄油以防沾黏。

烤模放在烤盤上，排列整齊後撒上玉米粒粉。

不需特意成形，隨意切割的形狀即為巧巴達（拖鞋）麵包的特色。

將每粒麵團整圓後，表面沾上玉米粒粉，表面朝下，收口朝上，放入烤模。

第六步：最後發酵

　　當酵母加進麵粉裡的那一刻，發酵就開始了，甚至到進入烤爐，發酵一直都是現在進行式。最後發酵被視為發酵過程中最關鍵的部分，發酵成敗直接影響麵包美味及口感，必須繃緊神經注意其變化。發酵過度或不足都會影響成品的美觀和組織。發酵不足會導致麵包體積不夠大、質地緊實，發酵過度則會使麵包質地粗糙、流失風味。

　　通常無油糖的鄉村麵包麵團的發酵時間較長，因其筋性強度得以支撐較長時間的發酵壓力。但副材料含量高的麵團則必須小心發酵時間，尤其在炎夏，晚 5 分鐘都可能造成過發而影響組織口感。

　　最後發酵一般約在 30～40℃進行，同時需要約 80%的濕度。保持麵團表皮不失水，最簡易的方法就是利用烤箱本身的發酵功能。若沒有發酵功能，可以將麵團放在烤箱中，在烤箱底放一杯熱水，關上烤箱門，在烤箱密閉的空間營造出適切的溫濕度。中途也必須更換熱水，以保持溫度。完成最終發酵的麵團極為脆弱，可謂弱不禁風，無法承受任何碰撞，連按壓、移動都要特別小心力道，以免使麵團消風而影響口感風味。

英式瑪芬麵包	巧巴達麵包（拖鞋麵包）
最後發酵	
利用烤箱中放置熱水 20 分鐘，再移至室溫發酵約 15 分鐘，共計 35 分鐘。	利用烤箱中放置熱水 20 分鐘，再移至室溫發酵約 15 分鐘，共計 35 分鐘。
 發酵前	 發酵開始後約 20 分鐘
 發酵完成	 發酵完成前提早 15 分鐘移至室溫發酵 同時烤箱準備預熱

＊叮嚀：室溫影響發酵時間，請酌情調整。

 **烘焙手帖**

如何判斷麵包麵團已完成最後發酵？要發到什麼程度可以送入烤箱？

目測麵團體積是否膨脹約 1.5 ～ 2 倍大，是最常使用的方法，除了用目測觀察麵團體積膨脹程度之外，就是「手指」的觸診。手指的「指腹」部分，沾少許麵粉，輕輕地按壓麵團表面來判斷發酵程度。

製作麵包最後發酵判斷（分成三個階段做狀況分析）── 以「軟法麵包」為例，烤箱發酵功能 30℃ 左右室溫下。

＊第一階段（發酵經過 20 分鐘的狀況）：用手指輕押壓麵團表面，壓時感覺張力和彈力明顯，壓後不會留下指印，反而會馬上彈回。

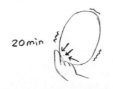　　　代表發酵仍然年輕，發酵不足，需要延長時間。

＊第二階段（發酵開始後 30 分鐘）：用手指輕押壓表面，已感覺指尖處的麵團表面不再有明顯的反彈力，留下指印但不明顯，壓處仍會彈回。

　　　判斷需要再延長 10 ～ 20 分鐘，可以開始預熱烤箱。

TIPS：一般商業快速酵母製作貝果或小型餐包，在 30℃ 發酵箱的情況下，約 30 分鐘左右即可達到此階段。想製作出口感紮實有嚼勁的麵包，此階段即可進行烘烤，若是想追求更膨鬆的口感，則可延長 10 ～ 20 分鐘左右的發酵時間。

＊最後完成階段（發酵開始後 40 分鐘）：這時用手指押壓，麵團表面已無反彈力，而且留下指痕。指痕會慢慢回復，雖無法回覆原狀，但仍有彈性而不塌陷。

　　　判斷麵團已經完成最後發酵，可以送入預熱好的烤箱。

＊過發階段：這時押壓麵團表皮，許久不彈回，反而有塌陷情形，過度發酵嚴重者，整個消風攤平。

讓我們「動手」做麵包　製作麵包的方法

1. 烤箱預熱：

　　所謂「三分做、七分火」，火即「火候」，麵包的外觀和口感與火候有密切的關係，可說是決定麵包成敗的最後關鍵因素。判斷麵團發酵進行狀態，同時要根據個人烤箱預熱所需時間。烤箱預熱務必提早進行，以免使麵團因等候烤箱充分預熱之前就已發酵過度。

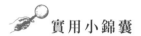 實用小錦囊

$$華氏（Fahrenheit）= 攝氏（Celcius）\times (9/5) + 32$$
$$攝氏（Celcius）= (華氏 Fahrenheit - 32) \times (5/9)$$

　　烤箱預熱溫度必須根據所製作的麵包種類來決定。由於烤箱預熱後會因為開啟烤箱門而失去熱度，一般驟降約 20 ～ 30℃左右，所以我通常都是比原始設定的烤溫調高約 20℃左右預熱，尤其是製作法棍、鄉村等硬式麵包，都以烤箱最高溫度去預熱烤箱，並且一定要配合烤箱內部溫度計來判斷是否充分達到預熱溫度，只有達到正確的溫度，才能烘焙出理想的成品。

　　烘烤溫度和時間的設定，以烤箱個性、麵包種類、大小數量、燒減率為考量因素。

＊**烤箱個性：**每家烤箱因設計、構造等不同，所以雖然參考食譜中所提供的烤溫和時間，更重要的是要了解和熟悉自家烤箱，以做適當調整。

＊**麵包種類：**高糖類的甜麵包在烘烤時，因砂糖加熱所產生的梅納反應，比材料單純的硬式麵包上色快又明顯。若以高溫短時間烘烤，容易發生外表焦黃，但內部未熟的情形。但若以太低溫度長時間烘烤，又容易水分喪失過多、組織乾柴。因此在烘烤含高油糖類的麵包時要特別小心顧爐。

＊**大小數量：**一般來說，麵包愈重愈大烤時愈長，數量多烤時也要延長。以一顆總重 500 公克的麵團來說，做成 1 顆鄉村麵包，或是換成 6 顆小型軟法麵包，溫度和時間控制不同，因此需要適當做調整如下：

1 顆鄉村麵包 —— 250℃，30 分鐘左右。

6 顆軟法麵包 —— 200℃，20 分鐘左右。

＊**燒減率：**以 6 顆的奶油餐包（每顆重 60 公克）為例，原本應該設定為 190℃ 烤 15 分鐘，但卻改用 200℃ 烤 17 分鐘，雖兩種情況都呈完全熟透，但麵包中所喪失的水量不同，導致麵包軟硬口感也不同。若設定 200℃ 烤 17 分鐘的話，麵包就會烤過頭而乾柴。這就是麵包師父們也常考慮烘焙的燒減率有關，指的是麵團在烘焙過程中所喪失的水分。

燒減率 ＝（麵團入爐前重量 － 出爐重量）÷ 麵團入爐前重量

一般來說，以充分烤熟、口感良好的麵包，燒減率平均在 25% 左右。燒減率愈大，表示水分喪失愈多，麵包吃起來也就愈乾柴。

燒減率一覽表	
麵包種類	燒減率
法國麵包	22 ～ 25
德國麵包	13
帶蓋吐司	10 ～ 11
山型吐司	11 ～ 13
點心型麵包	10 ～ 15

例如做一顆 300 公克的法國麵包，以燒減率 22 ～ 25% 計算：

300 × 25% = 75 → 300 － 75 = 225

300 × 22% = 66 → 300 － 66 = 234

如果出爐時所測量麵包重量介於 225 ～ 234 公克左右，就可算是製作出理想法國麵包的口感狀態了。

了解到烘烤溫度和時間的影響因素之後，接下來就是決定好所需的烤溫和時間了。

· 本書中各式麵包所需烘烤溫度及時間一覽表

（東芝 ER ～ MD300 過熱水蒸汽微波烤箱，無上下火獨立功能）

	烤溫（攝氏）	烤時（分鐘）
吐司類		
日式 1 斤吐司 1 條	200	20 ～ 25
日式 1.5 斤吐司 1 條	200	25 ～ 30
點心麵包類		
香蔥火腿麵包	190	15 ～ 18
草莓卡士達麵包塔		
地中海披薩麵包		
餐包類		
橄欖型熱狗餐包 6 顆（有烤模）	190	15 ～ 18
圓型漢堡餐包 6 顆（有烤模）	190	15 ～ 18
三角型餐包 6 顆（無烤模）	180	15 ～ 18
無油無糖硬式麵包類		
大型鄉村麵包 1 顆	250 + 220	15 ～ 20 + 10 ～ 15
法國短棍麵包 2 條	250 + 230	10 ～ 13 + 5 ～ 8
義大利風味麵包類		
巧巴達（拖鞋）麵包 4 顆	230	18 ～ 23
佛卡夏麵包 5 顆	220	17 ～ 20

	烤溫（攝氏）	烤時（分鐘）
軟法麵包		
法式香披紐麵包 6 顆	210	18 ～ 23
奇亞籽軟法麵包 6 顆	210	18 ～ 23
摩卡軟法麵包 6 顆	210	18 ～ 23
特色風味麵包		
紐約風貝果 6 顆	210	18 ～ 22
德國黑貝果 6 顆	200	20 ～ 23
日式超軟牛奶麵包 6 顆	170 + 130	10 ～ 12 + 10 ～ 13
英式瑪芬麵包	190	18 ～ 20
中東口袋麵包	230	6 ～ 8
印度烤餅	230	8 ～ 10
其他補充參考類		
日式波蘿麵包 4 個	180 + 160	8 ～ 10 + 11 ～ 13
紅豆甜麵包 6 顆	190	13 ～ 18
克林姆麵包 6 顆	190	13 ～ 18
奶油可頌麵包 6	230	16 ～ 21
直徑 22cm 披薩一片	250	13

（註：＋代表中途調整溫度續烤之意。現在市面上的家用電氣烤箱，許多配備有上下火獨立設定溫度功能所以可以視情況分別調整上下火。）

英式瑪芬麵包	巧巴達麵包（拖鞋麵包）
烘焙溫度及時間設定	
190℃烤 18 ～ 20 分鐘	230℃烤 18 ～ 23 分鐘
烤箱預熱溫度	
220℃預熱	300℃預熱（或以烤箱最高溫度預熱） 烤盤也一起預熱
烤前美化工作	
無	 表面撒粉、割線（可省略） 入爐前表面噴水
入爐烘烤、中途調整	
 另備一烤盤置於烤模上方， 壓住麵團以免膨起。	烘烤開始 10 分鐘內使用 230℃過熱水蒸氣機能，10 分鐘後改成普通烘烤機能，同時對調烤盤方向，以平均烤色。

2. 烤前美化：

有些麵包在入爐之前需要經過一番「美化」工作，例如像刷液、撒粉、舖料、切割、劃痕、噴水等。

* **刷液**：包括了蛋液、澱粉泥、油脂等等。軟式甜麵包、奶油餐包、丹麥、可頌等高油糖麵包，經常使用蛋液（雞蛋、水、或牛奶混合液）輕刷表皮，使出爐時呈現金黃光澤的明亮外皮（參考 P.119 烘焙手帖）。澱粉泥主要用於製作像虎皮麵包（Dutch bread）【圖1】，麵包表面塗上發酵過的澱粉泥，經過高溫烘烤，呈現一種自然龜裂的花紋，如老虎紋一般，所以又稱為老虎麵包（Tiger bread）。佛卡夏麵包或披薩類在入爐之前會撒上大量的橄欖油，利用炸烤效果使表面呈現酥脆外皮。

【圖1】

【圖2】

* **撒粉**：可撒上高筋、全麥、黑麥麵粉等，除了有助割線、凸顯線條之外，也使麵包表面呈現不同色澤，更具有美感。【圖2】

* **舖料**：在麵包入爐之前，可以撒上糖粒、起司等或塗上醬料。有些麵包像佛卡夏麵包或披薩類在入爐之前會撒上許多食材配料，使麵包呈現多元風味。

* **切割與劃痕**：硬式麵包常在入爐前利用刀片在表面切割或劃痕，有助於麵團在烘烤時膨脹擴展（oven spring）。表面缺少刀痕的硬式麵包會在高溫烘烤的情況下，出現側面爆裂的現象（參考 P.83 烘焙手帖）。

* **噴水**：特別使用在硬式麵包如法棍、鄉村麵包等製作上。硬式麵包在高溫熱風吹烤之下，表面快速乾燥而影響麵包膨脹。在烘烤前先噴濕麵包表面，可延緩在烤箱中烤乾表面的時間，有助於烤出延展性佳及順利開裂的麵包。噴水還有利表皮上色，當表面的水分與澱粉反應時，部分澱粉形成糊精而與麵團中的糖結合，產生焦化作用，形成茶褐色薄亮的外皮。噴水方法為離麵團約 30 公分左右高點使用噴水槍，將噴槍口的水霧朝麵團側高處全面噴灑 3 ～ 4 次即可。

3. 入爐烘烤：

* **麵團烘烤時的變化**：

當麵團一放入烤箱就開始產生不同階段的變化，起初 6 分鐘間，麵團中的氣體受到高溫迅速膨脹，麵團內的酵母活躍程度達到最大化，直至溫度達到 60℃ 時，酵

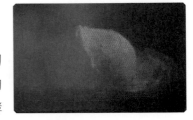

母被高溫殺死，發酵作用才會停止，之後麵團開始速度膨脹，稱之為烘焙彈性（oven spring），是麵團增加體積的關鍵時段。隨酵母死滅及氣體停止爆出，表面因澱粉糊化的作用開始逐漸形成外皮，在烘烤超過 10 分鐘的麵團，形體大致固定，當達到 95℃ 以上，水分蒸發激烈，表皮也因梅納反應逐漸變深上色，直到烘烤結束。

＊注入蒸氣的意義：

在製作表面開裂的硬式麵包時，一般在烘焙最初階段會向烤箱注入蒸氣，蒸氣可防止麵團因高溫熱風迅速固化，從而使麵團快速且均勻地膨脹。沒有使用蒸汽的麵團，會導致麵包在尚未充分膨脹之下，表皮提早硬化定型，使麵包組織密實而厚重。

注入蒸氣只需要在烘烤初期階段進行，水蒸氣過量也會使表皮厚硬。近年來家用烤箱已開始配備有簡易蒸氣功能，如蒸氣烤箱或過熱水蒸氣烤箱等，但是一般家庭製作麵包仍然無法精確掌握蒸氣量及時間長短。當烤箱無蒸氣功能時，可以利用烘焙用重石和溼毛巾，放入小烤盤中，在預熱完成後、放入麵團的同時，倒入熱水以模擬蒸氣。不過，要特別注意避免燙傷，且我不建議直接向烤箱內部噴水，因容易損傷烤箱。

追求膨脹良好、開裂漂亮的歐式麵包烘友，近年來風行使用「鑄鐵鍋」烤歐式麵包。將一整顆鄉村麵團放置在預熱至最高溫的鑄鐵鍋裡，緊閉鍋蓋，讓麵團在密封的鍋內利用本身所散發的蒸氣，形成類似專業蒸氣烤箱的蒸氣環境，中途再打開鍋蓋續烤至結束，烤出外脆內軟的歐式麵包。

4. 中途調整：

各家烤箱因設計和構造不同，都有所謂的「弊」，烤箱內部不同區塊受熱不一，旋風對流不均，都可能讓同一盤麵包產生不同的烤色，尤其烤箱愈小愈容易產生誤差。所以烘烤中途必須採取調整烤盤方向以防上色不均的措施。在烘烤最初 10 分鐘盡量避免打開烤箱（10 分鐘內烘烤完畢的麵包則可不需調整位置），中途調整烤盤或麵包位置最好在 10 分鐘之後再進行。另外像吐司或大型鄉村麵包等頂部容易焦黑的麵包，可以在中途加蓋錫箔紙做為調整。

5. 脫模冷卻：

烘焙完成後，必須馬上將麵包從烤箱取出，放在網架上室溫冷卻，以免使麵包中的水氣蓄積於底部變溼。有些麵包在出爐時趁熱塗上一層奶油，除了使表面光澤美觀之外，也可避免冷卻時表皮變硬。放入模具烘烤的麵包如吐司類，在出爐時可以適當施予外力震一下烤模，例如用手掌敲打吐司模外側，或連同烤模向作業台敲一下，

出爐時若未及時脫模，將使大量熱氣和水氣蓄積模中，導致吐司縮腰（或稱折腰）現象。

　如果麵包打算 1 天內就食用完畢，可直接放在架子上放涼，再移至密閉袋中或保存盒裡，室溫儲存。麵包在入裝之前必須經過徹底冷卻，否則水氣聚集在袋裡而導致變質或發霉。

 烘焙手帖

判斷是否烤熟的方法，手眼耳都要派上用場

1. **看看表皮上色情況**：檢查上層和底部的上色情況，尤其是底部部分，底部收口中心處是否充分上色結皮，若是仍泛白，甚至軟溼，就是仍未烤熟。
2. **秤秤麵包重量變化**：首先拿起麵包用手秤秤，感覺一下重量。麵包因烘烤後水氣散失，重量也會變輕（參考 P.113 燒減率）。
3. **聽聽中心聲音**：大型鄉村麵包可以用拳頭敲打底部，聽聽是否發出如太鼓的中空聲。
4. **量量麵包中心溫度**：將溫度計插入麵包中央，測量中心溫度。一般要超過 95℃ 以上判斷已熟透（大型鄉村麵包我一般會以超過 98℃ 以上為判斷標準）。若是判斷尚未熟透，可以放回烤箱續烤，小型麵包以 3 分鐘為單位，大型鄉村麵包以 5 分鐘為單位。

英式瑪芬麵包	巧巴達麵包（拖鞋麵包）
出爐冷卻	

出爐了！

選擇手作麵包，是「十足的傻勁，一分想像，加上九十九滴的汗水」。

—— 蜜塔木拉的自言自語

　　這段製作麵包的過程可說是一段考驗腦力、出動所有感官知覺和協調應變的養生運動。這段付出勞動的辛苦，是最真摯的身心靈體驗，讓人領悟到收穫果實的激動和感動。

　　每顆麵包都是自己心血勞作的結晶，是自己堅持到最後出爐那一刻的成果，沒有成敗評斷，不需與他人比較，只有自己對自己的肯定。

　　把這些圓渾可愛的麵包端上餐桌的同時，家人的笑顏和鼓勵是最值得的回饋。再將做好的麵包，透過巧思化身成美味的早午餐，更是至高無上的幸福感。我們感恩上天賜予美味食材，我們流汗辛勞耕耘然後享受收割的喜悅，最重要的就是與家人朋友一起分享快樂的美好食光！

麵包的保存與切割

＊手作麵包最怕的就是老化乾柴：

其實這也是手作麵包的一個特性，先想想，我們剛炊好的米飯是不是又香又好吃？但是飯一旦冷掉是不是就失去了風味了。所以這是一樣的道理，這就是澱粉「老化」。

含有澱粉的食品與水混合加熱煮熟，糊化後稱為澱粉的 α 化，這時口感和味道都美味。但是如果冷掉（尤其是乾燥、溫度低的環境）就會開始變白、變乾、變硬，這叫做 β 化。

＊麵包在什麼狀況下會老化的快：

1. 直接法製作的麵包老化較快。
2. 發酵時間愈短的麵包老化較快。
3. 含水量少的麵包老化較快。
4. 不含油脂和蛋的麵包老化的快。這就是為什麼法國棍一旦冷掉了，就變成棒球棍。

＊要如何能防止「麵包的老化」：

1. 改變麵團材料：麵團中添加油脂、雞蛋、砂糖等保溼材料，例如蛋奶系的吐司，風味和口感保持較長時間。
2. 改善發酵方法：利用低溫長時間發酵法或是中種法，相對麵包老化過程較慢。
3. 改善保存方式：麵包切片冷凍起來，要烤之前自然解凍或是直接放入烤箱烘烤，這樣可以縮短麵包老化的時間。

老化是食物的自然現象，手作麵包講究原汁原味，少了亂七八糟的抗老添加劑，雖然老柴的快，但是吃的安心，也吃的健康。不過，我們也可以採取一些方法減少麵包變乾柴，把「溼潤度」留下來。利用「冷凍庫」和保鮮膜，快速把麵包內部的水分保留下來，千萬別放在冰箱的冷藏，那可會把麵包吸乾成像絲瓜布一樣。

一般來說，吃不完的麵包放入塑膠袋中封好，避免直射日光涼爽乾燥處，1～2 天之內食用完畢。想保存更長的時間，每顆麵包分別以保鮮膜包好。吐司則是切片之後，每片之間

夾一張烘焙紙，再用保鮮膜包好，再集中放入冷凍用的封口袋中，排出空氣放入冷凍庫保存，建議在 1 個月內中食用完畢。高油量的酥皮類，像可頌麵包則是一顆一顆用保鮮膜包好之後，放入冷凍用的封口袋中，故意留下袋中空氣，然後封好袋口，以防壓碎變形。

＊冷凍後麵包的回溫法：

冷凍後的麵包要如何回溫回烤才能重現剛出爐的美味？這大概是許多啃包族最想知道的部分。

喜歡外脆內軟，掌握「快速高溫」。冷凍保存的麵包可以不用解凍直接放入預熱230℃左右的烤箱回烤即可。但含高油高糖的麵包回烤時，表面容易先焦黑，建議在麵包上加蓋一張鋁箔紙，回烤時間到了，也不要馬上取出，讓麵包在烤箱內燜烤1～2分鐘，讓中心充分回溫，達到外脆內軟的效果。法國麵包則是先在表皮噴一下水，放入預熱好的烤箱，回烤時間到了，也不要馬上取出，讓麵包在烤箱內燜烤1～2分鐘，讓中心充分回溫，達到外脆內軟的效果。

當麵包自然解凍後，可利用上述回烤法，也可以使用以下方法回溫麵包，特別是回溫吐司、餐包等柔軟澎鬆的麵包時，把握「快速水蒸」。

可使用一般傳統型電鍋，外鍋用噴水槍平均噴入3～4次水氣，將麵包放入蒸盤上，蓋上鍋蓋，按下炊飯鍵，等按鍵跳起即可享用。使用有點深度的平底鍋也可以，方法相同。微波爐加溫是最快速的方法，將麵包放置微波盤中央，上方加一張溼餐巾，500W微波15秒左右即可，注意不可過度微波加熱，以免麵包變乾柴。

＊麵包切法：

麵包常常切的歪七扭八，如何才能切出漂亮工整的切片？好不容易烤出了賞心悅目的麵包，卻在切片時切的支離破碎，一定非常傷心失落吧！一般家庭不像麵包店專門備有一台電動切片機，所以我們只好買一把鋒利的細長麵包刀，再好好訓練一下切片功夫了。

剛出爐的麵包，尤其吐司類，因仍含有大量水氣，尚未完全定型，這時馬上切片的話，除了形狀脆弱易散，斷面也會出現類似起毛球一樣的粗糙，影響視覺和口感。建議將麵包靜置放涼後再切。吐司的底部和側面要比頂部來的堅硬，所以將吐司側躺，從側面或底部下刀。決定好厚度之後可拿牙籤做記號，使用比麵包高度稍微長一點的普通刀子會比波浪狀的麵包刀適合。先將刀子在爐火上稍微乾烤或泡在熱水中加熱之後再下刀，不但容易下刀，而且斷面較為工整漂亮。表皮堅硬的法國麵包也是建議先將刀子加熱後，再從麵包側面下刀。

 **烘焙手帖**

剛出爐的麵包，什麼時候吃最恰當？

「剛出爐的麵包最美味」，我想一般人都是這樣認為吧！

剛出爐的麵包，熱呼呼香噴噴的，想一口咬下去，這種心情真的可以體會，但是其實剛烤好的麵包含有許多水蒸氣，熱氣滿滿地積蓄在麵包中，所以我們一撕開麵包的時候，可以看到許多水蒸氣散出來，這時候的麵包組織非常不安定，外皮也尚未完全定型，組織很脆弱，就像是蓋到一半的房子。

以吐司等大型麵包為例子。吐司一出爐就馬上用手抓起兩側，一定會整個凹陷，或是整個腰折，這是很常見的情形。另外，剛出爐的法國麵包，則是外皮太硬脆、內部太軟溼，缺少整體性口感。

最重要的是，剛烤好的麵包中仍然含有未散去的發酵物質，例如酒味、有機酸、酵母味等。

結論是，大部分剛出爐的麵包不適合馬上食用，最好等熱氣消退之後再食用，才能真正享受到麵包的美味。

以下我個人認為麵包最佳食用時間：

* **點心類麵包**（有內餡或有塗外餡等軟式麵包）：熱氣消散即可馬上享用。

* **吐司類**：6～8小時之後，或放1個晚上最佳。

* **鄉村麵包類**：等待麵包中心內水氣散失，涼透安定下來，至少需要2小時左右，然後再切片，噴水回爐輕輕烤一下。但不宜在室溫下久放，組織會過度硬化，失去風味。

* **法國麵包類**：法棍等在剛出爐時，麵包中心仍蓄積相當水氣，放涼約10分鐘即可享用。但法國麵包老化快速，不宜在室溫下久放，當日現做法棍當日享用是一般原則。

* **丹麥系或可頌類**：1～3小時之後，等到奶油安定之後再享受會更美味。

* **德國黑麥或裸麥類麵包**：放1天最佳。

讓我們認識各類麵包

「有了麵包，我們就少了悲傷。」──西班牙文學家 塞凡提斯

　　當肥沃月彎上的大地開始飄搖麥穗，空氣中的酵母散落在溼麵團上撩起了化學反應，家家瀰漫著陣陣麵包香，麵包就帶領人類歷史進入了它豐富而美味的次元，世界各角落的人們靠著雙手和巧思，創造了屬於當地風土的獨特麵食。

　　麵粉、水、酵母、鹽四樣基本材料，和各式各樣副材料的排列組合，讓麵包種類多如繁星，各有風味，麵包最常分為四大類，「硬式麵包」、「軟式麵包」、「甜麵包」以及「特殊麵包」。

硬式麵包

　　麵粉、水、酵母（或老麵）、鹽，四樣最基本的材料所製作而成的麵包。常利用長時間發酵法，成型手法單純，高溫、短時間烘烤，麵包口感為外脆內軟，麵包組織佈滿了大小氣孔，細細咀嚼中帶著樸實的小麥風味和香氣。代表款麵包有法國長棍、歐式鄉村麵包。硬式麵包中也有配合油脂、香料等製作的風味硬式麵包，像義大利麵包中的拖鞋麵包、佛卡夏麵包，還有利用「酸種（sourdough）」，也就是利用裸麥自然發酵種長時間

發酵的黑麥麵包。

👉 軟式麵包

　　麵團中加入的砂糖和油脂量皆為麵粉的 4 ～ 10%，質地柔軟細膩，像吐司、小奶油餐包、軟法麵包等等。

👉 甜麵包

　　除了砂糖與油脂用量佔麵粉的 10% 以上之外，多為包入各類餡料，例如克林姆餡、紅豆餡等，或是裝飾於表面上的甜餡皮，例如奶油酥皮、菠蘿皮。所以甜麵包中的代表款為紅豆麵包、菠蘿麵包、克林姆麵包等等。

👉 特殊麵包

　　包括像甜甜圈等油炸麵包、節慶麵包、各類穀類麵包、平燒麵包等等。

我常用「油脂」和「砂糖」含量把麵包和特徵簡單歸類成：

無油無糖類的硬麵包：法式麵包、鄉村麵包。

少油少糖類的半硬麵包：軟法麵包、貝果類。

油糖適中類的軟麵包：吐司、餐包。

高油高糖類的點心麵包：包餡麵包、酥皮麵包、可頌麵包。

👉 世界的麵包

　　「人類最需要的，永遠只有兩樣，麵包與和平。」── 西班牙文學家 塞凡提斯

美國

中國

125

法國　　　　　　　　　義大利　　　　　　　　　荷德

中東　　　　　　　　　英國　　　　　　　　　日本

3

DELICIOUS
BRUNCH
RECIPES

40道美味的
手作麵包早午餐

PART 1

ROLLS & BUNS

餐包
系列

美式連鎖速食浪潮襲捲世界，那層層疊疊、夾著美味誘人食材的漢堡包和三明治，成了美國速食帝國的象徵。無論是三明治還是漢堡包，金亮、微酥、薄嫩的餐包一咬下卻是輕盈蓬鬆、甜香爽口，永遠是美味漢堡和三明治的靈魂。

餐包的始祖可溯至法國貴族們愛吃的「布里歐許」。傳說法國大革命時，一位尊貴的皇后聽到農民百姓們沒有麵包吃了而回答說：「那就叫他們吃布里歐許吧！」。布里歐許（brioche），是一種以大量奶油、牛奶和砂糖製成的柔軟麵包，擁有濃郁的奶油香氣，甜而不膩的滋味以及如蛋糕般綿密鬆軟的口感。在法國大革命時，尊貴奢華的布里歐許對平民百性是遙不可及的夢幻食物，被戲稱為貴族麵包。現在，布里歐許變身成平民級的奶油餐包了，人人一邊吃著布里歐許，一邊談笑著這段皇后與布里歐許的逸事。原始的布里歐許，光是奶油加砂糖就幾乎佔了麵團材料的一半，可說是麵包中的海綿蛋糕，但是現代餐包子孫們完全擺脫了蛋糕基因，雖然奶油、砂糖、牛奶一樣都不少，熱量卻少了許多，甚至加入養生概念，無油無糖，連蛋奶都省略了，或添加各類穀物、堅果、果乾等，口味千變萬化。

蕎麥小餐包

南瓜籽小餐包

裸麥小餐包

罌粟籽餐包

連造形也是多彩多姿，英文中常見的 table roll、dinner roll、bun，都可歸類於餐包類，它早以穩坐軟式麵包首席位置，包括小圓餐包、熱狗餐包、奶油麵包卷、手撕排包、古早味蘋果餐包，甚至還有麵包超人臉的餐包等，千奇百樣的多變造型，是家庭餐桌上最常出現的麵包款式。本書介紹三款餐包——圓型漢堡餐包、橄欖型熱狗餐包、三角型餐包。

圓型漢堡餐包

橄欖型熱狗餐包

三角型餐包

圓型漢堡餐包

沒有再比「漢堡」更能代表美國速食文化了。

漢堡背後的功臣就是那圓圓胖胖、鬆鬆軟軟的「小圓餐包」。

一顆小圓餐包中夾住了所有你可能想像的食材，有融化爆漿的起司、新鮮的紅蕃茄、清脆的生菜，還有煎到鮮嫩多汁的肉排，正是包容多元文化和種族大熔爐的美國縮影。

小圓麵包代表柔軟開放，多元食材象徵大度包容。大口咬下，更是享受這款麵包的特權，自由奔放，沒有道理，愛怎麼吃就怎麼吃！

份量	6 顆
材料	高筋麵粉 300 公克　　鹽 4 公克　　**其他** 全蛋液 30cc　　砂糖 20 公克　　表現裝飾蛋液（全蛋液：水＝1：1） 水 160cc　　奶油 10 公克　　白芝麻或罌粟籽（表面裝飾用）適量 快速酵母粉 3 公克
準備工作	1. 準備好所有材料及道具（直徑 9cm 烤模）。 2. 奶油室溫放軟。雞蛋回溫均勻打散成蛋液。 2. 評估製作環境的溫度和溼度，以調整水溫。

做法

1. 將麵粉平均分成 2 等分，各放入大小不同的麵盆。

2. 大麵盆中分別放入酵母粉、砂糖。

3. 小麵盆中放入鹽。

4. 將水和蛋液混合好之後倒入大麵盆中，充分攪拌至粉水均勻。

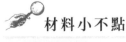 材料小不點

 罌粟籽（poppy seed）為罌粟的種子，除了做為榨油原料之外，因富含礦物質和維生素，也是世界各地廣泛使用的調味料。一般使用方法為原粒或研磨成粉末，加入烘焙食品或醬料中以增加食品的風味。

5. 將小麵盆中的材料倒入大麵盆中，攪拌至成團狀。

6. 將麵團倒在揉麵台上，確實將粉、水和材料均勻揉進麵團中。

7. 揉到麵團表面初步光滑後，把麵團攤開成一正方狀，將軟化的奶油利用手指力量戳進麵團中。

8. 重覆步驟 6 的手揉方法，將奶油充分揉入麵團中，配合摔打和 V 型左右揉合，使麵團充分出筋膜。

9. 手沾抹少許沙拉油，拉一拉一小塊麵團，檢查一下是否出現薄膜，出現則是代表麵團已充分揉至最佳狀態。

10. 將麵團整圓收口朝下放回麵盆中，開始進行基礎發酵。烤箱內部放置熱水，發酵約 1 小時。

11. 倒出麵團輕微排氣，分割成 6 份。

12. 麵團輕折滾圓之後，靜置 15 分鐘。烤模塗上薄奶油備用。

13. 整形成圓型（參考 P.183 德式黑貝果整圓方法），收口朝下，利用擀麵棒輕壓麵團成圓餅狀。

14. 捏住收口，麵團表面沾上薄薄蛋液，然後沾滿罌粟籽或白芝麻，收口朝下放入烤模中，將烤模隔開排列放好在烤盤上，進行最後發酵。也可以在完成最後的發酵之後，烘烤之前再塗蛋液，沾種籽。

15. 烤箱內放入熱水約 25 分鐘發酵，取出麵團進行室溫 10 分鐘發酵，同時進行烤箱預熱 200℃。

16. 將發酵完成的麵團送入烤箱。

17. 190℃烘烤 18 分鐘。

🥄 溫馨小叮嚀

不用烤模直接整成圓形，放在烤盤上烘烤也可以，無烤模情況的烤溫可調整為180℃烤18分鐘。

套餐 1

和風養生
漢堡

主角吃法	雞肉豆腐漢堡肉和鮮蔬夾心
主角麵包	圓型漢堡餐包
佐餐開胃	馬卡羅尼沙拉
搭配飲品	綠野高纖果昔

想吃個香煎厚肉排漢堡,但又不想讓自己的身材變成「漢堡」般圓滾滾,用心良苦的煮婦們,不如做個美味又健康的「和風養生」漢堡,肯定讓家人吃的心滿意足,又伸出大姆指喊讚!

這款漢堡肉排來頭不小,是用熱量低的雞絞肉和豆腐做成的,以和風的照燒口味和帶點酸甜的蕃茄醬做風味基底,最令人驚喜的是,不用一大早就手忙腳亂搞的滿手是黏膩的肉餡,只要事先一次做好肉排,交給冰箱冷凍保存,使用時自然解凍,馬上下鍋香煎,輕輕鬆鬆,優雅自在。除了做成漢堡夾心,還可以當作平日主菜或便當菜,真是造福主婦的佳餚。

份量	2 人份

	漢堡材料	雞肉豆腐漢堡肉排（6 片）	茄汁照燒調味醬汁
材料	圓形漢堡餐包 2 顆	雞胸肉 400 公克	醬油 1 大匙
	雞肉豆腐漢堡排 2 片	木綿豆腐 200 公克（或板豆腐）	蕃茄醬 1 大匙
	酪梨 半顆	麵包粉 2 大匙	砂糖 1 大匙
	洋蔥絲 適量	蛋液 30cc	水 2 大匙
	生菜葉 4 片	鹽 0.5 小匙	味醂 1 大匙
	蕃茄切片 2 片	胡椒粉 適量	料理酒 1 大匙
	起司片 1 片	低筋麵粉適量（香煎時撒表面用）	

做法

製作漢堡肉排

1. 豆腐去水一晚備用。蛋液和麵包粉混合備用。

2. 調好茄汁照燒調味醬汁備用。

3. 將雞絞肉放入攪拌盆中。我買一片雞胸肉回家打成絞肉（也可以請商家代為處理成絞肉），再將步驟 1 材料放入盆中，充分攪打成均勻的肉餡，最後加入鹽和胡椒粉攪拌混合。

4. 將肉餡整形成圓餅狀，最好配合漢堡餐包的大小。我使用製作餐包時的烤模（內側塗油），將肉餡平均放入模中，平排在烘焙紙上，和烤盤一起放入大型食品夾鍊袋中，放入冷凍庫冷凍保存。

5. 開始香煎漢堡肉。前天晚上將漢堡肉取出至冷藏庫自然解凍，平底鍋塗上 1 小匙油熱鍋，漢堡肉排表面沾上薄薄低筋麵粉。

6. 將漢堡肉平放入鍋中，轉中火，剛開始的 2 分鐘不要翻動。

7. 經過 2 分鐘後，翻開一片看看底部上色情形，若已呈金黃上色，就一片一片翻面，翻面後從鍋邊淋上酒，蓋上鍋蓋蒸煎 2 分鐘。

8. 打開鍋蓋，倒入步驟 2 的醬汁，搖動鍋身，讓醬汁充分沾附於肉排上，肉排翻面，使另一面也沾上醬汁，稍微收一下醬汁（要留下一點醬汁做漢堡底醬用）即可盛盤。

9. **製作三明治。**洋蔥絲、生菜泡水濾乾。蕃茄、酪梨切片。將麵包對切，側面用平底鍋回溫後，將步驟 8 預留的底醬塗在麵包內側，放上生菜、蕃茄片、起司片、肉排、酪梨、洋蔥絲，最後蓋上另一片麵包即可享用。

 溫馨小叮嚀

1. 豆腐要確實脫水，以免影響漢堡排的口感和滋味。可將豆腐放在濾網盆中，上面壓上有點重量的盤子，放在冰箱脫水 1 晚。

2. 製作好的肉餡可以馬上香煎成漢堡肉，但是冷凍後的肉餡形體穩定，煎起來也比較工整漂亮。另外冷凍保存的好處可以節省製作早餐時間，不用忙手忙腳，多做一點，也可以當做平日正餐、便當菜都適合。

3. 香煎肉排時在表面撒上薄薄的麵粉有助於固定形狀，容易香煎上色，更有助於醬汁的黏附。

4. 可以用等量的水代替味醂和料理酒。

開胃佐餐 馬卡羅尼沙拉

通心粉，除了大家常見的長條義大利麵之外，其實有各式各樣的造型，小水管、貝殼形、螺旋形、鉛筆形、蝴蝶狀等等，花樣繁多，足以使人眼花繚亂。其中馬卡羅尼（Macaroni），可愛又可口，是沙拉盤中最討喜的通心粉之一，也是最受大人小孩歡迎的馬卡羅尼沙拉的主角。這道什錦通心粉沙拉裡有滿滿美味的配角食材，調入濃郁滑口的日式美乃滋，可以當主餐享用，也可以當做副菜，搭配各式料理都非常搶眼又開胃。

🥛 **份量** | 2 人份

材料	調味料	日式美乃滋材料
馬卡羅尼通心粉 300 公克	日式美乃滋 全量	蛋黃 1 顆
培根肉片 4 片	橄欖油 2 小匙	沙拉油 100cc
洋蔥半顆	鹽 1 小匙	蜂蜜 1 小匙
黑橄欖（罐頭）約 10 粒	黑胡椒粉 少許	白胡椒粉 少許
鹽漬酸豆 1 大匙	白酒醋 1 小匙	白醋 15cc
紅蘿蔔 半條	芥末醬 2 小匙	鹽 2 公克
豌豆 4 ～ 5 條		

1. **製作日式美乃滋。**先將蛋黃、砂糖、鹽放入容器中,利用電動攪拌棒(或是手動打蛋棒)打至泛白起泡,分 2 ~ 3 次加入沙拉油攪打,有助於乳化均勻,最後放入白醋打至濃稠狀即可。

2. 將橄欖粒切片。紅蘿蔔切絲。培根肉切絲。洋蔥切絲泡水濾乾。

3. 將日式美乃滋、其他全部調味料和步驟 2 食材一起先放入食材盆中備用。

4. 燒一鍋滾水,加入 1 小匙鹽(份量外),將馬卡羅尼按包裝所指示的時間煮熟,在起鍋前 1 分鐘,放入豌豆一起燙熟。將豌豆取出,通心粉倒入濾網盆濾乾水氣(留點湯汁做後面調整用),整個倒入步驟 2 的食材盆中,再加入切絲好的豌豆一起拌勻。嚐嚐味道並適當調味,若是通心粉不夠溼潤,可加入一些湯汁或橄欖油做調整。

搭配飲品 綠野高纖果昔

「森林奶油」酪梨和「水果之王」香蕉是打出濃郁滑口果昔的天然潤滑劑，再加入有微微酸奶香的優格、當令當時的蔬菜和水果，做成滿滿一杯膳食纖維和營養素。啜飲每一口有如置身於清新綠野間舒暢爽快。

份量	2 人份		
材料	酪梨（小顆）1/3 粒 香蕉 半條 奇異果 1 顆	生菜葉 2～3 葉 蘋果 1/4 顆 優格 2 大匙	牛奶 200cc 水 100cc 蜂蜜 2 小匙
做法	將材料全部放入果汁機攪打均勻即可。		

套餐 2

豔陽海灘
牛肉漢堡

主角吃法	純牛肉漢堡肉排和鮮蔬夾心
主角麵包	圓型漢堡餐包
佐餐開胃	蘿蔔泡菜、芥末甜椒
搭配飲品	紅豆拿鐵

　　想像豔陽海灘旁的觀景餐廳裡，藍天白雲映入眼底，在陣陣夏日微風輕拂下，餐桌上擺滿豐盛熱情的南國早餐，饕客們兩手握著鮮美多汁的牛肉漢堡，彷彿是摩天高樓，毫不保留地一層層夾住所有可能想像的美味，放肆地讓肉汁淌流在手指間，豪邁地大口咬下，讓味蕾享受牛肉和漢堡譜出的美妙樂章。

　　這樣美味的純牛肉漢堡，不需要花大錢出國或上餐廳才吃得到，用普通的碎牛肉就可以做的出來，完全沒有任何違和感。把牛肉剁碎後香煎成牛肉餅，單純地用黑胡椒醬油調味，再搭配酸酸甜甜的鳳梨、蕃茄，讓人好吃到有如在海灘上狂奔開心愉悅！

🥛 份量 | 2 人份

材料

漢堡材料
圓型漢堡餐包 2 顆
牛肉漢堡排 2 片
鳳梨（罐頭）2 片
蕃茄 1 顆
巧達起司片 2 片
小黃瓜 半條
紅甜椒 1 小段
新鮮豆苗 適量

底醬材料
帶粒芥末醬 1 小匙
蕃茄醬 2 小匙

牛肉漢堡排材料（2 人份）
碎牛肉片 約 200 公克
低筋麵粉 2 小匙
料理酒 1 小匙
鹽 2 小撮
胡椒粉 適量

調味醬汁
醬油 1 小匙
味醂 1 大匙
料理酒 1 大匙
砂糖 1 小匙

其他
沙拉油（熱鍋用）1 小匙
低筋麵粉（表面）2 小匙
黑胡椒粉 適量
粗鹽 少許

做法

1. 蕃茄切片後用餐巾紙吸乾水氣。小黃瓜切片。紅甜椒切絲。調味醬汁預先調好。

2. **製作牛肉漢堡排。**將牛肉置於砧板上剁成碎肉，放入低筋麵粉、酒、鹽、胡椒粉充分攪拌成質地均勻的肉餡。平均分成 2 等分，整成圓餅狀，兩面撒上薄薄麵粉。

3. 平底鍋加入 1 小匙油熱鍋後，放入肉餅煎至底部上色，再翻面煎約 2 分鐘，加入調味醬汁，搖晃鍋身，收乾醬汁，起鍋前撒上黑胡椒粉。

4. 調合蕃茄醬和芥末醬為底醬。

5. 將餐包對切後，和鳳梨片一起香煎上色。

6. 麵包內側塗上步驟 4 的底醬，單片鋪上豆苗、蕃茄片、牛肉漢堡排、起司片、小黃瓜片和紅甜椒絲，最後蓋上另一片麵包即可享用。

開胃佐餐 蘿蔔泡菜 · 芥末甜椒

　　酸甜爽口，清新開胃的小品副菜，不但去油解膩，更增添了餐桌上活潑的氣氛。

 材料

蘿蔔泡菜材料	蘿蔔泡菜調味料	芥末甜椒材料
白蘿蔔 1/3 條	糖 1 大匙	甜椒（大）1 顆
紅蘿蔔半條	鹽 2 小撮	芥末醬 2 小匙
鹽（去青用）1 大匙	白醋 2 大匙	白醋 1 小匙
		砂糖 1 小匙

做法

蘿蔔泡菜做法

1. 將白蘿蔔和紅蘿蔔去皮後，切成約長 4～5 公分的細絲。 加入鹽，用手拌勻後，放置約 20 分鐘。 沖完清水，用手將水氣擠出備用。

2. 加入調味料用手拌勻，放入冰箱，放置約 1 天使之入味。中途可以用筷子拌一拌，讓調味料更深入食材。

芥末甜椒做法

3. 將甜椒剖開、去籽、切小塊，入滾水氽燙 1 分鐘取出，濾乾水氣。

4. 和調味料一起拌勻即可享用。

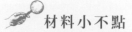

搭配飲品 紅豆拿鐵

甜蜜可口的紅豆和濃郁香醇的牛奶的組合，一喝上癮的美味，嚐了才知道。

份量	2 人份
材料	紅豆粒餡（罐頭）2 大匙 牛奶 400cc
做法	將紅豆和牛奶用湯匙調開分成 2 杯，另外 150cc 牛奶打成奶泡，最後分別倒入杯中即可享用。

主角
麵包 橄欖型
熱狗餐包

美式的熱狗餐包（hot dog bun），長的像紡錘般橄欖形的軟麵包，日本人稱為コッペパン。一位傳奇的日本麵包師父田邊玄平，寫下了熱狗麵包和日本近代麵包史一段錯綜複雜的故事。田邊玄平出生於 1874 年，1901 年到美國學習烘焙麵包，把美式熱狗餐包引進了日本，在第二次世界大戰時成為了日本軍隊的配給糧食。戰爭結束了，但日本糧食短缺，靠著美國補給麵粉維持國民生計，當時學校開始採用美式熱狗麵包，供給大都會的學童營養午餐。

為什麼以米飯為主的日本人，學校的營養午餐卻是以美式熱狗麵包為主？主要的理由，當然是戰後米糧不足依賴美國麵粉配給之外，美式熱狗餐包製作快速、成形簡單、不需要另外調理副菜，當做主食不容易吃膩，配給處理運送都方便。所以，日本戰後嬰兒潮出生的世代，可說是熱狗麵包世代。

老公說他也是吃熱狗麵包營養午餐長大的，而且天天吃也不會膩。現在日本學校的營養午餐已經擺脫了天天吃熱狗麵包的刻板印象，但是市街上的麵包店卻永遠把這種熱狗麵包當做招牌麵包。

熱狗麵包，總是麵包店的不敗招牌商品，正因為它鬆軟有彈性，適合夾入各式各樣的食材，變成潛艇堡、三明治，或是單吃沾果醬都非常美味可口，老少皆愛的庶民麵包款。尤其吹起了懷舊風，把熱狗麵包當做專門三明治在販賣的店如雨後春筍，日本人更是發明了特別的吃法，夾上炒麵，加入可樂餅等等，各式口味讓人眼花瞭亂。

份量	6 條

材料	高筋麵粉 300 公克 水 190cc 快速酵母粉 3 公克 鹽 3 公克 砂糖 15 公克	奶油 10 公克 全脂奶粉 10 公克 **其他** 裝飾蛋液（全蛋液：水＝1：1）

準備工作	1. 準備好所有材料及道具（長 18cm* 寬 6cm 烤模）。 2. 奶油室溫放軟。 2. 評估製作環境的溫度和溼度，以調整水溫。

做法

1. 將麵粉平均分成 2 等分，各放入大小不同的麵盆。

2. 大麵盆中分別放入酵母粉、砂糖。

3. 小麵盆中放入鹽、奶粉。

4. 將水倒入大麵盆中，充分攪拌至粉水均勻。

5. 將小麵盆中的材料倒入大麵盆中，攪拌至成團狀。

6. 將麵團倒到揉麵台上，確實將粉、水和材料均勻揉進麵團中（參考 P.94 手揉麵團的分解動作和細節）。

7. 揉到麵團表面初步光滑後，把麵團攤開成一正方狀，將軟化的奶油利用手指力量戳進麵團中。

8. 利用步驟 6 的手揉方法，將奶油充分揉入麵團中，配合摔打和 V 型左右揉合，使麵團充分出筋膜。

9. 手沾抹少許沙拉油，拉一拉一小塊麵團，檢查一下是否出現薄膜，出現則是代表麵團已充分揉至最佳狀態。

10. 將麵團整圓收口朝下放回麵盆中，開始進行基礎發酵。烤箱內部放置熱水，發酵約 1 小時。

11. 倒出已發酵完成的麵團輕微排氣，分割成 6 份。

12. 麵團輕折滾直之後，靜置 15 分鐘。烤模塗上薄奶油備用。

13. 整形成橄欖型。

14. 收口朝下放入烤模中，將烤模隔開排列放好在烤盤上，進行最後發酵。

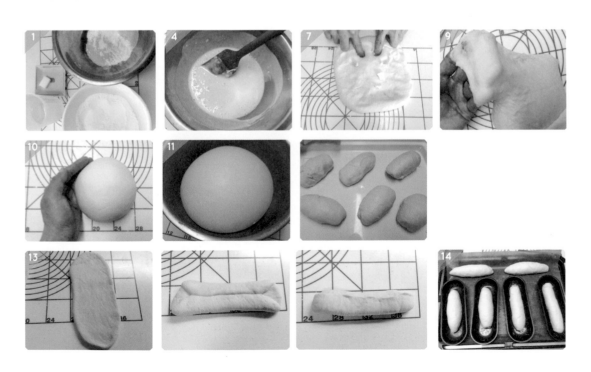

餐包系列

橄欖型熱狗餐包

15. 烤箱內放入熱水約 25 分鐘發酵，取出麵團進行室溫 10 分鐘發酵，同時進行烤箱預熱 200℃、調好蛋液備用。

16. 將發酵完成的麵團表面塗上蛋液，送入烤箱。

17. 190℃烘烤 18 分鐘。

 溫馨小叮嚀

 不用烤模直接整成橄欖形放在烤盤上烘烤也可以，無烤模情況烤溫可調整為 180℃烤 18 分鐘。

套餐 1

旗魚沙拉
潛艇堡

主角吃法	魚肉抹醬與生菜夾心
主角麵包	橄欖型熱狗餐包
開胃佐餐	優格水果沙拉、乳酪蜜地瓜
搭配飲品	紫菜蛋花清湯

可以想像昨夜吃不完的煎魚排也可以化身成頂級飯店早午餐裡的魚肉抹醬？鮪魚、旗魚、土魠魚、鮭魚等美味的生鮮魚肉，香煎或鹽烤都是家常招牌主菜。可惜只要吃不完加熱回溫風味盡失，但小氣主婦總有聰明巧思，把魚肉搗碎加入香濃的美奶滋和清甜爽口的洋葱丁，瞬間變成濃郁滑口的魚肉抹醬！那鬆軟的餐包裡夾著如慕斯般鮮美滑嫩的魚肉抹醬。有如置身在頂級西餐廳才有的五星級享受。以後家裡只要有吃不完的煎魚，別忘了把它變成美味的魚肉抹醬喔！

 份量 | 2 人份

材料

潛艇堡材料	魚肉抹醬材料	檸檬汁 1 小匙
橄欖型熱狗餐包 2 顆	旗魚肉片 1 片（約 150 公克）	胡椒粉 適量
魚肉抹醬 4 大匙	洋葱 1/3 顆	鹽 1 小撮
生菜葉 數片	日式美乃滋 2 大匙	

做法

1. **製作魚肉抹醬。**魚片表面抹上薄鹽（份量外）後，兩面香煎備用。洋葱切細丁、過水去辛嗆味，再用餐巾紙擠出水氣。

2. 將魚肉剁成碎肉狀，放入洋葱、檸檬汁、美乃滋、胡椒粉和鹽一起攪拌均勻，即成抹醬。

3. 將麵包回溫後從中央切開，放入生菜葉和適量魚肉抹醬即可享用。

溫馨小叮嚀

1. 使用新鮮魚片直接香煎後搗碎。以鮪魚、鮭魚、旗魚、土魠魚最為適合。

2. 香煎魚肉時因本身已有鹽味，在調配抹醬時，鹽需要適量增減。

3. 參考 p.252 日式美乃滋做法。

開胃佐餐 優格水果沙拉

　蔬果和優格的完美組合，是炎炎夏日最消暑的沙拉聖品。免動爐火，連沙拉醬都不用準備，直接把自製優格和蜂蜜調合，就是最健康又可口的底醬。清清涼涼中含有十足的美味和豐富的營養，快把街角的水果舖整個搬進盤子中吧！

 份量 | 2 人份

材料

羅蔓生菜 3 ～ 4 葉	蘋果 半粒	堅果 適量	蜂蜜 2 小匙
紫高麗菜 2 葉	香蕉 1 條	原味優格 5 大匙	鹽 1 小撮
草莓 6 ～ 8 顆	柳橙 1 顆	（參考 P.41 自製	
奇異果 1 粒	葡萄乾 適量	優格做法）	

做法

1. 將蘿蔓生菜、紫高麗菜泡冷水後，用脫水器濾乾水氣，手撕成適當大小，舖在盤底。

2. 草莓洗淨擦乾備用。奇異果、香蕉、柳橙去皮切塊。

3. 將步驟 2 食材、葡萄乾、堅果放入沙拉盆中，加入優格、蜂蜜、鹽拌勻，擺放到步驟 1 的盤中即可享用。

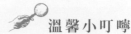

溫馨小叮嚀

1. 奶油乳酪遇熱才能軟化，所以趁地瓜蒸好馬上加入使乳酪充分融化。
2. 蜂蜜也可以使用適量砂糖取代。
3. 若介意酒精成分，蘭姆酒也可以溫熱水取代。

開胃佐餐

乳酪蜜地瓜

　　這道甜蜜地瓜料理是日本大飯店 buffet 中的招牌開胃小菜。將軟軟的地瓜和濃郁的乳酪、香甜的蜂蜜結合，好吃到搶了主菜的風采。

份量 ｜ 2～3 人份

材料

地瓜（中）1 條	蘭姆酒 2 小匙（泡葡萄乾用）
高達起司丁 適量	蜂蜜 2 大匙
奶油乳酪 2 大匙	鹽 1 小撮
葡萄乾 2 大匙	

做法

1. 製作前兩天將葡萄乾浸泡於蘭姆酒中備用。
2. 地瓜洗淨後蒸熟切塊。（可不削皮，我使用的是金時地瓜，連皮一同食用）
3. 趁熱放入奶油乳酪、蜂蜜、鹽，最後撒上高達起司丁拌勻即可。

搭配 湯品 紫菜蛋花湯

紫菜又稱為海苔，濃縮了海洋鮮味的精華，更是各種維生素和礦物質的寶庫，它的口感獨特多變，香烤之後質地輕脆，而做成湯品又滑溜溼潤、入口即化。尤其「紫菜蛋花湯」是中華料理的首席家常清湯，製作簡單又營養美味。

 份量 | 2 人份

材料 | 雞胸肉高湯 400cc   紫菜 1 片   鹽 1 小撮   香油 1 小匙
（參考 P.28 雞胸肉高湯）   雞蛋 1 顆   胡椒粉 少許

做法

1. 湯鍋中放入高湯，煮滾後加入紫菜，用筷子拌開，等湯汁再度滾起加入鹽和胡椒粉後關火。

2. 雞蛋打散後以繞圈方式淋入鍋中，停留 10 秒左右，等蛋花浮起後用湯匙往下輕輕拌開，淋入香油即可享用。

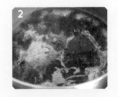

餐包系列

橄欖型熱狗餐包

153

草莓乳酪夾心 三明治

主角吃法	草莓乳酪沾椰子粉夾心
主角麵包	橄欖型熱狗餐包
佐餐開胃	酪梨彩蔬沙拉
搭配飲品	五穀珍寶拿鐵

記得小時候每次跟著媽媽逛菜市場，總是忍不住站在麵包店裡望著一顆顆閃著豔紅草莓醬的胖仔們，圓渾的餐包閃著金黃和粉紅的光芒，酸甜的草莓醬和香氣十足的椰子粉，真是絕妙搭配，也代表童年美好的味覺記憶。所以我只要有機會做熱狗餐包時，一定不會錯過這款超人氣的童年懷舊麵包「古早味草莓胖」。自製草莓果醬加入濃郁迷人的奶油乳酪，滋味更上層樓，別忘了一定要大把大把地沾上最經典的椰子粉，那才是十足的過癮。

 份量 | 2 人份

 材料

橄欖形熱狗餐包 2 顆　　奶油乳酪 1 大匙
自製草莓果醬 1 大匙　　椰子粉 適量

做法

1. 將餐包回溫後對切剖開，內側塗滿奶油乳酪。
2. 奶油乳酪上再補塗上一層草莓果醬。
3. 兩側合一之後，對切成 2 個半橢圓形的三明治。
4. 側面沾上滿滿的椰子粉即可享用。

 溫馨小叮嚀

有關自製草莓果醬，請參考 P.52 果醬與早午餐的美味關係。

開胃 佐餐 酪梨雞肉沙拉

有「森林奶油」之稱的酪梨，富含優良的不飽和脂肪以及各種營養素，是美容養顏的超級食材。而雞胸肉更是高蛋白質來源，整隻雞以雞胸肉的維生素 B 群含量最高，是恢復疲勞、提高免疫力的優質肉品。此款沙拉以酪梨和雞肉為主角，搭配紅橙黃綠紫的新鮮蔬菜，有如多彩多姿的蔬果萬花筒，再以「哇沙比油醋醬」調味，真是賞心悅目又美味滿點。

份量 | 2 人份

材料

酪梨 1 顆	甜椒（小）2 顆	**哇沙比油醋醬材料**	白葡萄酒醋 1 大匙
雞胸肉 1 片	櫻桃蘿蔔 4 顆	特級冷壓橄欖油 2 大匙	蜂蜜 1 小匙
紫洋蔥 半顆	檸檬汁 1 小匙	哇沙比醬（山葵醬）1.5 小匙	鹽 2 公克
蕃茄 1 顆		黑胡椒粗粒粉 少許	

做法

1. **製作水煮雞胸肉**（參考 P.28 雞胸肉高湯）。煮好的雞胸肉，拿擀麵棒在雞肉表面輕拍打，再切成小塊備用。

2. **製作哇沙比油醋醬。**將全部材料用攪拌器混合均勻即可。

3. 紫洋蔥切小塊後泡冰水，去辛辣後濾乾水氣。番茄去籽切小塊。櫻桃蘿蔔切半。甜椒切塊，滾水汆燙 40 秒左右取出，濾乾水氣。

4. 酪梨去皮籽後、切塊，加入檸檬汁攪拌。

5. 將步驟 2 油醋醬放入沙拉盆中，再放入全部食材，將盆中的食材和醬汁拌勻即可享用。

搭配飲品 五穀珍寶拿鐵

　　平日就習慣以五穀飯為家中的主食，其中包含了糙米、薏仁、大麥、紫米、紅米等等，而糙米佔的比例最高。糙米，因保留了米粗糙的外層，得以保存完整的稻米營養，富含蛋白質、脂質、膳食纖維及各類維生素，其中以維生素 B 最為豐富。除了營養豐富的五穀之外，還添加了小麥胚芽、芝蔴、奇亞籽和牛奶一起攪打，因此這碗五穀珍寶拿鐵是天然「消除疲勞、活力元氣」的維他命丸，不用吃什麼昂貴的 B 群錠，也不用吃補藥，喝一碗就等於喝了超級補氣帖。

🥛 **份量**	2 人份

材料	煮熟的五穀飯 1/2 杯（量米杯）　　奇亞籽 1 小匙　　**其他** 小麥胚芽粉 2 小匙　　　　　　　　牛奶 300cc　　　蜂蜜 2 小匙 黑芝蔴粉 1 小匙　　　　　　　　　水 100cc　　　　棉花糖 隨意 白芝蔴粉 1 小匙

做法	1. 將全部材料放入調理機中打成米漿。 2. 分成 2 碗，再放入微波爐或回鍋加熱，關火後加入蜂蜜和棉花糖享用。

主角
麵包
三角型餐包

誰說餐包一定要圓型的呢？把餐包換個造型吧。

玩手作麵包總會讓人欲罷不能，能隨心所欲將自我想像化成真實，那種自由自在的快感會讓人上癮。所以我們都是廚房裡的陶藝家，用雙手的溫度捏出世上獨一無二的麵包，享受每一口屬於自我風格的味道。

這次就做個可愛的栗子形小餐包吧！罌粟籽點綴在麵包的小屁股上，像是沾著泥巴的山栗子。蛋液經過烘烤，閃著如秋葉般的金黃光澤，讓家中的餐桌也搖曳起里山秋色。

份量	6 顆

材料	高筋麵粉 300 公克	砂糖 15 公克	**其他**
	水 190cc	奶油 10 公克	裝飾蛋液（全蛋液：水＝1：1）
	快速酵母 3 公克	全脂奶粉 10 公克	罌粟籽（表面裝飾用）適量
	鹽 3 公克		

準備工作	1. 奶油室溫放軟。
	2. 評估製作環境的溫度和溼度，以調整水溫。

做法

1. 將麵粉平均分成 2 等分，各放入大小不同的麵盆。

2. 大麵盆中分別放入奶粉、酵母粉、砂糖。

3. 小麵盆中放入鹽。

4. 將水倒入大麵盆中，充分攪拌至粉水均勻。

5. 將小麵盆中的材料倒入大麵盆中，攪拌至成團狀。

6. 將麵團倒在揉麵台上，確實將粉、水和材料均勻揉進麵團中（參考 P.94 手揉麵團的分解動作和細節）。

7. 揉到麵團表面初步光滑後，把麵團攤開成一正方狀，將軟化的奶油利用手指力量戳進麵團中。

8. 利用步驟 6 的手揉方法，將奶油充分揉入麵團中，配合摔打和 V 型左右揉合，使麵團充分出筋膜。

9. 手沾抹少許沙拉油，拉一拉一小塊麵團，檢查一下是否出現薄膜，出現則是代表麵團已充分揉至最佳狀態。

10. 將麵團整圓收口朝下放回麵盆中，開始進行基礎發酵。烤箱內部放置熱水，發酵約 1 小時。

11. 倒出麵團輕微排氣，分割成 6 份。

12. 麵團輕折滾圓之後，靜置 15 分鐘。

13. 整形成三角型。

14. 收口朝下，將麵團隔開排列放好在烤盤上，進行最後發酵。

15. 烤箱內放入熱水約 25 分鐘發酵，取出麵團進行室溫 10 分鐘發酵，同時進行烤箱預熱 200℃，調好蛋液備用。

16. 將發酵完成的麵團表面塗上蛋液，在麵團底部約 1/3 處撒上罌粟籽，之後送入烤箱。

17. 180℃ 烘烤 18 分鐘。

套餐 日式
玉子燒
三明治

主角吃法	日式香葱玉子燒夾心
主角麵包	三角型餐包
佐餐開胃	日式小黃瓜淺漬
搭配湯品	海帶芽豆腐清湯

　　玉子燒可以說是日本人餐桌上的固定副菜，香軟滑嫩的口感加上討喜的黃金光澤，一層一層堆疊式的煎法，完封所有蛋汁的精華，日本人特別稱為「厚燒卵」。

　　一位京都喫茶店的老闆突發其想，把厚燒蛋整個夾入吐司麵包中，那嬌嫩滑口的厚蛋躺臥在柔軟 Q 彈的吐司中居然如此對味，被列入京都式深夜食堂的隱藏美食。

　　我在厚燒蛋中特別加入滿滿的青葱，牛奶和砂糖在蛋液中起了保溼作用，再用餐包把香嫩濃郁的厚燒蛋整個包覆起來，精華一滴也不外流。再準備日式小淺漬和海帶芽清湯，就是散發濃濃日本味的朝食風景！

🥛 **份量**	2 人份

材料			
三明治材料	**玉子燒材料**	砂糖 1 小匙	
三角形餐包 2 顆	細葱 2 枝	鹽 0.5 小匙	
玉子燒 1 塊	雞蛋 3 顆	胡椒粉 少許	
日式美乃滋 適量	牛奶 1 大匙		

🥄 做法

1. 細葱切細丁，和其他材料混合成蛋液備用。

2. 將餐巾紙折成小小正方型，沙拉油 1 大匙（份量外）備用在旁（或是使用油刷）。將煎鍋全面沾滿沙拉油，用中火熱鍋，將鍋底沾一下溼毛巾降溫，然後再放上爐子，重新熱鍋。

3. 倒入蛋液的 1/3，然後滑一下煎鍋，讓蛋液滑滿鍋面，轉小火，有泡泡冒出來時用筷子搓破。等到蛋液表面大約凝固後，就可以從上往下折 3 ～ 4 折了，剛開始不用太介意折的是否漂亮，因為到後面就會慢慢成型。再重覆 2 次，把剩下的蛋液煎完。

4. 最後利用下方的鍋邊把形狀整好。 關火後，靜置 2 分鐘再取出稍微放涼（剛煎好的玉子蛋水氣多，形體尚未安定，此時馬上切開，容易破散）。

5. 將麵包回溫後對切剖開，單面塗上美乃滋，然後將步驟 4 做好的玉子燒按照麵包大小切塊，夾入麵包中享用。

![溫馨小叮嚀]

溫馨小叮嚀

1. 使用玉子燒的煎蛋鍋，也可以使用一般圓型平底鍋，但直徑在 18cm 左右為佳。熱鍋後鍋底沾一下溼毛巾降溫再熱鍋的目的在於使鍋底受熱均勻，蛋皮煎出來也會上色均勻，不容易產生焦黑紋點。

2. 加入砂糖的蛋液較容易焦化，所以要小心掌握火候和時間。

3. 利用餘熱使蛋慢慢熟透，是煎出香滑軟嫩玉子燒的眉角，最後一次翻疊後就可以關火，利用靜置使熱度達至蛋中心而熟透。

4. 牛奶也可以用豆漿，或是用和風醬油加點水，或是用日式高湯代替。

開胃佐餐 小黃瓜蕃茄淺漬

　　和風定食中，小菜的地位其實不亞於主菜，風味佳的小菜有畫龍點晴之效。而小黃瓜、蕃茄是淺漬中最受歡迎食材的第一名。原汁原味，現做現吃，做為副菜和開胃小品，都令人神清氣爽、意猶未盡。

 份量 | 2 人份

 材料

| 小黃瓜 2 條 | 鹽 1 小匙 | 乾淨塑膠袋 1 張 |
| 小蕃茄 4 粒 | 糖 1 小匙 | |

做法

1. 準備 1 張乾淨的塑膠袋，放入切好的小黃瓜，加入鹽和糖抓一抓。

2. 把空氣擠出來，再綁好開口，放置 10 分鐘。

3. 揉一揉整個袋子，袋中小黃瓜就會被壓擠出瓜水。打開袋口，袋口朝下，一手抓著袋口留個小縫，一手壓著袋子把瓜水擠出來。

4. 小蕃茄切小塊一起放入小黃瓜中，倒入保存盒中拌勻即可馬上享用，或是放冰箱涼涼的吃也很美味。

溫馨小叮嚀

1. 醃料中的鹽和糖，也可以全部都用鹽不加糖。加一點糖，味道比較柔和順口。

2. 家裡有小朋友不吃辣不吃酸，這樣單純的淺漬，老少皆宜。想要加點味的朋友，可以放入醋、香油或辣椒油等等，隨個人喜好。

3. 有關淺漬詳細做法，可參考 P.35 泡菜與早午餐的美味關係。

搭配湯品 海帶芽豆腐清湯

　　海帶、海藻不僅含有大量的葉綠素、維生素等豐富的營養，還能促進代謝、增強免疫力，更含有天然高湯成分，做為湯品、涼拌、清炒都非常美味。用海帶芽和豆腐做成簡單美味的清湯，暖心又暖胃，適合全家大小的湯品。

份量	2 人份

材料	日式水高湯 400cc　　鹽 1/4 小匙　　葱花 適量 海帶芽（乾燥）5 公克　　胡椒粉 少許 豆腐 100 公克（約半盒）　　香油 1/2 小匙

做法

1. 將豆腐切成小方丁。海帶芽泡水，擠出水氣，切小段備用。
2. 湯鍋裡放入日式水高湯煮滾後，再放入豆腐丁和海帶芽煮開。
3. 放入鹽和胡椒粉調味，關火後，淋上香油和撒入葱花即可享用。

溫馨小叮嚀

1. 也可以使用新鮮海帶芽。
2. 日式高湯做法請參考 P.28 清湯與早午餐的美味關係。

PART 2

SPECIAL BREAD

特色麵包
系列

麵包是人類最古老的手作食物，或可說是人類要填飽肚子時最親近的主食。

但，麵包不只是麵包。

每一顆麵包都編織著地理脈絡，訴說著人文故事，被賦予得天獨厚的文化基因。吃麵包彷彿閱讀一套世界百科全書。人類生活因各種不同特色的麵包變得更豐富美好。每一個地方的麵包，甚至經職人雙手創造的每一顆麵包都應被列為世界文化遺產，受到全人類的珍惜和品嚐。世界各地的風味麵包超越國界，進入街角的便利商店裡，從法棍、餐包、披薩，甚至到現烙烤餅，似乎繞了地球一圈，這麼無距離感輕鬆享用各式風味麵包是現代人享受進步的特權。當一顆顆手工麵包進入麵包工廠如行軍般被帶往量產帶上，原本獨一無二的血液就消失無蹤了。而我們憑藉想像和雙手，將家中小小的灶台化身成異國的舞台，創造充滿異國風味的特色麵包，更是另一種享受進步的特權。每一顆經由雙手誕生出來的麵包都有專屬的溫度和個性，也訴說著麵包小天地的手工物語。

所以，麵包不只是麵包。

本書介紹的五款特色麵包——風味貝果、英式瑪芬麵包、日式超軟牛奶麵包、中東口袋麵包、印度烤餅饢。

風味貝果

英式瑪芬麵包

日式超軟牛奶麵包

中東口袋麵包

印度烤餅饢

風味貝果

記得第一次和另一伴在東京約會時，經過一家貝果店，架上陳列了五顏六色、各式風味的貝果，有抹茶、毛豆、紅豆、麻糬，甚至像甜甜圈般撒上七彩繽粉的糖霜，光口味和種類就可以高達上百種，單單一款貝果麵包都能開成專賣店，真的令我眼界大開。

據說貝果是移民至北美的猶太人改良為東歐麵包所衍生的，捏成圓環的麵包放入沸騰的糖水中燙煮，加上高溫烘烤，形成了深厚光亮的外皮和紮實有嚼勁的口感，細細咀嚼單獨品嚐它獨特的口感就是一種享受。

原始的貝果，紮實感十足又有強烈的嚼勁，但隨著風行世界，各地也改良出各式各樣口味和口感。有名的紐約貝果屬於較為膨鬆 Q 彈、軟硬適中的口感，而德式貝果除了烤色深濃之外，咬勁佳，算是口感恰如其分的貝果款式。另外，日本麵包店製作的貝果大多屬於鬆軟輕盈、咬斷性佳，主要是配合不追求咬勁、愛吃軟麵包的日本人而改良的。

做給愛吃麵包的人，無論是要 Q 彈或紮實的口感都可以，沒有公式也沒有規則。我的家人偏愛紮實有咬勁的貝果，所以特別在製作流程上以短時間靜置取代基礎發酵，麵粉也使用偏中筋的法國麵包粉，為的就是保留貝果那種獨一無二的拗性子。

本書所介紹的兩款貝果——紐約風貝果、德式黑貝果。

 溫馨小叮嚀

1. 貝果麵團屬於低水量麵團，手感偏硬，剛開始感覺不容易揉開，需稍微加強手勁，避免加入份量外的水或手粉，並配合數次靜置和手揉以達到三光的理想狀態即可。
2. 以短時間醒麵代替基礎發酵，主要是保留貝果紮實富咬勁的口感。如果偏愛鬆軟口感，則確實完成基礎發酵。另外特別小心最後發酵的狀況和時間，可以縮短一點發酵時間，但最忌「過發」，否則烤出外表皺皮及縮扁的成品，而大大影響麵包的外觀和口感。
3. 完成發酵的麵團汆燙表面之後，必須馬上進入烤箱烘烤，所以烤箱必須事先預熱待機。
4. 水燙麵團的時間長短決定貝果外皮的厚度和口感。時間長容易烤出厚皮，組織也較為密實；而時間短則皮薄，組織較為鬆軟。一般為單面汆燙 30 秒，兩面合計為 1 分鐘。
5. 燙麵團用的水，分成糖水和加入小蘇打粉的鹼性水，也可以單獨只用清水。使用砂糖或蜂蜜的份量愈多，外皮的顏色也會愈深，而小蘇打粉水則是取代早期用的苛性納溶液，使貝果烤出來呈現一種深咖啡色。

紐約風貝果

貝果文化在美國發揚光大，走在紐約的街頭常可遇見賣著誘人可口貝果的餐車，咖啡店和餐廳也都提供各式各樣的貝果三明治。貝果裡夾著滿滿的新鮮食材成了飽足感十足的正餐選擇。一顆貝果三明治開啟紐約人元氣滿滿又精力充沛的一天。

紐約風貝果材料簡單又低油低糖。我在配方中特別加了小麥胚芽粉，也多加了一點鹽，提升烤色和帶出麵香，讓貝果散發出清爽怡人的風味。

份量	6 顆		
材料	法國麵包粉 300 公克 焙煎後小麥胚芽粉 15 公克 快速酵母粉 3 公克 水 170cc	鹽 4 公克 砂糖 10 公克 沙拉油 10cc	**燙麵團用之糖水** 砂糖 2 大匙 水 1000cc
準備 工作	1. 準備材料和道具。 2. 評估製作環境的溫度和溼度，以調整水溫。		

🥄 做法

1. 將麵粉分成 2 等分，各放入大小不同的麵盆。

2. 大麵盆中分別放入酵母粉、砂糖。

3. 小麵盆中放入鹽、小麥胚芽粉、沙拉油。（不加小麥胚芽粉則為原味貝果，水分可減至 160cc。）

4. 將水倒入大麵盆中，充分攪拌至粉水均勻。

5. 將小麵盆中的材料倒入大麵盆中，攪拌成團狀。

6. 將麵團倒在揉麵台上，把材料均勻揉進麵團中。

7. 麵團揉至初步光滑後蓋上溼布靜置 10 分鐘，再配合折壓法揉 2 分鐘，再重覆一次靜置和折壓，至麵團平整光滑有彈性（三光）即可。將烘焙紙折剪成正方形 6 張備用。

8. 將揉好的麵團蓋上溼布靜置 15 分鐘後，分割 6 等分，每顆輕微整圓後，擀平成長橢圓型。

9. 捲成約 24 公分長條型，小心不要捲入空氣，收口收緊。一頭約 4 公分處壓成平頭面。將尾端放進去，折起來，收口在內側，捏緊收口。

10. 每顆麵團分別放在烘焙紙上，隔開排列放好進行最後發酵。烤箱內放置熱水，發酵約 40 分鐘。烤箱預熱 230℃，準備燙麵水，平底深鍋放入約 1000cc 水，開火煮至沸騰後，加入 2 大匙砂糖攪拌，轉小火。

11. 將發酵好的麵團，連同烘焙紙一起放入糖水中燙煮。烘焙紙遇水後用手輕輕拉起即可取掉，單面氽燙 30 秒，再利用有濾網的杓子翻面，兩面合計為 1 分鐘。

12. 燙好的貝果放在杓子裡輕輕的將水滴甩掉，收口朝下放回烘焙紙上排好，放入烤箱烘烤。

13. 210℃ 烤 20 分鐘出爐。

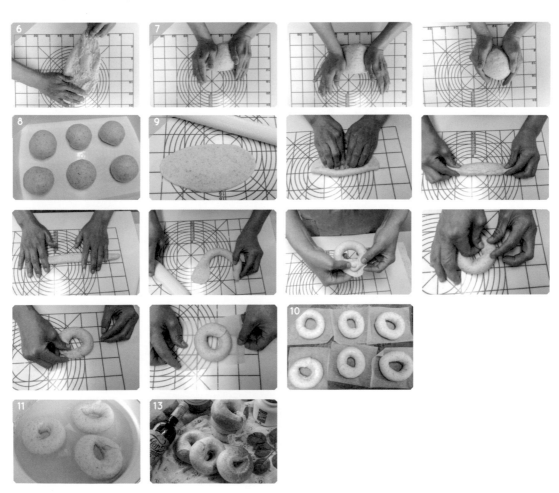

套餐 1

北歐燻鮭
貝果三明治

主角吃法	挪威燻鮭魚片、奶油乳酪、各式食材夾心三明治
主角麵包	紐約風貝果
開胃佐餐	新鮮水果
搭配飲品	抹茶拿鐵

挪威,一處被聯合國列為世界最健康的人們,早上都吃些什麼?

魚、魚、還是魚!

冷冽純淨的冰川峽灣,清澈豐饒的海洋,有天生獨厚的養殖環境讓魚兒們油脂飽滿、肉質鮮嫩,尤其是風味獨特、營養豐富的鮭魚,是培育挪威人強壯體格、充沛活力的元氣食材。濃郁香醇的奶油乳酪和薄嫩鮮美的燻鮭魚片是無與倫比的美味結合,再將鹹味怡人的酸豆、清脆嗆口的洋蔥夾入咬勁十足的紐約風貝果麵包中,幾乎是世界頂級飯店的早午餐菜色之一,也是大都市街頭餐車裡讓人愛不釋手的輕食三明治。

份量	2 人份

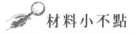 材料	**三明治材料**	洋蔥 1/3 顆	黑胡椒粗粉 少許
	紐約風貝果麵包 2 顆	鹽漬酸豆 適量	**其他**
	煙燻鮭魚片 2 片	新鮮豆苗 適量	新鮮水果
	奶油乳酪 2～3 大匙	檸檬 半顆	

做法

1. 將洋蔥切絲。豆苗切段、泡冷水濾乾後,脫水備用。

2. 在煙燻鮭魚片擠上檸檬汁、浸泡 5 分鐘。

3. 貝果麵包剖開回烤後,將奶油乳酪塗抹單面。

4. 將步驟1豆苗舖在乳酪上,步驟2的鮭魚片對折疊放其上,再放洋蔥。

5. 撒上酸豆、黑胡椒粗粉,放上另一半貝果麵包即可享用。

6. 可以用食品用包裝紙或保鮮膜包起來對切,野餐或輕食便當都很適合。

溫馨小叮嚀

1. 檸檬汁有殺菌、去腥的作用,也可以利用少量的醋代替。

2. 煙燻鮭魚片本身含有鹹味,調味時要斟酌。

材料小不點

煙燻鮭魚片 —— 煙燻鮭魚主要分成熱燻和冷燻兩種。熱燻的鮭魚呈半熟狀,肉質較硬,煙燻味濃。而一般大型超市和百貨公司主要販賣冷凍真空包裝的冷燻鮭魚片,切成薄片狀,色澤鮮紅、肉質肥軟,口感類似生魚片,是做為三明治、沙拉、開胃冷盤時極受歡迎的食材。除了生吃之外,也可以熟食,例如炒蛋、炒飯、焗烤等都非常美味。

鹽漬酸豆 —— 西餐料理中常使用的酸豆,帶著迷人的酸鹹風味。但酸豆卻不是「豆」,而是刺山柑的花苞,口感爽脆,可用於生菜沙拉、盤飾及開胃菜,搭配煙燻鮭魚做成的三明治,也是製作塔塔醬的配料之一。

175

搭配飲品 抹茶拿鐵

　　苦中回甘，那是抹茶專屬的味道，用濃郁香純的牛奶溫柔地包容抹茶的苦澀，加入蜂蜜調和，讓整體風味變得更柔順醇厚、舒爽香甜，為一款濃濃日本風情的美味拿鐵，也絕對是抹茶控的最愛。

份量	2 杯

材料	抹茶 1 小匙　　蜂蜜 2 小匙
	熱開水 100cc　　棉花糖 適量
	牛奶 250cc

做法

1. 抹茶粉質地細緻，所以必須使用一種抹茶專用的抹茶刷將抹茶和熱水調開均勻。若無抹茶刷，可簡單用小型的研磨碗，再用小型攪拌棒打勻。
2. 將調好的抹茶液分別注入 2 杯咖啡杯中。
3. 將牛奶打成奶泡牛奶（或直接使用熱牛奶），分別沖入步驟 2 的咖啡杯中。
4. 撒上棉花糖（隨意），淋上蜂蜜即可享用。

墨西哥肉醬
焗烤貝果

主角吃法	墨西哥辣肉醬披薩式焗烤
主角麵包	紐約風貝果
開胃佐餐	凱撒沙拉佐凱撒沙拉醬
搭配湯品	玉米濃湯

1970 年代《神探可倫坡（英語：Columbo）》電影裡，主角最喜歡吃的墨西哥辣肉醬（Chili con carne）因劇爆紅，成為美墨餐廳、洋式酒館中人氣十足的料理。這原是一道源自中南美洲的肉醬菜餚，風味以辣椒和番茄為基底，放入絞肉、洋蔥、大蒜、豆類、孜然等香料，整個肉醬帶有孜然香氣的蕃茄辣味。醬汁中美味的碎肉和軟嫩的豆子塗抹在貝果麵包上，再撒上滿滿的起司絲，一烤出來就像披薩般，起司融化在肉醬中，趁熱大口咬下，享受爆漿的幸福滋味。

重口味的肉醬焗烤主角，當然要搭配一盤滿滿鮮蔬的凱撒沙拉和濃郁香甜的奶油玉米濃湯，彷彿置身在豔陽般的熱情國度中享受五星級的早餐。

份量

2 人份

材料

焗烤貝果材料
紐約風貝果麵包 2 顆
墨西哥辣肉醬 4 大匙
披薩起司絲 適量
塔巴斯科辣椒醬 隨意
（Tabasco sauce）

墨西哥辣肉醬材料（4 人份）
豬絞肉（牛亦可）300 公克
洋蔥 2 粒
蒜頭 2 小瓣

蕃茄罐頭 400 公克
（碎果肉）
鷹嘴豆罐頭 100 公克
腰豆罐頭 100 公克
橄欖油 1+1/2 大匙
水 200cc
白葡萄酒 1 大匙
鹽 3 小匙
砂糖 1 小匙

調味料香料
孜然粉 2 大匙
蕃茄醬 2 大匙
紅椒粉 1 大匙
辣椒粉 1 大匙
白胡椒粉 1 小匙
黑胡椒粉 1/2 小匙
肉荳蔻粉 1 小匙
月桂葉 3 片

做法

製作墨西哥辣肉醬

1. 將材料備齊。蒜頭切細末狀。洋蔥切丁備用。
2. 鍋中倒入 1 大匙橄欖油，中火熱鍋。放入蒜頭、洋蔥和砂糖。炒至透亮之後，把洋蔥集中移至鍋的一側，在空出來的另一側倒 1 小匙橄欖油，把豬絞肉放入鍋中炒至變白，再加入酒，和鍋中的洋蔥一起混合拌炒。

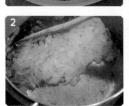

3. 調味料、香料粉類入鍋中一起炒香。

4. 加入碎蕃茄、水、月桂葉。

5. 中火慢慢燉煮約 10 分鐘。

6. 放入全部的豆類輕輕攪拌，小火再燉煮至醬汁收到原來的 1/3 左右。

7. 最後放入鹽調味，嚐嚐味道按口味加以微調整。最後取出月桂葉即可盛盤。

製作墨西哥辣肉醬焗烤貝果

8. 將貝果對切，切面舖上適量的肉醬，撒上起司。送入已預熱 200℃ 烤箱，焗烤至起司融化呈金黃烤色即可享用。喜愛辣味的，可滴上幾滴塔巴斯科辣椒醬享用。

![溫馨小叮嚀]溫馨小叮嚀

1. 使用市售的煮熟豆類和蕃茄罐頭最方便，按個人喜好的濃稠程度加水做微調整。豬絞肉主要是以細挽瘦肉為主，也可以用牛絞肉，或豬牛混絞肉代替。

2. 洋蔥加入砂糖一起拌炒，有助出水和加速熟軟。

3. 可一次多做一點，分裝入保存袋中冷凍保存。

開胃佐餐 凱撒沙拉

　　聽說凱撒沙拉的誕生有一個有趣的故事。約近100年前，一位名叫凱撒卡狄尼（Caesar Cardini）的廚師，因自家餐廳廚房內食材用盡，端不出菜來賣，所以用僅剩的食材加上天賦異稟的巧思，創造出凱撒沙拉。

　　凱撒沙拉通常由蘿蔓萵苣、帕馬森乾酪、烤麵包粒、檸檬汁、蒜頭、橄欖油、黑醋、黑胡椒、蛋等組成。不過演變到至今，世界上找不到一個「純種」的凱撒沙拉。許多餐廳和家庭都獨創出自我風格的口味，但唯一少不了的就是有蘿蔓萵苣和凱撒沙拉醬。

　　膨膨鬆鬆、清脆爽口的蘿蔓葉盤中，撒上各式美味的食材和香氣濃郁的起司粉，中央擺上一個半熟溫泉蛋，最後淋上靈魂的凱撒沙拉醬，讓人有驚呼「哇」的興奮，忍不住大口大口開動。

 材料小不點

蘿蔓萵苣（Romaine lettuce）—— 又稱蘿蔓、羅馬生菜，是一種萵苣屬蔬菜。蘿蔓萵苣是凱撒沙拉的主要材料之一，葉片長，葉梗明顯，梗處清脆多汁，清爽微苦味。除做成沙拉之外，清炒也別有風味。含有多種抗氧化營養素，是美味的綠葉蔬菜之一。

份量	2 人份

材料	蘿蔓萵苣 1 株 雞蛋 1 顆 紫高麗菜 2～3 葉 洋蔥 1/4 顆 新鮮豆苗 數枝 玉米筍 2 枝	蕃茄 1 顆 草莓 數顆 柳橙 半顆 **凱撒沙拉醬材料** 日式美乃滋 3 大匙 鹽漬酸豆 1 小匙	油漬鯷魚 1 小條 帶粒芥末醬 1 小匙 帕馬森起司粉 2 小匙 蒜香粉 1 小匙 黑胡椒粉 少許 鹽 1 小撮

做法

1. **製作溫泉蛋。** 利用保溫性高的魔法瓶就可以做出綿密滑順的溫泉蛋。將雞蛋（從冰箱拿出來要事先回溫，或盡量使用室溫蛋，用冰雞蛋容易失敗）用水沖洗一下，再用餐巾紙擦一下表面。然後準備 1 個約 380～500cc 的保溫魔法瓶，將雞蛋輕輕放入瓶中，倒入 95～100℃的熱水，淹過雞蛋，一次最多放 2 顆，然後緊蓋住瓶蓋，1 顆蛋約放置 15 分鐘，2 顆蛋約 20 分鐘。輕輕將蛋和水倒出來，用冷水泡一下，打蛋入碗中即可。

2. **製作浸泡溫泉蛋的同時，準備凱撒沙拉醬。** 沙拉醬的底醬使用日式美乃滋（參考 P.252 日式美乃滋做法），酸豆和鯷魚都切成細丁，和其他所有材料一起混合入底醬中攪拌均勻即可。

3. 蘿蔓萵苣清洗後濾乾，用手撕成適當大小。紫高麗菜清洗後，濾乾切細絲。洋蔥切細絲。新鮮豆苗切段。分別放入生菜脫水器中將水分充分脫乾。

4. 玉米筍放入滾水汆燙 1 分鐘後，撈起切片。蕃茄切丁。草莓洗淨。柳橙去皮膜切丁。

5. 將步驟 3 和 4 的食材放入沙拉盤中，溫泉蛋放在中央，撒上起司粉，附上沙拉醬，淋上沙拉盤拌勻即可享用。

溫馨小叮嚀

1. 也可以直接使用新鮮煮熟的玉米粒，或用玉米醬罐頭則省略攪打動作。
2. 加入麵粉一同拌炒增加濃湯稠度。
3. **沸騰的湯汁倒入果汁機中攪打，容易爆汁四濺產生危險，所以利用冰牛奶產生降溫的功能。**

搭配湯品 培根玉米濃湯

　　玉米可說是名符其實的「黃金主食」，含豐富的蛋白質、脂肪、胡蘿蔔素、維生素和礦物質，適合各年齡層世代食用，不但營養豐富，獨特香甜多汁的口感，尤其是玉米濃湯，更是老少宜愛的不敗湯品。此款玉米濃湯特別添加了香煎培根丁提引出玉米天然的清甜，口感絲滑細膩，是一口接一口的好滋味。

份量	2 人份

材料	整粒玉米粒罐頭 約 150 公克 洋蔥 30 公克 培根 2 片 水（含玉米粒罐頭的汁液）200cc	低筋麵粉 2 小匙 冰牛奶 200cc 奶油 5 公克 鹽 1/3 匙	胡椒粉 少許 香草粉 少許

 做法

1. 把玉米粒罐頭中的玉米粒和湯液分開。洋蔥切丁備用。
2. 將培根切丁後，放入平底鍋煎香取出。
3. 鍋中放入奶油和洋蔥，撒入低筋麵粉一同拌炒。
4. 加入水，煮至洋蔥熟軟。
5. 關火之後放入冰牛奶。
6. 將鍋中材料倒入果汁機或調理機中，攪打 30 秒至濃稠均勻。
7. 倒回鍋中加熱，撒上步驟 2 的培根丁，加入鹽、黑胡椒粉或香草粉即可享用。

德式黑貝果

　　黑貝果，是我給這個黑黝迷人的德式麵包特別取的小名，易記易懂，它正式的德文名稱是 Laugenweck，英語直譯是 German pretzel rolls，中文翻成椒鹽卷餅。它特別的造形如蝴蝶結一般，又被稱為德國結麵包。

　　這種麵包一般有兩種口感，一種是脆硬餅乾，一種是軟麵包。脆硬餅乾口味一般做成蝴蝶結造型，也有長條形，不是麵包，反而是一種零嘴餅乾，幾乎每個西方家庭都愛吃。

　　但是在德國，軟麵包的口感受人歡迎，有橄欖形、圓形、蝴蝶結狀，口感和做法和一般貝果相似，不同點是將麵團泡入一種有高腐蝕性的氫氧化納液之後再烘烤，所以表面會呈現光亮的深褐色，現在為了安全起見多用小蘇打粉代替也有一樣的效果。表皮吃起來有獨特的鹽味和脆度，愈咀嚼愈能體會那迷人爽口的麵香，舒服地令人一口接一口。

份量	6 顆

材料	法國麵包粉 300 公克 快速酵母粉 3 公克 水 170cc 鹽 4 公克 砂糖 10 公克 沙拉油 10cc	**其他** 裝飾蛋液 適量 表面裝飾粗鹽或罌粟籽 適量 **燙麵用溶液** 水 1000cc 鹽 2 小匙 食用小蘇打粉 4 大匙

準備 工作	1. 準備材料和道具。 2. 評估製作環境的溫度和溼度，以調整水溫。

做法

1. 將麵粉分成 2 等分，各放入大小不同的麵盆。
2. 大麵盆中分別放入酵母粉、砂糖。
3. 小麵盆中放入鹽、沙拉油。
4. 將水倒入大麵盆中，充分攪拌至粉水均勻。
5. 將小麵盆中的材料倒入大麵盆中，攪拌成團狀。
6. 將麵團倒在揉麵台上，將材料均勻揉進麵團中。

材料小不點

食用小蘇打粉 —— 或稱為碳酸氫鈉，是泡打粉（baking powder）的主要材料，一般分為工業用小蘇打和食用小蘇打，分別適用於居家清潔、料理、烹飪、烘焙，甚至用在美容保養上，價格低廉，可在各大超市、超商、五金行購得。

7. 麵團揉至初步光滑後蓋上溼布靜置 10 分鐘，再配合折壓法揉 2 分鐘，再重覆一次靜置和折壓，至麵團平整光滑有彈性即可。將烘焙紙折剪成正方形 6 張備用。

8. 將揉好的麵團蓋上溼布靜置 15 分鐘後，分割 6 等分，每顆輕微整圓。

9. 整形成貝果型、橄欖型、圓型、德國結型等 4 種造型。

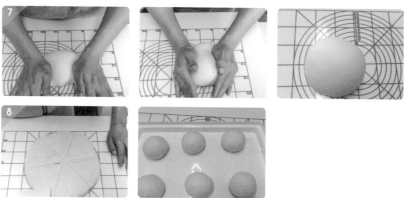

貝果型

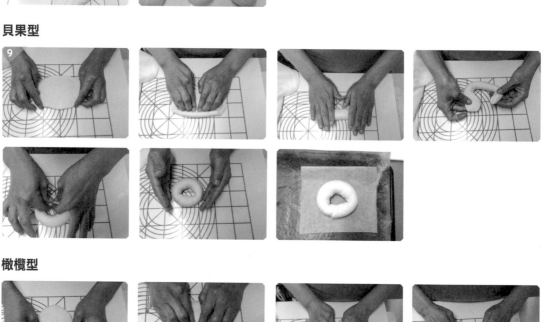

橄欖型

圓型

德國結型

10. 每顆麵團分別放在烘焙紙上,隔開排列放好進行最後發酵。烤箱內放置熱水,發酵約 40 分鐘。烤箱預熱 230℃。準備燙麵水。

11. 平底深鍋放入約 1000cc 水,開火煮至沸騰後,加入鹽攪拌後,關火。關火之後再加入食用小蘇打粉攪拌均勻,開火至沸騰後轉中小火(以不滾起為狀態)

12. 將發酵好的麵團,連同烘焙紙一起放入糖水中燙煮。烘焙紙遇水後用手輕輕拉起即可取掉,單面汆燙 30 秒,再利用有濾網的杓子翻面,兩面合計為 1 分鐘。

13. 燙好的貝果放在杓子裡輕輕的將水滴甩掉,收口朝下放回烘焙紙上排好,用刀片隨意劃痕,撒上粗鹽或罌粟籽,送入烤箱烘烤。

14. 烘烤 200℃烤 20 分鐘出爐。

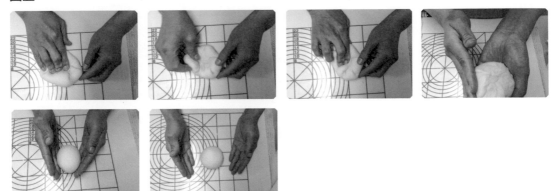

和風溫野菜
貝果餐

主角吃法	紙包溫野菜佐和風芝蔴沙拉醬
主角麵包	德式黑貝果
搭配飲品	焙茶拿鐵

「紙包料理（En Papillote）」，幾乎是一種可以讓所有人變成奧力佛廚藝大師的調理方法，只要把想吃的食材全部用一張紙包起來，不論是利用烤箱、平底鍋，還是傳統電鍋都可以，除了保留了食物原汁原味，最令人開心的就是「不用洗碗」，而且廚房裡無油煙，真的是讓天下煮婦從洗碗大作戰裡解放出來的一大福音，就算是賴床到太陽曬亮整個房子也可以慵懶又優雅的享受豪華早午餐。

此款早午餐的特色是將西洋紙包料理結合和風溫野菜的概念，溫野菜有別於生菜沙拉，利用燙、蒸、烤、煎等方法將蔬菜加熱後，沾上風味醬享用。把各類蔬菜或搭配肉、魚等包入紙中，放入電鍋蒸 10 分鐘，並利用空檔調配美味的和風芝蔴沙拉醬，輕輕鬆鬆就可以大快朵頤一番。

份量 | 2 人份

材料

	紙包料理材料	和風芝蔴沙拉醬
德式黑貝果 2 粒	（食材可隨意選擇組合）	純白芝蔴醬 2 小匙
雞蛋 2 顆	豬肉片 4 片	白味噌 2 小匙
	高麗菜嬰 6 顆	豆漿 4 大匙
	地瓜 半條	白醋 1 大匙
	小蕃茄 4 顆	白芝蔴粒 2 小匙
	豌豆 4 條	芝蔴油 2 小匙
	紅蘿蔔 4 片	醬油 0.5 小匙
	洋蔥 半顆	蜂蜜 1 小匙

做法

1. 外鍋加1杯水，放上蒸盤，蒸盤上放2顆雞蛋，按下炊飯鍵。利用蒸雞蛋的時間，順便預熱電鍋，使鍋內充滿蒸氣。

2. 將地瓜表皮刷洗乾淨，切成小塊狀。紅蘿蔔切片。洋蔥切塊。

3. 準備好2張烘焙紙（或錫箔紙也可以），可準備大張一點，預留多點空間容易折包起來。烘焙紙上抹上薄油，按順序放上地瓜、洋蔥、紅蘿蔔、肉片、高麗菜嬰、小蕃茄、豌豆，平均撒上一小撮鹽和胡椒粉，然後上下對折，左右則像包糖果一樣捲起來，盡量呈現膨起狀，讓中心充滿空氣，使蒸氣可以蓄積在紙裡，有助熱氣對流。

4. 將包好的紙包料理放上蒸盤，若雞蛋已熟則取出，沒熟則續蒸。外鍋若水不夠，可以補上半杯的熱水，再次按下電鍋炊飯按鈕，蒸約8～10分鐘即可，紙包和雞蛋一同取出。

5. **利用蒸紙包的時間，調和風芝蔴沙拉醬。**將全部材料放入攪拌杯中，用電動攪杯棒攪打約30秒即可。也可以用手動攪拌棒。最後豆漿分次加入，充分攪拌均勻即可。

6. 準備好貝果麵包，一起享用。

  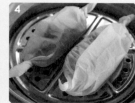 

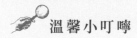 溫馨小叮嚀

注意剛蒸好的紙包，內部蒸氣高溫，打開時要小心燙傷。

搭配飲品 焙茶拿鐵

　　焙茶拿鐵是日本咖啡店中最受歡迎的熱飲之一。焙茶，日語叫做ほうじ茶，是日本人飯後常喝的茶類。焙茶是將綠茶經過焙煎而成的茶葉。經過重烘焙後的焙茶，少了茶葉的苦澀，多出沈穩和濃郁的芳香，顏色和口味都十分接近咖啡，但是咖啡因成分相對較少，與牛奶混合成拿鐵風，非常對味。

份量	2 杯

材料	焙茶粉 2 大匙　　牛奶 250cc 熱開水 150cc　　砂糖或蜂蜜　適量

做法

1. 將焙茶粉和熱開水調開後，分別倒入 2 個杯子中。
2. 將牛奶打成奶泡牛奶（或熱牛奶），分別注入杯中。
3. 依個人喜好，加糖或蜂蜜飲用。

熱狗起司
大享堡

主角吃法	焗烤熱狗起司大亨堡
主角麵包	德式黑貝果
開胃佐餐	棒棒雞沙拉佐堅果沙拉醬
搭配飲品	黑芝蔴拿鐵

一走進台灣 7-11 超商，映入眼簾的就是一條條在烤輪上的巨無霸熱狗。麵包夾巨大熱狗，正是台灣人特別鍾愛的 hot dog 吃法，超商特別取它為「大亨堡」（big bite），而且還註冊商標。

超商無時無刻都推陳出新，光熱狗就有各樣口味，連麵包都從第一代的橄欖型餐包到現在推出的可頌麵包，可說是國民版的超商美食之一。把大亨堡加入焗烤元素，巨無霸熱狗夾在德式橄欖形貝果中，抹上挑動味蕾的帶粒芥末，然後舖上起司送入烤箱，焗烤到起司融化與熱狗麵包交融為一，正是最美味誘人的時刻。當然別忘了擠上蕃茄醬，孩子們一定樂翻了。

 份量 | 2 人份

 材料

德式黑貝果 2 條	帶粒芥末醬 2 ～ 3 小匙	香草粉 適量
熱狗 2 根	日式美乃滋 1 大匙	黑胡椒粉 適量
巧達起司片 2 片	蕃茄醬 適量	

🥄 **做法**

1. 將日式美乃滋和半量的帶粒芥末醬混合成底醬。（參考 P.252 日式美乃滋做法）
2. 麵包從中間切開，抹上步驟 1 的底醬。

3. 因為使用較為巨大粗厚的熱狗，所以先用平底鍋表面微煎加熱（或用滾水汆燙 30 秒左右撈出），劃上刀痕，使醬汁和熱度容易深入。將熱狗夾入麵包中。

4. 在熱狗上抹半量的芥末醬，最後舖上一片起司片。

5. 放入已預熱好 200℃的烤箱，焗烤至起司融化即可取出，隨意撒上香草粉和胡椒粉，或是淋上蕃茄醬都是美味吃法。

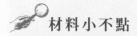 材料小不點

芥末醬（**Mustard Sauce**）—— 由芥菜類蔬菜的籽研磨後，再摻水、醋或酒類調製而成，有強烈鮮明的味道，也會添加香料或是其它添加劑，藉以增香或是增色，如添加薑黃增色及增香。

三種芥菜類蔬菜的籽，包括白或黃芥末籽、褐色芥末籽（或稱印度芥末）、黑芥末籽，都可以用於製作芥末。

我們最常見的就是美式芥末醬，因為含有薑黃粉，鮮黃色是它的特色。吃漢堡、熱狗少了它就不對味了。

說到法國人吃的芥末醬，就一定得提到第戎芥末醬。在法國第戎（Dijon）一位叫 Jean Naigeon 的人，以尚未成熟的酸葡萄汁替代傳統芥末醬配方所用的酸醋，因位於第戎故稱第戎芥末醬。

日本人吃的芥末醬，最常見的就是配關東煮用的黃芥末醬，它的味道和西方人吃的芥末醬不一樣，日本人叫它和からし，由芥菜籽所製成，是日本人家庭必備的調味料。

芥末醬中有一種整粒的芥末，我們稱為顆粒芥末醬，其內含未研磨的芥末籽，是以不同芥末籽混合香料達到不同的氣味與口感。

開胃佐餐 日式棒棒雞沙拉

　　在日本，棒棒雞是最受歡迎的中華冷盤之一，已深入日本人家庭，成為一道家常的中華小菜。可是為什麼叫做「棒棒」雞？原來用手撕雞肉之前要先棒打雞肉，目的是將緊實的雞肉組織解放而軟化，在棒打的同時，雞肉纖維放鬆，使醬汁和調味料容易入味而提升口感，讓咀嚼更省力。

　　一般棒棒雞醬汁都放辣油、花椒等調味，刺激感超強的辣重口味適合中餐和晚餐。而這道早午餐享用的棒棒雞，特別調配充滿濃郁乳果香氣的「堅果沙拉醬」，用核桃、松子、杏仁、腰果、花生、白芝麻等綜合堅果做為沙拉醬風味的基底，營養豐富又風味獨特，淋澆於雞絲上，讓每一口食材都吸飽醬汁，滑口又不膩口，真是百吃不厭的冷盤沙拉。

份量	2 人份

材料	雞胸肉 1 片（共約 300 公克）　　**堅果沙拉醬**（約 2～3 人份） 蔥 2～3 枝　　　　　　　　　　　綜合堅果 30 公克 薑 2～3 片　　　　　　　　　　　（核桃、松子、杏仁、腰果、花生、白芝麻） 蒜頭 2 瓣　　　　　　　　　　　　純濃豆漿 3 大匙 **其他**　　　　　　　　　　　　　玄米油 3 大匙 小黃瓜 1 條　　　　　　　　　　　醬油 1 小匙 豆芽菜 1 包　　　　　　　　　　　白醋 1 大匙 紅甜椒 1 顆　　　　　　　　　　　蜂蜜 1 小匙

做法

1. **準備雞絲。**雞胸肉用叉子叉幾個洞（比較容易受熱），太厚的地方要切開，放入鍋中，加入水淹過雞肉，放入蒜頭、葱段、薑片和酒，蓋上鍋蓋，大火滾開後，轉極小火煮約 10 分鐘。

2. 時間到了關火，不要動它至放涼。為了讓雞汁和雞肉的美味融合，要用慢火煮沸，關火之後再用餘熱讓它慢慢熟透。

3. 拿擀麵棒在雞肉表面輕拍打，再用手撕成雞絲，利於調味料入味。

4. **製作堅果沙拉醬。**將堅果用擀麵棒敲碎，再放入攪拌杯中。加入豆漿、醬油、蜂蜜，用電動攪拌棒攪打均勻之後，再分次加入玄米油攪打，最後加入白醋攪打成質地均勻如美乃滋狀的稠度即可。

5. 紅甜椒切段，和綠豆芽一起用滾水汆燙 10 秒即可撈起，濾乾水氣。小黃瓜切細絲。

6. 將紅甜椒舖在盤底，將手撕好的雞絲、綠豆芽、小黃瓜拌均，一起放入盤中，可隨意再撒上一些白芝蔴、堅果粒增添口感。

7. 淋上調好的醬汁即可享用。

 溫馨小叮嚀

1. 純濃豆漿也可以換成全脂鮮奶，而油類可以選擇像一般沙拉油等清香系的油品。

2. 搭配的食材也可以變化成芹菜絲、紅蘿蔔絲、香菜等增添風味。

3. 煮過雞肉的湯汁，過濾雜質之後即是美味的雞胸高湯。雞絲可以多做一點，分袋放入冷凍保存。

黑芝蔴拿鐵

　　黑芝蔴,自古以來就視為「食療聖品」,中醫特別推崇它的養生食療功效,含有豐富營養素,尤其鈣含量特別多。黑芝蔴香氣怡人,美味可口,利用純黑芝蔴醬和牛奶調製的黑芝蔴拿鐵,加入養生元素和健康概念,在日本有名的咖啡連鎖店裡立刻成為火紅飲品,特別受到拿鐵控的喜愛。

份量	2 杯

材料	純黑芝蔴醬 1 大匙　　牛奶 200cc 熱開水 100cc　　　　蜂蜜 2 小匙

做法

1. 將黑芝蔴醬與熱開水均勻調開。分別倒入 2 個杯子中。
2. 將牛奶打成奶泡牛奶(或熱牛奶),分別注入杯中。
3. 依個人喜好,加糖或蜂蜜飲用。

特色麵包系列

德式黑貝果

197

主角
麵包 英式瑪芬麵包

　吃過麥當勞滿福堡的朋友，一定會對那上下兩片鬆軟中帶著 Q 彈咬勁的白麵包留下深刻的印象吧！

　它又被稱為英式鬆餅，常和美式瑪芬蛋糕搞混，其實它不是鬆餅也不是蛋糕，而是一款原汁原味的白色餐包。從英國移民到美國的麵包師父，將家鄉麵包加以改良，創造出這款充滿玉米香氣、淡淡的鹹味又富有嚼勁的美味麵包。

　英式瑪芬麵包的特色在於麵包表面上撒滿了玉米粉（cornmeal），經典吃法就是對切烤香，抹上果醬、奶油、乳酪，或是擺上一個水波蛋、培根、香腸等一起享用，是幸福感滿點的美味早餐。

份量	8 顆

材料	高筋麵粉 250 公克 低筋麵粉 50 公克 快速酵母粉 3 公克 水 190cc	鹽 4 公克 砂糖 10 公克 全脂奶粉 5 公克 奶油 5 公克	**其他** 玉米粒粉 適量（表面裝飾用）

準備 工作	1. 奶油室溫放軟、準備烤模或自製烤模（自製直徑約 8cm 圓烤模，參考 P.80 　自製烤模篇）。 2. 評估製作環境的溫度和溼度，以調整水溫。

做法

1. 將麵粉混合均勻後，平均分成 2 等分，各放入大小不同的麵盆。

2. 大麵盆中分別放入酵母粉、砂糖。

3. 小麵盆中放入鹽、奶粉。

4. 將水倒入大麵盆中，充分攪拌至粉水均勻。

5. 將小麵盆中的材料倒入大麵盆中，攪拌至團狀。

6. 將麵團倒在揉麵台上，確實將粉、水和材料均勻揉進麵團中。

7. 揉到麵團表面初步光滑後，把麵團攤開成一正方狀，將軟化的奶油利用手指力量戳進麵團中。

8. 將奶油充分揉入麵團中，配合摔打和 V 型左右揉合，使麵團充分出筋膜。

9. 手沾抹少許沙拉油，拉一拉一小塊麵團，檢查一下是否出現薄膜，出現則是代表麵團已充分
揉至最佳狀態。

10. 將麵團整圓、收口朝下放回麵盆中，開始進行基礎發酵。烤箱內部放置熱水，發酵約 1 小時。

11. 倒出麵團輕微排氣，分割成 8 份。

12. 麵團滾圓之後，靜置 15 分鐘。烤模內側塗油，以防沾黏。將烤模放在烤盤上排列整齊，烤模
底部撒入少許玉米粒粉備用。

13. 麵團再度排氣滾圓，輕壓成圓餅狀，表面沾上玉米粒粉。表面朝下、收口朝上放進烤模，進行最後發酵。

14. 利用烤箱放置熱水發酵 25 分鐘，再移至室溫發酵約 15 分鐘，共計 40 分鐘。烤箱預熱 220℃。

15. 將發酵完成的麵團連同烤盤送入已預熱好的烤箱，另備一烤盤置於發酵完成的麵團烤模上方，壓住麵團以免烘烤過程膨起。

16. 190℃烘烤 20 分鐘，出爐後馬上脫模冷卻。

（詳細做法和步驟圖請參考 P.82 方法篇。）

瑪芬麵包抹上自製果醬一起享用，十足美味。

材料小不點

玉米粒粉（cornmeal），是直接由乾燥玉米磨成粉而成，保留了外殼和胚芽，具有濃郁的玉米香氣和營養，可單獨做為主食，和水調和加熱就會有類似玉米澱粉的黏性效果。一般做為玉米麵包的材料，也常使用於滿福堡餐包的表面裝飾。

班尼迪克蛋堡餐

主角吃法	班尼迪克水波蛋佐南瓜起司醬
主角麵包	英式瑪芬麵包
開胃佐餐	當季蔬果佐南瓜起司醬
搭配飲品	咖啡拿鐵

班尼迪克蛋堡（Eggs Benedict），是英式瑪芬麵包最流行也最受歡迎的吃法。班尼迪克蛋堡有黃金組合，英式瑪芬麵包、水波蛋、香煎培根、荷蘭醬這四個角色組合在一起，就是一款讓人感到幸福抖擻的早午餐菜單。一盤好吃的班尼迪克蛋早餐，荷蘭醬（hollandaise sauce）是重點，不過看的出來我做的醬汁有什麼特別嗎？

沒錯，這款班尼迪克蛋堡用了一款與眾不同的醬汁。

有別於重奶油、重蛋黃和製作繁雜的荷蘭醬，我將起司融化後放入南瓜泥和一點點牛奶拌一拌，變成有美麗金黃色澤的南瓜乳酪醬。營養香甜的南瓜和起司取代了高油、高糖、高蛋的荷蘭醬，為健康加分，美味更勝一籌。從水波蛋流淌而出的蛋黃汁，融合了濃郁香醇的南瓜起司醬，將香煎好的培根蓋在鬆軟的瑪芬麵包上，水波蛋穩穩地仰躺其上，淋上金黃濃郁的南瓜醬汁，無懈可擊的新奇滋味絕對可以喚醒賴床的家人。

份量 | 2 人份

材料

蛋堡材料	**南瓜起司醬材料**（3～4 人份）	**其他副蔬果**
英式瑪芬麵包 2 粒	南瓜泥 70 公克	生菜葉 適量
培根片 2 片	起司片（可融）3 片	香蕉 適量
	牛奶 70～100cc	蘋果 適量
水波蛋材料（2 人份）	鹽 1 小撮	蕃茄 適量
雞蛋 2 顆	蜂蜜 1 小匙	
醋 2 小匙	南瓜籽 適量	
熱水 600cc		

做法

製作南瓜起司醬

1. 準備隔水加熱道具，1個小鍋和1個大鍋。大鍋內加入熱開水約200cc左右。小鍋中放入起司片。將小鍋放入大鍋中央，開極小火隔水加熱，利用拌刀攪拌，使起司融化後，加入南瓜泥攪拌，然後一次加一點牛奶，一邊加一邊攪拌，再加入一小撮的鹽，慢慢調出比美乃滋要稀一點的濃度即可（想要稀一點，可增加牛奶調整）。起鍋前加入蜂蜜攪拌均勻，撒上南瓜籽即可裝瓶。

2. 將生菜葉泡冷水、濾乾備用。香蕉和蘋果切片。蕃茄洗淨備用。

製作水波蛋

3. 先將蛋打到碗中，避免直接打蛋入鍋，不但容易破碎，而且容易沈沾鍋底。

4. 燒開一鍋水（我使用18cm湯鍋，約放600cc水），加醋入鍋中（加醋有助於蛋白凝固）。滾開了之後，轉中小火，用筷子繞圈圈成漩渦，輕輕倒入步驟1的蛋液，蛋液就會順著水波慢慢成型。

5. 可用杓子整一整邊緣，然後等約2分鐘即可撈起，要熟一點可以加長時間。

6. 在餐巾紙上吸收水氣。

7. 利用同一平底鍋同時將培根和麵包兩面煎香備用。

8. 組合擺盤。將一片麵包放上一片香煎培根，再疊放上一顆水波蛋，淋上南瓜起司醬。

9. 同一盤子裡擺上全部副菜，另外準備一小盤南瓜起司醬作為蔬果沾醬，即可享用。

搭配飲品 咖啡拿鐵

　　咖啡拿鐵已成為「拿鐵」的專有名詞。牛奶與咖啡的絕佳組合在齒間留下美味，尤其是自己 DIY，不但可以自由自在調整牛奶和咖啡的比例，還可以利用即溶咖啡粉做出簡單的咖啡拿鐵，my café 隨時可成！

 份量 | 2 杯

材料 | 即溶咖啡粉 4 小匙　　牛奶 250cc
　　　　　熱開水 200cc　　　肉桂粉 少許

做法

1. 將即溶咖啡粉和熱開水調開後，分別倒入 2 個咖啡杯中。
2. 將牛奶打成奶泡牛奶（或熱牛奶），分別加入咖啡杯中。
3. 依個人喜好，加糖或撒上肉桂粉即可享用。

主角
麵包
日式超軟
牛奶麵包

記得小時候好喜歡看日本卡通《阿爾卑斯山少女海蒂》，只要一放學就會衝回家打開電視準時收看。陪伴海蒂的聖伯納犬非常可愛，小時候吵著爸爸要養那種狗，結果有一天爸爸真的把那隻狗帶回家了，看到時簡直驚訝地跌坐在地上，巨大毛絨絨的身軀、沾滿口水的下巴和天真的眼神，陪我度過美好的童年。

這部卡通在日本家喻戶曉，當然連海蒂喜歡吃的白麵包也變成日本麵包店的經典商品，日本人稱它為「海蒂的白麵包」（ハイジの白パン）。

牛奶和奶油是這款麵包風味的基底，因為全程採低溫烘烤，所以除了白泡泡幼咪咪的外表之外，口感更是軟綿綿又輕飄飄，手一摸還會像嬰兒的小屁股彈回來，所以我特別為它取了一個可愛的小名字叫「嬰兒屁股麵包」。這款麵包不含一滴「水」，用百分之百全脂特濃牛奶代替水量，所以特別香濃順口，質地就像嬰兒的肌膚一樣，超彈幼嫩，忍不住一咬再咬。

 份量 | 6 顆

材料	高筋麵粉 250 公克	鹽 3 公克	**其他**
	低筋麵粉 50 公克	白砂糖 10 公克	裝飾用麵粉 適量
	全脂牛奶 210cc	全脂奶粉 8 公克	
	快速酵母粉 3 公克	奶油 10 公克	

準備工作
1. 奶油室溫放軟。
2. 評估製作環境的溫度和溼度，以調整水溫。

做法

1. 將麵粉混合均勻後，平均分成 2 等分，各放入大小不同的麵盆。
2. 大麵盆中分別放入酵母粉、砂糖。
3. 小麵盆中放入鹽和奶粉。
4. 將牛奶倒入大麵盆中，充分攪拌至粉水均勻。

5. 將小麵盆中的材料倒入大麵盆中，攪拌至成團狀。

6. 將麵團倒在揉麵台上，確實將材料均勻揉進麵團中。

7. 揉到麵團表面初步光滑後，把麵團攤開成一正方狀，將軟化的奶油利用手指力量戳進麵團中。

8. 利用步驟 6 的手揉方法，將奶油充分揉入麵團中，配合摔打和 V 型左右揉合，使麵團充分出筋膜。

9. 手沾抹少許沙拉油，拉一拉一小塊麵團，檢查一下是否出現薄膜，出現則是代表麵團已充分揉至最佳狀態。

10. 將麵團整圓收口朝下放回麵盆中，開始進行基礎發酵。烤箱內部放置熱水，發酵約 1 小時。

11. 倒出麵團輕微排氣，分割成 6 份。

12. 麵團滾圓之後，靜置 15 分鐘。

13. 麵團再度排氣滾圓，收口朝下，利用筷子或細木棒從麵團中央壓出溝紋（往下深壓，但小心不要壓斷麵團），放置在烤盤上進行最後發酵。

14. 烤箱中放置熱水發酵 25 分鐘，再移至室溫發酵約 15 分鐘，共計 40 分鐘。烤箱預熱 200℃。

15. 將發酵完成的麵團表面撒上薄粉，送入烤箱烘烤。

16. 170℃烤 10 分鐘，130℃烤 15 分鐘。

套餐1

明太子蛋沙拉三明治

主角吃法	明太子蛋沙拉夾心三明治
主角麵包	日式超軟牛奶麵包
開胃佐餐	牛蒡金平、當季蔬果
搭配湯品	簡約味噌湯

有和風魚子醬之稱的「明太子」，魚卵纖細剔透，粒粒分明，經過醃製後帶有溫柔的鹽味，散發濃郁魚卵的香氣，尤其魚卵在唇齒之間的彈跳口感，讓人垂涎三尺。它除了是扒飯殺手之外，吃法更是豐富多變，適合與各類食材搭配成為豪華感十足的料理。此款三明治，將明太子、雞蛋和日式美乃滋混合成「雙蛋」麵包抹醬，個性濃烈的鱈魚蛋遇上了溫柔醇厚的雞蛋，一海一陸碰撞出與眾不同的味蕾體驗。

 份量 | 2 人份

 材料

三明治材料
日式超軟牛奶麵包 2 顆
明太子蛋沙拉 4 大匙
生菜葉 3 ～ 4 葉
新鮮蕃茄切片 4 片

明太子蛋沙拉材料
水煮蛋 1 粒
明太子（辛口）25 公克
日式美乃滋 1.5 大匙
白胡椒粉少許
檸檬汁 1/2 小匙

做法

製作明太子蛋沙拉

1. 準備好水煮蛋（請參考 P.47 輕鬆做水煮蛋篇），切成細丁。

2. 製作日式美乃滋（請參考 P.252 和風養生漢堡日式美乃滋），取約 1.5 大匙量。

3. 明太子去除外膜，用湯匙挖出魚卵備用。

4. 將全部材料混合均勻即成明太子蛋沙拉抹醬。

 **溫馨小叮嚀**

醃製過的明太子鹽味重，不需再加鹽調味。

210

製作三明治

5. 生菜葉泡冷冰後擦乾水氣。蕃茄切片備用。

6. 將麵包加熱回烤後,從中央剖開如袋,先在底部抹上少許日式美乃滋,夾入生菜葉和蕃茄切片,再塞入明太子蛋沙拉即可享用。

材料小不點

明太子是新鮮鱈魚的卵巢,日本人加入日本酒、昆布、醬油等調味料加以醃製,用辣椒和鹽醃製後特別稱做「辛子明太子」,是日本福岡的名產。醃製過的明太子一般可直接生吃,搭配白飯、豆腐或調製成明太子沙拉醬,或是當做下酒菜,是日本人日常生活中最常吃的魚卵之一。魚卵含有豐富的蛋白質、DHA 和 EPA 等各類營養素。日系超市皆有販售。

開胃佐餐 日式炒牛蒡（牛蒡金平）

　　牛蒡，是日本料理中常見的食材，含有多種抗氧化成分和豐富的纖維質，深受日本人喜愛，尤其是金平牛蒡（きんぴらごぼう）可説是日本家庭的固定小菜，幾乎沒有一位日本人不愛吃這道菜。用麻油帶出香氣，也緩和了牛蒡的土根味，開胃又下飯。以下介紹簡單的牛蒡處理方法，保留美味又不失營養，非常適合做為常備副菜享用。

份量 ｜ 4 人份

材料

牛蒡（約 30 cm）5 根	**調味料**	料理酒 1 大匙
紅蘿蔔 1 根	砂糖 2 大匙	香油 1 小匙
白芝蔴粒 1 大匙	醬油 1.5 大匙	
麻油 1 大匙	味醂 1 大匙	

做法

1. 牛蒡的風味、香味和營養幾乎來自皮層，但是皮層常會沾附泥土，所以原則是輕輕的不施重力、用刷毛沖洗，去除泥味即可。

2. 切的時候將牛蒡斜放在砧板上，一邊轉動，一邊像削鉛筆用刀薄薄地一片一片削（用削皮器也可以）。

3. 削好的牛蒡不用泡水直接入鍋加熱最能保持營養，但因牛蒡是風味濃重的根莖類，如果介意濃重的根味，就可以適當泡入醋水中，時間約 5 分鐘左右，不要泡太久，泡太久牛蒡容易失去風味，也不用換水，一次即可。泡好水的牛蒡要確實濾過水氣再下鍋加熱。

4. 紅蘿蔔刨成細絲。鍋中放入麻油熱鍋，開大火，加入紅蘿蔔稍微拌炒一下。

5. 再加入牛蒡翻炒，放入砂糖充分拌炒，再加入其他的調味料大火快炒 3 分鐘即可。 起鍋前淋上香油翻炒幾下，最後撒上白芝蔴粒拌一下即可盛盤。

搭配湯品 簡約味噌湯

　　婆婆是典型傳統的日本女性，為家庭付出一生，從來不走在丈夫前頭，也從來沒有發過脾氣，只是默默付出，在女性主義抬頭的現代也一點都沒改變。從同是女人的角度來看，她真是個不可思議的女人，可以說是完全捨掉自我，達到所謂純粹奉獻的境界。為了家庭，沒有遠遊，沒有旅行，沒有交際，甚至外出的機會也很少，直到年邁了，許多想去拜訪的親友也相繼離世，走不動了，別說想坐飛機，連逛逛築地市場也成了不可能的任務。

　　這樣的人生選擇令人玩味。這樣的婆婆仍然每天做著美味的味噌湯，準備美味的三餐給公公吃。看著婆婆做味噌湯的背影，我領悟了某種「夫唱婦隨」的含意，同時思索不同的人生價值觀，她彷彿就是一本哲學的書，得花時間好好細讀品味。這是婆婆教我做的簡約味噌湯，期許自己也心甘情願為另一伴做一輩子的味噌湯。

份量	4 人份

材料	日式水高湯 400cc	**日式水高湯材料**	柴魚片 3 公克
	信州味噌 1 大匙	水 1000cc	丁香小魚乾 5 公克
	浸泡過的高湯材料　適量	乾香菇 1～2 粒	
	蔥花　適量	日高昆布 10 公克	

做法

1. 製作日式水高湯（詳細參考 P.28 清湯與早午餐的美味關係）。

2. 取浸泡過高湯的乾貨材料，香菇 1 顆切成薄片，昆布 1 片切成細絲，小魚乾 2 ～ 3 條。

3. 湯鍋中放入 400cc 日式水高湯，再放入步驟 2 的材料煮滾沸騰。

4. 轉小火，加入味噌，可使用小攪拌棒在小濾網上攪拌味噌，容易使味噌溶開，也可以先將味噌放在小型研磨碗中，加少許鍋中的湯汁，用攪拌棒調開，再倒回鍋中。等湯再度滾開後即可關火，起鍋前撒上蔥花享用。

 材料小不點

味噌，是日本人家庭必備的食材，每天一大早喝碗熱呼呼的味噌湯，是日本人一天元氣和精力的來源。日本的超市特別有一個專區擺了各式各樣的味噌。以發酵基材分，有米味噌、大豆味噌、麥味噌等；以顏色來分，有紅味噌、白味噌；以產地來分，有信州味噌、八丁味噌、仙台味噌等等。一般來說，顏色愈深，鹽度較高，豆味愈濃重，例如八丁味噌和仙台味噌屬於鹹味重的味噌系，而信州和西京白味噌則鹹度適中，帶甜味，較適合一般大眾，我個人喜愛偏甜的白味噌和麥味噌。

套餐2

和菓子風
三明治早餐

主角吃法	紅豆餡、抹茶卡士達、棉花糖 三組合夾心
主角麵包	日式超軟牛奶麵包
開胃佐餐	日式飯店沙拉
搭配飲品	南瓜拿鐵

日本人痴愛「抹茶配紅豆」，可說民族血液中都帶有「抹茶和紅豆」的味道。尤其是抹茶紅豆大福，嫩白的麻糬、清綠的抹茶、鮮紅的紅豆，三種對比顏色，軟 Q、清香、甜蜜、苦澀全部濃縮在一顆小菓子中，精緻含蓄中散發沈穩深奧，是日本文化的縮影。

　　將日本和菓子的元素放入早午餐的發想中，將帶有蛋香的卡士達醬加入苦澀回甘的抹茶，變成了綿密香醇的「抹茶卡士達醬」。在抹茶卡士達醬上舖上甜蜜的紅豆餡，真是綠野中綻發了紅花一片，清新淡雅的抹茶融合了濃郁的蛋香，搭配甜蜜滑口的紅豆餡，具有多層次的味覺享受。最後利用棉花糖代替麻糬，並且撒上畫龍點睛的黃豆粉，再用日式超軟牛奶麵包把全部的美味一整個包覆起來，讓三明治散發著濃濃和菓子風情。

份量 | 2 人份

材料

三明治材料	**抹茶卡士達餡材料**
日式超軟牛奶麵包 2 顆	蛋黃 1 顆
抹茶卡士達餡 全量	低筋麵粉 15 公克
紅豆罐頭 150g	純抹茶粉 2 公克
棉花糖 6~8 粒	白砂糖 30 公克
黃豆粉 少許	牛奶 100cc

材料小不點

抹茶 —— 利用石磨，將特殊品種的抹茶葉碾磨成極細的粉末狀稱抹茶粉。製作抹茶的過程特別講究，和一般綠茶不同，茶葉採摘前需覆蓋數週，以產生更多的茶氨酸。採摘後還需要蒸青，工序較一般茶業繁鎖，是日本茶道的基本元素之一，也是日本飲茶文化的象徵。廣泛用於和菓子、飲品、料理上。

1. **製作抹茶卡士達餡。**麵粉和抹茶粉混合一起過篩備用。耐熱碗中放入蛋黃、糖先打均勻之後，牛奶分次加入攪拌均勻。蓋上保鮮膜（留些空隙），放入微波爐500W加熱1分半鐘後取出，快速充分攪拌，再放入微波爐500W加熱50秒後取出，再攪拌。直到介於布丁和美乃滋之間的濃稠度即可。製作完成的卡士達餡，必須用保鮮膜緊貼表面蓋好，並加上保冷塊冷卻餡料。

2. **製作紅豆甜餡。**利用市售的紅豆粒罐頭就可以輕鬆方便做出少量的紅豆甜餡。將罐頭中的紅豆，連同汁液一起放入湯鍋，用小火慢慢加熱，一邊加熱一邊攪拌至收汁，呈現濃稠度高的餡狀即可，保鮮膜緊貼餡料表面蓋好，並加上保冷塊冷卻餡料。

3. **製作三明治。**麵包加熱回溫後，麵包切開，底部內面舖上步驟1的抹茶卡士達餡，再加上步驟2的紅豆甜餡，最後擺上棉花糖，撒上黃豆粉裝飾，即可享用。

 溫馨小叮嚀

利用紅豆罐頭做紅豆餡非常簡單方便，現做現吃，少量不殘留。也可以利用自製紅豆湯來做紅豆餡，利用電鍋將紅豆煮熟後，加入糖調味，把汁濾掉，只取粒。取一大碗的量放入微波爐，不用加蓋，600w加熱2分鐘，拿出來用扇子搧涼，邊搧邊拌，重覆2～3次至想要的稠度即可，甜分可自行調整。

開胃佐餐 日式飯店沙拉

　　曾到過日本觀光的朋友，一定對於日系百貨地下超市裡擺滿一盤盤各式各樣五顏六色的「惣菜」印象深刻。什麼叫惣菜，就是類似我們所謂的「外帶小菜」，日式惣菜店櫥窗裡擺放一盤一盤的菜餚，有主菜、副菜、小菜、沙拉等等，是結合「色彩」、「擺盤」和「新鮮」三位合體的技藝。特別有一道是日本惣菜店及各大飯店 buffet 固定的菜款，也是日本人最愛吃的副菜之一，就是鮮蝦花椰蛋沙拉（エビマヨサラダ），又稱日式飯店沙拉。

　　此款沙拉結合了海鮮、馬鈴薯、花椰菜、水煮蛋和其他各色蔬果，將所有食材拌入濃郁的沙拉醬中，那鮮美的蝦肉、濃郁的雞蛋、清脆的蔬菜都被滑口的美乃滋滿滿包裹住，真是絕品美味。考慮沙拉本身已有雞蛋做為食材之一，我特別製作不含雞蛋的「豆漿沙拉醬」做為調味，一樣濃郁美味。

份量　　2～3人份

材料

日式飯店沙拉材料	豆漿沙拉醬材料
鮮蝦 7～8 尾	純濃豆漿（或市售無調整豆奶）3 大匙
馬鈴薯（大）1 顆	葵花籽油（或一般沙拉油）3 大匙
培根塊 約 100 公克	蜂蜜 1 小匙
洋蔥 半顆	鹽 2 公克
香柚（或檸檬、柳橙）皮 適量	白醋 1 大匙
花椰菜 1 株	
水煮蛋 2 粒	

做法

1. **製作豆漿沙拉醬。**先將豆漿、蜂蜜、鹽放入容器中，利用電動攪拌棒（或是手動打蛋棒）打至均勻混合，再分 2 ～ 3 次加入沙拉油攪打，有助於乳化均勻，最後放入白醋打至濃稠狀即可。

2. 準備水煮蛋 2 顆（參考 P.47 輕鬆做水煮蛋）。

3. 馬鈴薯洗淨、去芽、削皮、切小塊，泡水沖去外表的澱粉，濾去水氣。把馬鈴薯塊放入鍋中，放入水（水量以淹過馬鈴薯即可），加蓋開大火（加蓋滾開速度快，但小心泡沫溢出鍋外），滾後開中火煮至軟熟（用竹串插入測試，或試食一塊看看熟度）。將鍋中的馬鈴薯直接連鍋中的汁液整個倒入濾盆中，將汁液濾掉後備用。

4. 汆燙花椰菜（請參考 P.27 簡單快速、營養美味的水燙青菜）。

5. 香柚皮刮去苦味的白色內果皮、切絲。洋蔥切絲。兩者一起泡冷水 10 分鐘後，充分濾乾水氣（可用 salad spinner）。培根切成丁備用，。

6. 將全部的材料一起放入沙拉盆中，加入步驟 1 的沙拉醬約 3 大匙，份量也可隨喜好調整。

搭配飲品 南瓜拿鐵

　　鬆香清甜的栗子南瓜和牛奶的組合，是創新又令人驚豔的滋味。拿出常備在冰箱裡的南瓜泥，直接和牛奶攪打成南瓜牛奶，加入芬芳怡人的蜂蜜調味，三樣寶物合而為一，最後再撒上南瓜籽堅果，真是兼具美味和營養的早餐飲品。

🥛 份量	2 杯

材料	南瓜泥 70 公克 牛奶 300cc	蜂蜜 1 大匙 南瓜籽 適量（裝飾）	棉花糖 適量（裝飾）

🥄 做法

1. 將南瓜泥、牛奶和蜂蜜放入果汁機中打勻（參考 P.265 南瓜泥製作）。
2. 分別倒入 2 杯咖啡杯中。
3. 撒上棉花糖和南瓜籽做裝飾。

主角
麵包 中東口袋麵包

口袋麵包，又叫做皮塔餅（Pita），是一種圓形口袋狀的平燒烤餅，廣泛流行於希臘、土耳其、巴爾幹半島、地中海東部地區和阿拉伯半島。皮塔餅中的「口袋」是由高溫烘烤膨脹形成，麵餅冷卻後變得平坦，中間留下一個口袋。

材料和做法都極為簡單，在家裡輕輕鬆鬆就可製作充滿異國風情的口袋麵包。把麵團擀成薄扁的麵皮，然後往高溫的烤箱裡放，不到 3 分鐘，就膨的像一隻河豚，而且愈脹愈大，最後像氣球一樣，心情也飛躍起來！

在膨膨的口袋中填入喜愛的食材，例如夾入滿滿的生菜、蛋、炒肉絲等，然後雙手捧起來馬上大快朵頤，把外酥內軟的麵皮和滿滿的新鮮餡料一口咬下，真是樂趣無限、美味滿點。

份量	4 片

材料	高筋麵粉 100 公克　低筋麵粉 100 公克	快速酵母粉 2 公克　水 120cc	鹽 3 公克　砂糖 5 公克

準備工作	評估製作環境的溫度和溼度，以調整水溫。

做法

1. 將麵粉混合均勻後，平均分成 2 等分，各放入大小不同的麵盆（可直接使用中筋麵粉全量代替高筋麵粉和低筋麵粉）。
2. 大麵盆中分別放入酵母粉、砂糖。
3. 小麵盆中放入鹽。
4. 將水倒入大麵盆中，充分攪拌至粉水均勻。

 溫馨小叮嚀

1. 擀麵過程中避免沾黏，隨時在麵皮和擀麵棒上撒手粉。
2. 餅皮厚度以 0.3 公分為佳，太厚則不容易膨起。
3. 我偏愛做成橢圓形，烤好後用剪刀從中央剪開，就是 2 個對等的半圓口袋麵包，剛好可做成 2 個三明治。

5. 將小麵盆中的材料倒入大麵盆中，攪拌至成團狀。

6. 將麵團倒在揉麵台上，確實將材料均勻揉進麵團中。揉至三光即可停止。

7. 將麵團整圓，收口朝下放回麵盆中，開始進行基礎發酵。烤箱內部放置熱水，發酵約 1 小時。

8. 倒出麵團分割成 4 份。

9. 麵團輕折滾圓之後，靜置 15 分鐘。利用靜置時間，同時以烤箱最高溫（最好超過 250℃ 以上）預熱烤箱與烤盤。

10. 利用擀麵棒將麵團擀成約圓形或橢圓形餅皮，厚度約 0.3 公分左右，擀好的麵皮直接放在烘焙紙上。

11. 按照順序先擀好的餅皮放入烤箱（我一次只放 2 片，所以先擀好的餅皮放入烤箱後，再擀另外 2 片餅皮）。

12. 250℃ 烤 3 分鐘翻面，續烤 230℃ 3 分鐘，共計 6 分鐘。

 溫馨小叮嚀

烤出不膨起的麵包，主要原因有餅皮厚度不一、醒麵不足、烤溫不足等。其中以烤溫不足為最常出現的問題。

1. **厚度不一**：麵餅表面要盡量擀到厚度一致，否則容易烤出扁膨不均的表面。一般擀至厚度約 0.3 公分左右，太厚不容易膨起。

2. **醒麵不足**：當麵團靜置不足時，在麵團鬆弛不足而筋性過於緊張的情況下，擀出的麵皮無法伸展也容易收縮，也是導致無法擀出均質餅皮的原因。

3. **烤溫不足**：改善方法是烤箱連烤盤充分預熱超過 250℃，將擀好的麵皮直接放在烘焙紙上，利用披薩鏟或厚紙板連同烘焙紙推送至烤盤上，類似烤披薩一般，烤箱內部空間小的，最好一次只放一片餅皮，餅皮放太多，烤溫上升不足，容易烤出失敗成品。

套餐 1 **中華腰果雞丁 口袋三明治**

主角吃法	中華腰果雞丁夾心
主角麵包	中東口袋麵包
開胃佐餐	新鮮水果
搭配飲品	鹹豆漿

腰果雞丁是一道美味可口的中華家常菜。脆香可口的腰果和醃過醬料的雞胸肉丁一起用大火熱炒，蠔油和醬油是調味的美味關鍵，從鍋邊澆淋而下，快速拌炒收尾，香味一氣噴出。滑嫩多汁的雞肉散發蠔油的鮮美香氣，鹹中帶著微甜，加上香脆的堅果畫龍點睛，是十足入味的下飯菜。

將熱炒系家常菜夾入口袋麵包，異國麵包融合東亞料理，下飯菜也多了新吃法，這款三明治是喜愛熱炒菜餚的朋友大快朵頤的早午餐三明治。

🥛 份量

2 人份

材料

三明治材料	腰果雞丁材料	雞肉醃料	調味醬汁
口袋麵包 2 份	（3～4 人份）	鹽 1 小匙	酒 1 大匙
腰果雞丁 適量	雞胸肉 1 塊	酒 1 大匙	蠔油 2 小匙
生菜葉 2 片	（約 300 公克）	香油 1 小匙（或麻油）	味醂 1 大匙
洋蔥絲 適量	腰果約 70 公克	胡椒粉少許	醬油 1 小匙
	蒜頭 1～2 瓣	太白粉 1 大匙	砂糖 1 小匙
	沙拉油 2 大匙		

🥄 做法

1. 腰果放入炒鍋中，中火乾炒 3 分鐘後取出備用。

2. 雞胸肉切成約 2～3 公分寬的雞丁狀。用醃料醃約 10 分鐘。炒之前再加入太白粉揉一揉。

3. 將蠔油、味醂、醬油、砂糖事先調勻備用。

4. 炒鍋中放入沙拉油熱鍋，保持中大火，將醃好的雞肉平均放入，剛放進去時先用不要翻動，等約 30 秒之後再拌炒。

5. 等雞肉表面上色之後，開始轉大火，先嗆入 1 大匙酒一起拌炒。

6. 投入步驟 1 的腰果拌炒。

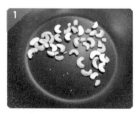

7. 最後再從鍋邊嗆入步驟 3 的調味醬汁，讓香氣一氣噴出，快炒 4 ～ 5 下，就可以關火盛盤。

8. 將口袋麵包對切，打開袋口，放入生菜葉和腰果雞丁、洋蔥細絲，即可享用。

炒腰果雞丁　　　　　　中華腰果雞丁夾心

 溫馨小叮嚀

1. 雞胸肉也可用雞腿肉代替，油量可以適當調整。

2. 炒雞胸肉時，熱鍋的油量需多一點，呈微煎炸的感覺，口感才會不乾柴。

 **溫馨小叮嚀**

1. 鹹豆漿的材料，最重要的是醋和豆漿。其他的材料可以很隨性，蝦米、葱花、油葱酥、香菜、菜脯、花生、榨菜都可以。
2. 加熱豆漿不要用大火，慢火加熱，以免溢鍋。快要滾開的時候，就可以關火了。

搭配飲品 鹹豆漿

近幾年，日本捲起一陣瘋台熱，有台灣國民早餐之稱的鹹豆漿，可說是日本人感到最為驚奇的一道台灣 B 級美食。愛喝豆漿也愛吃豆腐的日本人卻沒有想到將熱騰騰的豆漿加到白醋裡，剎那間豆漿變身成雪花般的豆腐腦，加入蝦米、榨菜、油條等佐料，不可思議的組合卻是令人感動的美味，一口接一口停不下。身處異國，雖然沒有齊全的材料，利用家中現有的食材，一樣美味不減，十足解饞。

份量 | 2～3 人份

材料

純濃豆漿 400cc	味精 少許	花生 4 顆
白醋 2 大匙	辣油 數滴	油條 適量（我使用日式油麩）
鹽 2 小撮	榨菜 適量	

 做法

1. 將油條切片。榨菜切細丁。
2. 製作 2 碗鹹豆漿。一個碗裡放入白醋 1 大匙、香油數滴、鹽 1 小撮、味精少許、花生和步驟 1 油條和榨菜丁。
3. 加熱豆漿至中央冒出小泡即可，將熱豆漿沖入碗內。淋上少許的辣油，放上香菜即可享用。

韓式泡菜炒肉
口袋三明治

主角吃法	中華腰果雞丁夾心
主角麵包	中東口袋麵包
開胃佐餐	新鮮水果
搭配飲品	熱咖啡

泡菜炒肉是韓國最道地的家常熱炒。泡菜含豐富的乳酸菌,自然獨特的酸氣和鹹味提引出五花肉的芬芳,微酸微辣又回甘,是扒飯殺手級的家常菜。將炒的香噴噴的泡菜燒肉塞入口袋麵包中,即是一款帶有濃濃韓國風情的美味三明治。

份量
2 人份

材料

三明治材料	韓式泡菜炒肉材料（2 ～ 3 人份）	
口袋麵包 2 顆	豬五花肉片 200 公克	料理酒 1 小匙
生菜葉 適量	韓式泡菜 100 公克	胡椒粉 少許
洋蔥絲 適量	蒜頭 2 瓣	砂糖 1 小撮
	韓式辣椒粉 1 小匙	麻油 2 小匙
	醬油 1 小匙	白芝麻粒 2 小匙

做法

1. 豬肉片一片一片稍微用手剝開,入鍋容易炒開,若太長的切短備用。
2. 泡菜中若有較長處也切短備用。蒜頭切末。
3. 炒鍋中放入 1 小匙麻油,熱鍋後放入蒜頭和豬肉炒香,加入料理酒和泡菜一起翻炒。
4. 泡菜和豬肉均勻炒開後,加入韓式辣椒粉、醬油、砂糖調味,最後淋上 1 小匙麻油、胡椒粉,撒上白芝麻粒翻炒幾下即可盛盤。
5. 將口袋麵包對切,打開袋口,放入生菜葉和泡菜炒肉、洋蔥細絲,即可享用。

溫馨小叮嚀

1. 韓式辣椒粉也可以用日式一味粉取代。
2. 用麻油熱鍋,關火前再淋上少許麻油,最後撒上芝麻,讓整道炒肉充滿芝麻的芬芳。

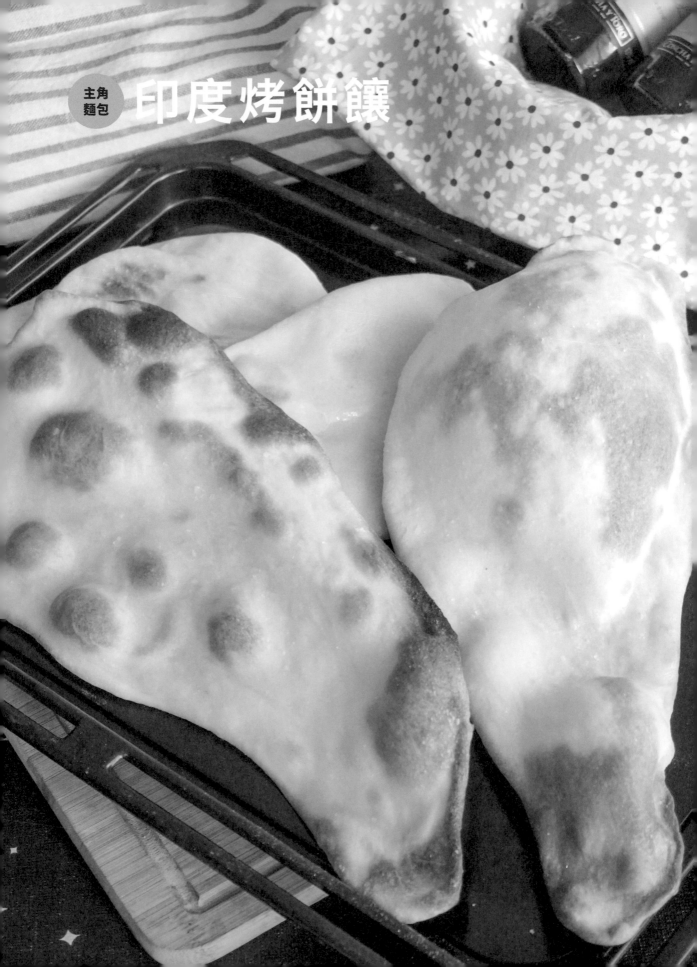

主角
麵包　印度烤餅饢

印度是個地大物博的國家，各區都有特殊的人文風情，麵食也千奇百樣。我們一般最常接觸到的印度烤餅，主要是全麥麵粉做的洽巴提（Chapati）和白麵粉做的饢（Naan）兩種。

洽巴提（Chapati），多為全麥麵粉和水揉成的麵團，不用發酵，直接燒烤成圓形薄餅。由於製作簡單，自古以來即是印度和中亞遊牧民族主要的攜帶糧食。

饢（Naan），是一種起源於波斯的發酵麵餅，製作方法是將麵團發酵後，在特製的饢坑中烤製而成。形狀和口感因地域和民族習慣而有所不同。有些民族會在揉麵時加入油脂、雞蛋和牛奶，使烤出來的饢酥脆可口，也有添加如葡萄乾、芝麻、洋蔥末等口味，各有風味。

雖然我們沒有如印度家庭那種傳統的土坑，但在家裡也可以使用烤箱或是平底煎鍋，用煎烙的方式來製作，一樣美味無窮！

份量	3～4 片

材料	高筋麵粉 100 公克　　鹽 3 公克　　**其他** 低筋麵粉 100 公克　　砂糖 5 公克　　烙餅用沙拉油 少許（平底鍋煎烙用） 快速酵母粉 2 公克　　豬油 10 公克　　表面裝飾用奶油 適量 水 120cc　　　　　　　　　　　　　表面裝飾用粗鹽 適量

準備工作	1. 豬油室溫放軟。 2. 評估製作環境的溫度和溼度，以調整水溫。

做法

1. 將麵粉混合均勻後，均分成 2 等分，各放入大小不同的麵盆。
（可直接使用中筋麵粉。）

2. 大麵盆中分別放入酵母粉、砂糖。

3. 小麵盆中放入鹽。

4. 將水倒入大麵盆中，充分攪拌至粉水均勻。

5. 將小麵盆中的材料倒入大麵盆中，攪拌至成團狀。

6. 將麵團倒在揉麵台上，確實將材料均勻揉進麵團中。

7. 揉到麵團表面初步光滑後，把麵團攤開成一個正方狀，將軟化豬油利用手指力量戳進麵團中。

8. 利用步驟 6 的手揉方法，將奶油充分揉入麵團，配合摔打和 V 型左右揉合，至三光即可停止。

9. 將麵團整圓、收口朝下，放回麵盆中，開始進行基礎發酵。烤箱內部放置熱水，發酵約 1 小時。

10. 倒出麵團輕微排氣，分割成 4 等份。

11. 麵團滾圓之後，靜置 20 分鐘。

12. 利用擀麵棒將麵團擀成約 25 公分長、厚度約 0.3 公分左右的麵餅皮，形狀不拘，一般擀成長條眼淚狀。（麵餅長度可配合家中的平底鍋和烤箱大小，用平底鍋煎烙的時候，盡量使用直徑超過 26 公分以上的淺底平底鍋，容易操作。）

13. 平底鍋塗上薄薄的沙拉油，開火熱鍋。

14. 擀好的餅皮，單手壓一側，另一手拉一拉邊緣，讓餅皮伸展開來，再放到鍋上烙，保持中小火慢烙，等餅皮表面鼓出泡泡即可翻面，每面各烙約 2～3 分鐘即可。

15. 也可以直接使用烤箱。烤箱連用烤盤預熱最高溫（以超過 250℃ 為佳），將擀好的餅皮連同烘焙紙推送入烤盤中，230℃ 烤約 8～10 分鐘。

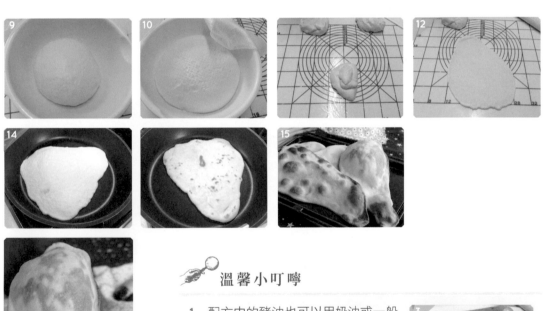

🦐 溫馨小叮嚀

1. 配方中的豬油也可以用奶油或一般沙拉油取代，但豬油更具有一番清香風味。

2. 確實充分熱鍋再放入餅皮，才能烙出美味可口的烤餅。

3. 烙好或出爐的餅皮上趁熱刷上奶油或豬油，除了增添光澤之外，也增添香氣和風味。

套餐 1

蘋果雞肉咖哩
烤餅餐

主角吃法	蘋果雞肉咖哩
主角麵包	印度烤餅饢
開胃佐餐	什錦蔬菜、水煮蛋
開心小點	優格
搭配飲品	印度拉茶

利用簡單的咖哩粉、香料和一顆蘋果就可以取代市售的咖哩塊。咖哩的主角食材是雞胸肉和洋蔥，含有天然甘味的高湯成分，再加入蘋果的果香，讓咖哩風味更柔和爽口，少了刺激辛辣，但多了濃郁溫醇，是一款大人小孩都喜愛的咖哩口味，搭配普通米飯也是美味吃法。為了保有此款雞肉蘋果咖哩的純正風味，同時也讓每種配菜的美味發揮滿點，咖哩和蔬菜要分

別調理，在上菜之前才調理配菜，擺盤時也一樣樣分別擺排，在端上餐桌的那一瞬間讓等待咖哩的人發出滿足的驚嘆。手撕現烤香脆的印度烤餅沾滿咖哩醬放入口中，接著再夾起蔬菜入口，好好的品嚐烤餅、咖哩湯汁和每種食材獨特的風味，不互相干擾，卻又如此契合，真是味覺的一大享受。

材料小不點

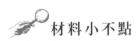

馬薩拉粉（Masala）—— 是一種混合各式香料的調味料，材料或配方按地區、個人偏好而有不同，常見的材料有像茴香、胡椒、肉桂、丁香、肉豆蔻、香草、孜然、花椒、薑黃等。每種料理都有專屬風味的馬薩拉，最常見的是用於咖哩的葛拉姆馬薩拉粉（Garam masala），也是現代咖哩粉（Curry powder）的原型。所謂現代咖哩粉是一種專為製作咖哩時所使用的基本調味粉。早在 18 世紀時，由一間英國公司開發成商品。隨著英國殖民印度，印度料理在英國及歐洲逐漸普及，也使咖哩粉成為家庭必備的調味粉之一。一般來說，馬薩拉粉的配方家家戶戶不同，都是去香料店隨偏好和需求調配而成，而咖哩粉大多是專指市售的量化商品。無論是馬薩拉粉或是咖哩粉，因所含香料不同，所以料理的色澤和風味各有不同，各超市百貨均有販售。

溫馨小叮嚀

1. 此款咖哩使用的是雞胸肉，脂肪低，所以在熱鍋時多加一點奶油或橄欖油，會使咖哩口感更為滑口濃郁。若使用的是雞腿肉，油量可以適當減少。
2. 因為家中的咖哩粉色澤較淡，所以特別加入了色澤較深的馬薩拉粉來加深顏色和風味，也可以依偏好使用自己喜愛的咖哩粉。
3. 製作咖哩時，因為每人使用鍋具不同，水量請自行斟酌，以水淹過食材為原則。我大概加了約 500cc 的水，水量多寡影響調味，所以調味也要適量調整。
4. 水煮蛋製作方法可參考 P.47 輕鬆做水煮蛋篇。
5. 優格製作方法可參考 P.252 自製優格篇。

份量	2～3 人份

材料

印度烤餅饢 2 片
蘋果雞肉咖哩材料
雞胸肉 1 塊
（約 300 公克）
醃料
鹽 1 小匙
胡椒粉 適量
橄欖油 1 小匙
料理酒 1 大匙

咖哩醬汁材料
咖哩粉 2 大匙
深色馬薩拉粉 1 大匙
蕃茄醬 1 大匙
蜂蜜 適量
鹽 1 小匙

其他
蘋果 1 顆
洋蔥 1 粒
奶油 10 公克
橄欖油 1 大匙
太白粉 1 大匙

配菜材料
（2 人份）
水煮蛋 2 顆
生菜葉 適量
青椒 適量
甜椒 適量
蕃茄 適量
紫洋蔥 適量
優格 適量

做法

1. 雞胸肉切 4 公分厚的塊狀，放入醃料，醃約 10 分鐘。

2. 將洋蔥切細丁，蘋果洗淨連皮磨成泥狀備用。

3. 鍋中加入洋蔥丁和奶油，用中火拌炒至金黃透亮。

4. 將步驟 1 醃好的雞胸肉加入太白粉抓勻。

5. 將炒香的洋蔥推到鍋的一側，另一側加入橄欖油，再倒入步驟 3 的雞肉攤開煎香。

6. 把洋蔥和雞肉塊拌炒在一起之後，加入咖哩粉、馬薩拉粉再一起拌炒噴香。

7. 倒入水淹過食材，湯汁滾開之後放入蘋果泥、蕃茄醬攪拌均勻，再放入鹽調味，品嚐鹹度加以調整，關火之後加入適量蜂蜜攪拌一下，增添甜味和香氣。

8. 準備好水煮蛋。生菜葉泡水、濾乾水氣。紫洋蔥切絲後泡水去辛味，濾乾水氣。青椒和甜椒用滾水汆燙 1 分鐘撈起，濾乾水氣。

9. 將咖哩放入碗盤中，盤內側放步驟 8 的配菜，再擺上印度烤餅和優格即可享用。

搭配飲品 印度拉茶

　　清雅醇香的紅茶中，加入肉桂粉、肉豆蔻粉和少許的薑粉，煮出風味後再倒進鮮奶一起熬煮，再以砂糖調味，就是一杯香濃好喝的印度風味奶茶。夏天喝有助於提振精神補充元氣，冬天喝可以驅寒安神，非常適合搭配咖啡料理一起享用。

份量	2 人份

材料	紅茶茶包 1 包 水 1 杯 牛奶 1 杯	肉桂粉 1/3 小匙 肉豆蔻粉 1/3 小匙 純薑粉 2 小撮	蜂蜜 適量

做法

1. 將水和紅茶茶包放入湯鍋中，一起煮至沸騰後，取出茶包。
2. 將肉桂粉、肉豆蔻粉、薑粉放入紅茶中，用攪拌棒攪拌均勻。
3. 加入牛奶，煮滾後關火。
4. 倒入茶壺中，飲用之前再適量加入蜂蜜享用。

日式乾咖哩
烤餅餐

主角吃法	日式乾咖哩
主角麵包	印度烤餅饢
開胃佐餐	太陽蛋、生菜、花椰菜、蕃茄
搭配飲品	印度拉茶

印度咖哩傳到日本後，日本人發展出一套適合日本人口味的咖哩，稱為日式咖哩。其中乾咖哩（ドライカレー）就是日式咖哩的獨特吃法。日式乾咖哩是將碎肉和咖哩粉炒到乾乾香香，搭配熱熱的白飯，是一道十分開胃和下飯的咖哩，也常出現在日式便當中，當然搭配正宗的印度烤餅也別具滋味。利用雞胸肉碎肉取代高脂肪的豬絞肉，並且加入玉米和洋蔥丁，利用雞肉、玉米和洋蔥本身的鮮甜做為咖哩風味的底蘊，再加入各式豆類，增添多層次的口感和豐富的營養。吸飽湯汁的雞碎肉煮至香醇入味，讓人唇齒留香，一口接一口。

吃乾咖哩一定要配上一顆太陽蛋。香煎到半熟的荷包蛋，留出濃郁滑稠的蛋液，自然而然地使乾咖哩呈現極為舒服的溼滑口感，真是一道色香味俱全的日式咖哩和印度烤餅的美妙組合。

份量 | 2 人份

材料

印度烤餅饢 2 片

日式乾咖哩材料
（2～3 人份）
雞胸肉 1 塊
（約 300 公克）
洋蔥 1 顆
蒜頭 1～2 小瓣
橄欖油 2 大匙

調味醬汁
玉米罐頭內的汁液 約 50cc
料理酒 1 大匙
水 2 大匙
咖哩粉 1.5 大匙
蕃茄醬 1 大匙
鹽 1+1/2 小匙
白胡椒粉 少許
黑胡椒粉 少許

其他配料
玉米粒罐頭 約 150 公克
鷹嘴豆罐頭 1 杯
（量米杯）
腰豆罐頭 1 杯
（量米杯）

配菜材料
新鮮雞蛋 2 顆
生菜葉 適量
花椰菜 適量
蕃茄 適量

做法

1. **製作日式乾咖哩。** 雞胸肉切塊狀,放入調理機中打成碎肉。

2. 將洋蔥切細丁。蒜頭切細末。備好玉米粒(留下汁液)、鷹嘴豆和腰豆(濾過汁液)。

3. 炒鍋中加入 1 大匙橄欖油、洋蔥丁、蒜頭,用中火拌炒至金黃透亮。

4. 將洋蔥堆至一旁,在空出來的地方補上 1 大匙橄欖油,加入雞碎絞肉,開始用筷子拌炒,顏色變白後,加入咖哩粉、料理酒、水拌炒。

5. 再加入玉米粒(包含汁液)、鷹嘴豆、腰豆一起拌炒,再加入蕃茄醬炒到收汁。

6. 最後用鹽、胡椒粉調味,試吃看看,適當調整即可盛盤。

準備配菜

7. **準備配菜。** 花椰菜燙熟備用(參考 P.27 三分鐘燙青菜篇)。生菜葉泡水 10 分鐘後濾乾備用。蕃茄切片備用。

8. **太陽蛋製作。** 平底煎鍋撒上沙拉油,充分預熱後打入雞蛋,撒上少許鹽和胡椒粉(份量外),轉中火煎至蛋白約七分熟即可關火,放置約 2 分鐘,利用鍋底餘熱使雞蛋呈蛋黃不熟、蛋白熟的太陽蛋。

9. 將步驟 6 做好的乾咖哩盛盤,旁邊擺上生菜葉、花椰菜、蕃茄,最後加上太陽蛋和印度烤餅,即可享用。

温馨小叮嚀

1. 此款咖哩使用的是一整塊雞胸肉，買回家自行打成碎肉，也可以請商家代為處理成碎肉，或使用豬絞肉，各有風味。但為保持口感，使用粗絞肉口感較佳。
2. 紫洋蔥經過高溫炒煮後會使紫色消失並呈現偏灰色，若是介意色澤，可用一般白洋蔥即可。
3. 利用玉米罐頭中的汁液增添甜度。如果罐頭中無汁液，可直接用水代替。
4. 鷹嘴豆和腰豆為市售水煮罐頭，使用前濾乾水分再加入咖哩中，省力又方便。

特色麵包系列

印度烤餅饢

241

PART 3

WHITE BREAD

吐司麵包
系列

約在 18 世紀，第一條放入馬口鐵（Tin box）烘烤的吐司麵包在英國誕生，隨著西方殖民文化擴張，一條一條馬口鐵麵包進入工廠的生產線上，用卡車一車一車地送往都市，吐司麵包深入世界各角落，成為象徵西式麵包的代表。

　　吐司按照形態，最常現的有山型（山型食パン）、方磚（角型食パン）、圓頂（ワンローフ）三種。而將吐司麵包切片烤香享用，則稱為 toast，抹上果醬、奶油或夾入各式食材做成三明治，公認是西式早餐中最「典型」的樣式。

　　英式吐司麵包可說是現在吐司的元祖，英國人稱之為 White bread，以不含奶油和砂糖的純白圓頂和山型為主。而法國人稱吐司麵包為胖多迷（pain de mie），mie 指的就是麵包外皮裡面鬆軟的麵包身子（英語稱為 crumb），習慣吃硬不吃軟的法國人遇到了軟綿綿的麵包，特別給它取了有趣的名字。

　　日本人擷取了西方吐司麵包的特質，加上日本職人們的靈感和巧思，將吐司麵包發揚光大，進入另一種登峰造極的美味境界。日式吐司（食パン）特有的薄似絹絲、軟如綿花的口感，甜而不膩，芬芳怡人，百分之百掌握了日本人偏愛軟麵包的胃口，尤其是近幾年超火紅的「生吐司」（生食パン），是一種不回烤、不抹醬，直接「新鮮」享用原始風味的吐司，這種「生吃」方式是日本人最喜愛的吐司吃法。

　　本書介紹的吐司麵包──蜂蜜牛奶山型吐司、蜂蜜牛奶帶蓋吐司

主角麺包 蜂蜜牛奶山型吐司

　　以蜂蜜和牛奶為風味基底的吐司，散發著淡淡蜂蜜的清甜和牛奶的香氣，口感是鬆軟中帶著恰如其分的彈性，手撕的感覺柔軟如棉花，絲絲入扣，這就是吐司極致美味的訊號。再細細咀嚼那絹絲般的質地，新鮮爽口、溫潤清香，是一款非常適合「生吃」的吐司麵包。

　　一球球圓渾的麵團擠在窄窄長長的方模中，經過發酵和高溫烘烤，形成峰峰相連的造型。按照麵團數量，分成雙峰、三峰、四峰、五峰等等。從材料單純的白吐司，到包裹各式各樣的美味內餡，像奶酥、果乾、芋泥、堅果、起司等，是麵包店裡的熱門款。

份量	1 條（日式 1.5 斤模）
材料	高筋麵粉 400 公克 快速酵母粉 4 公克 蜂蜜水 270cc（蜂蜜 20cc 加 溫熱水調合均勻後自然放涼） 鹽 4 公克　　　　　　　　奶油 15 公克 全脂奶粉 10 公克 表面裝飾味醂水（味醂：水＝1:1） 表面裝飾奶油（出爐後用）
準備 工作	1. 準備蜂蜜水。奶油室溫放軟。備好烤模（有關吐司烤模，參考 P.80 道具篇）。 2. 評估製作環境的溫度和溼度，以調整水溫。

做法

1. 將麵粉放入麵盆中，加入酵母粉、蜂蜜水，充分攪拌至粉水均勻，蓋上溼布再套上塑膠袋，放置作業台上靜置水合 30 分鐘。（室溫高時可放置於冰箱內水合）。

2. 將麵團倒在揉麵台上，將麵團攤開，把鹽均勻撒在麵團表面，將鹽揉進麵團中，揉至表面光滑。

3. 把麵團攤開成一正方狀，將軟化的奶油利用手指的力量戳進麵團中。

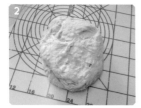

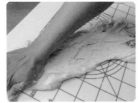

4. 將奶油充分揉入麵團中，配合摔打折壓和 V 型左右揉合，使麵團充分出筋膜。

5. 手沾抹少許沙拉油，拉一拉一小塊麵團，檢查一下是否出現薄膜，出現則是代表麵團已充分揉至最佳狀態。

6. 將麵團整圓收口朝下放回麵盆中，開始進行基礎發酵。烤箱內部放置熱水，發酵約 1 小時。

7. 麵團直接在麵盆中做排氣翻麵，整圓收口朝下，延續發酵至 2 倍大。

8. 倒出麵團輕微排氣，分割成 3 等分。

9. 麵團滾圓之後，靜置 15 分鐘。烤模內側全面塗上奶油備用。

 **溫馨小叮嚀**

每粒麵團重量要一致，若無法整數平均，中央麵團可多 1 ～ 3 公克來調節。

10. **開始進行擀捲工作。**將麵團收口朝上，先用手輕壓麵團成圓餅狀，再用擀麵棒從中央壓下，往上擀開，再往下擀開，盡量徹底擀除所有的氣泡，過程中會聽到氣泡的聲音，邊上的小氣泡可以用麵棒壓破，但不可用力過猛而傷害麵團。一面擀完之後，翻面再擀另一面，麵團逐漸呈等寬長條型後，輕輕捲起來，收口朝下，蓋上溼布，靜置 15 分鐘。

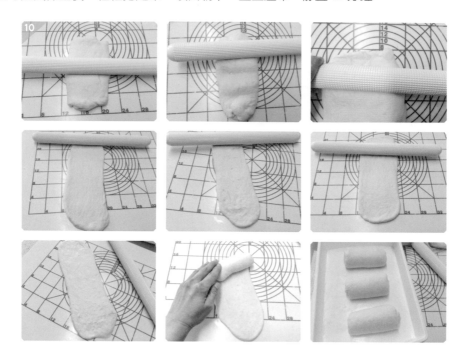

🔍 溫馨小叮嚀

1. 寬度以吐司模寬為基準，可以把吐司模放在麵團前面對照，擀至吐司模寬即可，每顆麵團寬度也會比較一致。
2. 放入烤模的位置，先從左右靠邊放，最後麵團放中央。
3. 第一次擀捲不需太在意捲的是否漂亮，目的在於將氣泡擀除。擀捲時可適時撒手粉，以防沾黏。
4. **捲法：**利用食指、中指、無名指三個手指頭的手腹，將麵團最上部的前端向身體方向捲下，開始先壓緊捲起成芯後，再放輕一口氣向下捲，最後將尾巴黏合住麵團表面，不需刻意緊收。

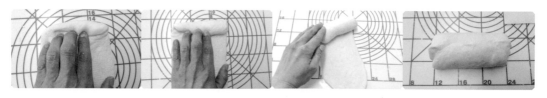

11. **第二次擀捲。**按照順序先靜置的先擀捲，將收口朝上從中央上下擀開，長度約在 30 公分左右，每顆麵團擀捲長寬一致為原則。一面擀完之後，翻面再擀另一面，按照之前的捲法，輕輕捲起收口，將收口朝下，放入烤模。蓋上溼布、或套上保鮮膜、或塑膠套等以防表皮乾燥。烤箱發酵功能約 35℃，發酵至烤模等高（滿模）。

12. 烤箱預熱 220℃。發酵完成後，在麵團表面噴味醂水，放入烤箱，200℃ 烤 20 分鐘，190℃ 烤 10 分鐘。中途對調位置，以平均烤色。後半部觀察表面烤色，適時蓋上鋁箔紙以防頂部過焦。烘烤時間到，馬上取出脫模，在出爐時適當施予外力震一下烤模，例如用手掌敲打吐司模外側，或連同烤模向作業台震一下，側躺放在架上散熱。

溫馨小叮嚀

1. 水合法有助於粉水融合形成筋膜，縮短揉麵時間，短時間形成薄膜。本次製作此吐司使用水合法，是先加入酵母粉簡單攪拌後水合 30 分鐘，再加鹽和奶油手揉，此法適合用於室溫低或冬天，當夏天或室溫高時，可利用冰箱水合或改成酵母粉在水合後才加入調整。

2. 吐司成形擀捲工作非常重要，分次擀捲的目的在於排除多餘氣泡，使麵包組織細緻柔潤。擀捲麵團時手勁力道盡量保持一致、麵團長寬一致，而且動作必須輕巧且快速，以免山峰高低不齊或使其他麵團在等待中過發造成膨脹不均。

3. 無論模具是否為防沾型，模具內側一定要塗滿奶油，以防沾黏，並有利脫模。當進行最後發酵時，記得要蓋保鮮膜或是塑膠套以防表皮乾燥。

4. 最後發酵程度以模高為判斷標準，山型吐司發至平模（滿模），而帶蓋吐司一般發至烤模的九分滿，經過烘烤膨脹，出爐時達成合模狀態。但也可能因許多變數，例如發酵不足、配方份量問題等而發生不滿模或是超模的狀況。

5. 烘烤前可以在表面塗上蛋液，增添烤色，但烤出來的外皮也會比較深厚。我喜歡用噴水槍輕微在表面噴上「味醂水（味醂：水＝1:1），烤色呈明亮淡黃色，也不會烤出厚皮。

6. 吐司出爐後常會發生所謂「縮腰」問題，例如沒烤熟、烤溫和烤時不足、一次放入太多條吐司模、後發過度、或出爐後沒有馬上脫模，使大量水氣積蓄於麵包中，或添加太多柔性材料，水分過高等，都會使麵團癱軟，支持力不足而縮腰。

日式萌斷三明治

主角吃法	夾入各類食材交疊成萌斷型三明治
主角麵包	蜂蜜牛奶山型吐司
佐餐開胃	新鮮水果
搭配湯品	養生麥片粥

　　日本火紅的超級「萌」三明治吃法，就是雙手抓著那層層疊疊又厚實飽滿的三明治，豪邁地一口咬下，所以又叫做「わんぱくサンド」。

　　日語「萌斷」，就是可愛的斷面。把吐司麵包切成薄片，重點在食材的堆疊，不同色彩的食材，愈疊愈高，對切後呈現五彩繽紛的斷面，多樣食材如彩虹般交織成畫布，讓吃的人也驚呼連連，除了賞心悅目之外，更是營養豐富，是非常適合親子一起同做同樂同享的三明治款式。

🔑 三明治調味的「一體感」

吃三明治時，大家有沒有一種「夾了一堆，但卻吃不出來什麼味道」的感覺，這也是萌斷三明治最常出現的問題。萌斷三明治因為所夾的食材眾多，滋味各有不同，因此要讓所有食材有「團結」起來的「一體感」，調味顯得非常重要，不然有些層次會過於清淡無味，有些食材又顯得味道濃重，零零落落，反而吃不出「重點」。

製作三明治調味的靈魂就在於底醬。底醬可以是美乃滋、風味奶油或是沙拉醬。

除了抹在麵包上，它還有一個重要的功能，就是創造出味道的統一性，所以食材和食材之間也要塗抹底醬。例如生菜葉、蕃茄片、小黃瓜等，一片一片過一下底醬，然後折起來，這樣咬到滿滿蔬菜層時，不致於感到清淡無味，就不會有一種「夾了一堆，但卻吃不出來什麼味道的感覺」。

所以，三明治不是只把食材「夾起來」而己，而是把食材「團結」起來，也就是所謂的「一體感」。其實三明治和漢堡都一樣，在每一層食材上都會稍微淋上或抹上醬汁，這種三明治和漢堡一定要現做現吃，講究食材和醬汁的新鮮。能吃到這種「入味又新鮮」現做現吃的三明治，其實就是在家手作早餐無可取代的享受呀。

萌斷三明治包裝法及切法

萌斷三明治好吃又好看，但是如何把做好的美美三明治包的整整齊齊、乾乾淨淨帶出門去踏青野餐呢？

1. 保鮮膜是最簡單的方法。但如果想增添美感，可以使用烘焙紙或是包裝紙讓三明治穿上更可愛漂亮的外皮。準備好一張焙紙或包裝紙，尺寸約是吐司麵包切片寬度大約 3 ～ 4 倍左右，多保留一點空間會容易操作。

2. 將三明治放置於紙的中央，緊貼三明治對摺，然後將多餘的部分折成長條摺紋，手壓三明治穩定摺紋之後，先從一側兩角折出三角形，合併之後收到後方。對側也是相同動作，將合併收口處朝下放 。先單手輕壓三明治，一手拿刀從麵包前方約三分之一處用刀尖口開個洞再整個入刀 ，輕輕前後移動刀身剖開三明治，即可享用。對半切開享用即為萌斷三明治，也可以直接打開包裝紙一人獨享整顆三明治。

3. 更簡單的方法就是糖衣法，將三明治放置於紙的中央，將三明治兩側的紙整個緊貼三明治捲一捲，看起來就像一顆大大的彩糖一般，端上桌馬上吸睛滿點。

吐司麵包系列

蜂蜜牛奶山型吐司

份量	2 人份

材料	**三明治材料** 蜂蜜牛奶山型吐司切片 3 片 生菜葉 數片 紅蘿蔔 半條 火腿片 2 片 小黃瓜半條 起司片 1 片 日式美乃滋 1 大匙 帶粒芥末醬 1 小匙	**日式美乃滋材料**材料（3 ～ 4 人份） 蛋黃 1 顆 沙拉油 100cc 蜂蜜 1 小匙 白醋 15cc 鹽 2 公克 白胡椒粉 少許

做法

1. 紅蘿蔔刨細，加少許鹽（份量外），放置 15 分鐘，充分擠出水分備用。

2. 生菜葉一片一片剝開後，泡入冰水中約 10 分鐘。小黃瓜切片，放在餐巾紙上吸去多餘汁液。泡好的生菜也必須用餐巾紙將水氣擦乾。

3. **製作日式美乃滋。**先將蛋黃、蜂蜜、鹽、胡椒粉放入容器中，利用電動攪拌棒（或是手動打蛋棒）打至雞蛋泛白起泡，分 2 ～ 3 次加入沙拉油攪打，有助於乳化均勻，最後放入白醋打至濃稠狀即可。

4. 取 1 大匙日式美乃滋和 1 小匙的帶粒芥末醬（或是一般芥末醬）混合成三明治用底醬。

5. 吐司麵包加熱回溫後。（參考 P.121 回溫法），麵包內側塗上薄薄的步驟 4 底醬備用。

6. 準備比三明治面積大約 4 倍的保鮮膜（烘焙紙或食品用包裝紙都可以）平鋪在作業台上，將一片吐司放置保鮮膜中央，開始從起司片、小黃瓜、火腿片、中層麵包、紅蘿蔔絲和生菜葉一層一層堆疊，最後疊上吐司切片。

7. 將保鮮膜緊緊地把三明治包起來，用刀尖口開個洞再整個入刀，輕輕前後移動刀身剖開三明治，即可享用。

搭配湯品 養生麥片粥

　　一大早來喝碗熱熱的麥片粥暖暖胃。自己調製養生麥片飲品，沒有人工添加物也沒有化學香料，只有原汁原味百分之百穀類和堅果的濃純香。一碗麥片粥裡，有糙米粉、黃豆粉、小麥胚芽粉、燕麥、芝麻、堅果、果乾、奶粉，只用蜂蜜調味，一天所需的營養都集中在這一碗精力湯中。它富含蛋白質、脂質、膳食纖維及各類維生素，其中以維生素 B 最為豐富，可說是天然的「消除疲勞、補充元氣」維他命丸，不用吃什麼昂貴的 B 群錠，也不用吃補藥，這碗麥片粥本身就是個補氣帖。

份量	2 人份

材料

黃豆粉 1 大匙	小麥胚芽粉 1 小匙	無油無糖葡萄乾 1 大匙
糙米粉 1 大匙	黑芝麻粉 2 小匙	蜂蜜 2 小匙
全脂奶粉 1 大匙	白芝麻粉 1 小匙	熱開水 約 500cc
即溶燕麥片 1 大匙	綜合堅果 1 大匙	

做法

1. 將粉類和熱開水調開，水量和濃稠度依個人偏好調整。市面上各類五穀雜糧粉都可以選擇隨意搭配，例如薏仁粉、豆渣粉、杏仁粉等等。

2. 加入蜂蜜和堅果攪拌均勻，即可享用。

糙米粉

黃豆粉

蜂蜜牛奶山型吐司

套餐2

繽紛莓果
法國吐司

主角吃法	香煎法國吐司佐蜂蜜、各類莓果、堅果和自製優格
主角麵包	蜂蜜牛奶山型吐司
佐餐開胃	尼斯沙拉
搭配飲品	熱咖啡

金黃誘人的法國吐司最能象徵春日的第一道燦爛陽光!

把吐司麵包切成厚片,浸泡在雞蛋和牛奶混合液中,平底鍋裡放入奶油,將麵包表面煎到焦香焦香的,吸飽雞蛋精華的麵包體充滿著濃郁的蛋香,溼潤爽口,令人回味無窮。

用寶石般美味的莓果和堅果襯托出法國吐司奢華優雅的氣質。莓果和堅果含有豐富的營養素,具有抗氧化、提升免疫力的保健功效,能活化大腦、養神精目、美容養顏,減少心血管疾病、糖尿病等風險,可說是「天然的發電機」。

淋上蜂蜜、撒上綜合莓果和堅果、加幾匙自製原味優格,濃郁香純的法國吐司在香甜莓果和微酸的優格搭配下,美味和營養更上層樓。

份量	2 人份

材料

法國吐司材料
蜂蜜牛奶山型吐司切片 2 片

蛋液材料
新鮮雞蛋 2 顆
牛奶 2 大匙
鹽 1 小撮
胡椒粉 少許

其他材料
自製優格 2 大匙
綜合莓果 適量
（草莓、藍莓、蔓越莓、小紅莓等）
綜合堅果 適量
（杏仁、核桃、腰果等）
蜂蜜 適量
奶油 10 公克（香煎用）

溫馨小叮嚀

1. 法國吐司的製作時,我常採用小火加蓋慢煎。少了加蓋燜煎的程序,容易發生煎出外皮焦但內部溼溼爛爛的情形。記得煎鍋一定要預熱充足,過程中加蓋小火慢煎,起鍋前打開蓋子讓水氣蒸散,這樣內部蛋液完全熟透,才不會吃到半生不熟的法國吐司。

2. 奶油比起一般沙拉油容易焦化,所以要小心控制火候。也可以使用一般沙拉油代替。

3. 綜合莓果和堅果種類隨個人偏好,綜合莓果的冷凍包是不錯的選擇,內含草莓、藍莓、蔓越莓等,一包齊全。

4. 優格請參考 P.41 優格製作方法。

做法

1. 製將蛋、牛奶、鹽、胡椒粉混合成均勻的蛋液後,把吐司麵包兩面浸泡至蛋液中完全吸乾。

2. 平底鍋放入奶油以中火充分熱鍋後,放入步驟1的麵包,當麵包全部排列好之後,轉小火,加上鍋蓋,約2～3分鐘後,翻開一片看看底面是不是已上色,上色後就翻面,再加蓋,同樣方法煎另一面(大概2～3分鐘),起鍋之前的1～2分鐘不用加蓋,讓鍋中水氣充分蒸散,小火慢慢煎到兩面都呈金黃上色即可。

3. 煎好的法國吐司擺入盤中,適量淋上蜂蜜、撒上綜合莓果和堅果、加幾匙自製原味優格,即可享用。

開胃佐餐 尼斯沙拉

　　蔚藍海岸、刺眼的豔陽、繽粉的花園，以及一道讓餐桌馬上瞬間化身成南法咖啡館的美味沙拉。

　　尼斯沙拉（Salade Niçoise），是道源自南法尼斯的家常菜，一處充滿著美食、美酒和美人的美好城市。從蔚藍海岸撈起的鮮魚、新鮮脆綠的萵苣、花椰菜、小黃瓜、芬芳療癒的香草、豔紅的蕃茄和蘿蔔、鮮豔多汁的紫洋蔥、香甜飽滿的柳橙、圓渾的橄欖、濃郁的乳酪，就像是把整個農產市場濃縮在這道沙拉盤中，雜亂繽紛，十足的飽足感。

　　雖說是一道無拘無束、無章無法的沙拉料理，但從準備到擺盤，樣樣都不馬虎。法式蜂蜜芥末沙拉醬是這道尼斯沙拉的美味關鍵，酸酸甜甜，又帶著芥末的嗆味，後韻十足。鮮魚是尼斯沙拉中主角食材，把鮮魚香煎後擺在沙拉盤中，被萬紫千紅的蔬果圍繞著，真是味覺的一大享受。

材料	沙拉材料	其他材料（香煎鱈魚用）
	新鮮鱈魚 3 片	橄欖油 1 大匙
	萵苣生菜葉 數片	麵粉 1 小匙
	綠花椰菜 4～5 小朵	鹽 1 小匙
	紅蘿蔔 1 小段	胡椒粉 適量
	小蕃茄 3～4 顆	**法式蜂蜜芥末沙拉醬材料**
	小黃瓜 半根	特級冷壓橄欖油 3 大匙
	紫洋蔥 1/4 顆	帶粒芥末醬 1 大匙
	橄欖粒（罐頭）8 顆	黑胡椒粗粒粉 少許
	柳橙 1 顆	白葡萄酒醋 1 大匙
	乳酪 適量	蜂蜜 1 小匙
	羅勒葉 數片	鹽 2 公克

做法

1. 萵苣和生菜類洗淨後泡冰水，建議使用離心用甩水器濾乾水分。

2. 紫洋蔥切細，泡冰水去辛辣後濾乾水氣。番茄縱切四等分。橄欖縱切片。柳橙去皮去膜切小塊。小黃瓜刨片。紅蘿蔔刨絲。

3. 平底鍋中放入橄欖油充分熱鍋後，將鱈魚表面沾上鹽和抹上薄薄麵粉，放入平底鍋單面煎上色後，蓋上鍋蓋燜煎 2 分鐘翻面，同樣煎至上色就可以撒胡椒粉起鍋備用（鮮魚可選用鮪魚、鮭魚、比目魚等都非常適合，也可以使用鮪魚罐頭，另有一番滋味）。

4. **製作法式蜂蜜芥末沙拉醬。**將全部材料用攪拌器混合均勻即可。

5. 將步驟 4 沙拉醬放入沙拉盆中，再放入步驟 1 和 2 的全部食材。雙手洗淨擦乾，直接用雙手將沙拉盆中的食材和醬汁拌勻（用雙手代替沙拉匙。利用雙手的溫度和力道，從底向上，從外向內，將空氣拌入食材中，又可避免弄傷食材，讓食材更完整全面地包覆上沙拉醬汁）。

6. 將步驟 5 沙拉放在盤子上，中間再放上步驟 3 香煎好的鱈魚，最後放上羅勒葉和乳酪，即可享用。

蜂蜜牛奶帶蓋吐司

　　帶蓋吐司，就是我們熟悉的長形方磚吐司，它又有個奇怪的名字叫做「布魯曼吐司」，英語叫做 Pullman loaf。為什麼叫做「布魯曼」呢？聽說 19 世紀時，由一家「Pullman」公司製作了一款火車叫做布魯曼車廂，後來仿照車廂造型第一次製作出這種加蓋去烤的吐司，所以就把這種長的像火車車廂的吐司麵包叫做「布魯曼麵包」。

份量	1 條（日式 1.5 斤模）
材料	高筋麵粉 375 公克　　　　　鹽 4 公克 快速酵母粉 4 公克　　　　　奶油 15 公克 蜂蜜水 255cc（蜂蜜 20cc 加　全脂奶粉 10 公克 溫熱水調合均勻後自然放涼）　表面裝飾奶油（出爐後用）
準備 工作	1. 準備蜂蜜水。奶油室溫放軟。備好烤模（有關吐司烤模，請參考道具篇）。 2. 評估製作環境的溫度和溼度，以調整水溫。

做法

1. 將麵粉放入麵盆中，加入酵母粉、蜂蜜水，充分攪拌至粉水均勻，蓋上溼布，再套上塑膠袋，放置作業台上靜置水合 30 分鐘。（室溫高時可放置冰箱內水合）。

2. 將麵團倒在揉麵台上，將麵團攤開，把鹽均勻撒在麵團表面，將鹽揉進麵團中，揉至表面光滑。

3. 把麵團攤開成一正方狀，將軟化的奶油利用手指力量戳入麵團中。

4. 將奶油充分揉入麵團中，配合摔打和 V 型左右揉合，使麵團充分出筋膜。

5. 手沾抹少許沙拉油，拉一拉一小塊麵團，檢查一下是否出現薄膜，出現則是代表麵團已充分揉至最佳狀態。

6. 將麵團整圓收口朝下放回麵盆中，開始進行基礎發酵。烤箱內部放置熱水，發酵約 1 小時。

7. 麵團直接在麵盆中做排氣翻麵，整圓收口朝下，延續發酵至 2 倍大。

8. 倒出麵團輕微排氣，分割成 3 等分。

9. 麵團滾圓之後，靜置 15 分鐘。烤模內側全面塗上奶油備用。

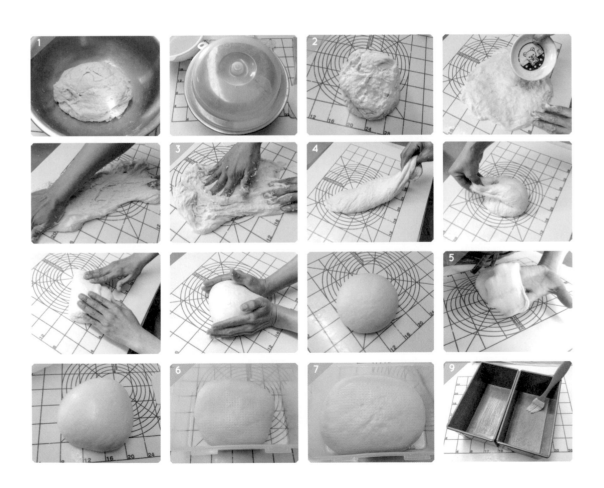

10. 開始進行擀捲工作，將麵團收口朝上，先用手輕壓麵團成圓餅狀，再用擀麵棒從中央壓下，往上擀開，再往下擀開，盡量徹底擀除所有的氣泡，過程中會聽到氣泡的聲音，邊上的小氣泡可以用麵棒壓破，但不可用力過猛而傷害麵團。一面擀完之後，翻面再擀另一面，麵團逐漸呈等寬長條型後，輕輕捲起來，收口朝下，蓋上溼布，靜置 15 分鐘。

11. 第二次擀捲，按照順序先靜置的先擀捲，將收口朝上從中央上下擀開，長度約在 30 公分左右，每顆麵團擀捲長寬一致為原則。一面擀完之後翻面再擀另一面，按照之前的捲法，輕輕捲起收口，將收口朝下，放入烤模。蓋上溼布，或套上保鮮膜，或塑膠套等以防表皮乾燥。烤箱發酵功能約 35℃，發酵至烤模等滿。

12. 烤箱預熱 220℃。將蓋子蓋上（記得蓋子內側也要塗上奶油，以防沾黏），放入烤箱。200℃ 烤 20 分鐘，190℃ 烤 10 分鐘。中途對調位置，以平均烤色。烘烤時間到，馬上取出脫模。

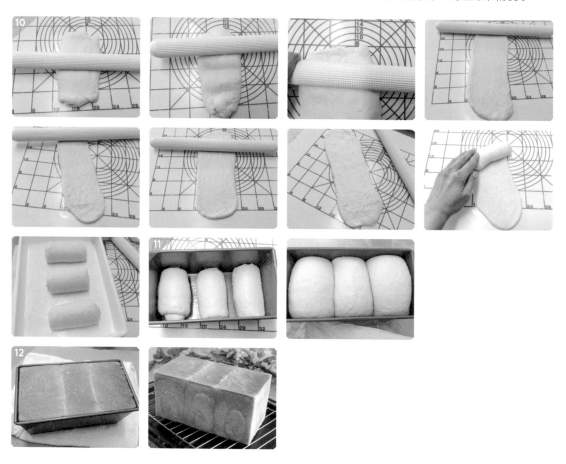

温馨小叮嚀

1. 在模具大小相同的條件下，帶蓋吐司麵粉量較山型吐司少一些，避免烤出角或出模情況。

2. 每粒麵團重量要一致，若無法整數平均，中央麵團可多 1 ～ 3 公克來調節。

南瓜巧達
熱壓三明治

主角吃法	吐司切片夾入栗子南瓜泥和巧達起司做成熱壓三明治
主角麵包	蜂蜜牛奶帶蓋吐司
佐餐開胃	藜麥養生什錦沙拉
搭配湯品	黃色陽光果昔

吐司麵包最開心的吃法之一，就是可以做熱壓三明治！

拿出兩片吐司麵包，夾入澎湃的餡料，用熱壓三明治機壓烤到表面酥香脆口，一條一條焦香的烙痕就是究極美味的印記，尤其帶著焦香又酥又脆的麵包邊，看了就讓人垂涎三尺、食指大動，難怪這股熱壓三明治風潮襲捲整個咖啡界的早午餐菜單。

這款熱壓三明治中夾入了滑口香甜的栗子南瓜和濃郁帶味的巧達起司。南瓜自古以來即為公認的養生食材，含有豐富的蛋白質、膳食纖維、維生素、胡蘿蔔素，能助抗氧化、抗老化、提高免疫力。其中以栗子南瓜甜度高、水分低，特別適合做為甜點、沙拉和餡料享用。

剛出爐熱到簡直燙舌的三明治，就是要趁著它熱氣騰騰、香氣四溢的時候享受一番。手一撕，濃郁的南瓜起司爆漿而出，加上滑口軟嫩的起司牽絲誘人，真是一款麵包和餡料絕妙交融的美味三明治。

 **材料小不點**

「為什麼我用的是同一種品種的栗子南瓜，但做出來的南瓜泥或南瓜蛋沙拉會水水爛爛的呢？同樣都是栗子南瓜，但是怎麼吃起來味道和口感就是不一樣呢？」這是我常收到的問題，我想原因出現在南瓜的品種上。

在日本，提到南瓜十之八九指的就是栗子南瓜。栗子南瓜因為鬆軟綿密、甜味濃郁，極似栗子，受到大家喜歡，也進入了台灣市場。台灣開始栽種栗子南瓜，菜市場和超市也常常可以看到栗子南瓜上架。不過很奇怪的是，兩地的栗子南瓜怎麼吃感覺就是不一樣。在台灣買的栗子南瓜水分高，尤其是在夏天買到的南瓜特別容易出水。在日本或是紐西蘭等地，一年到頭買到的栗子南瓜口感和滋味都相當安定，沒有特別變化。

我想原因可能是台灣溫度高、雨水多、土質不同，種出來的栗子南瓜水分含量比其他國家還是高很多。不過比上其他品種的南瓜，栗子南瓜算是水分較少的了，所以特別適合做成南瓜沙拉。如果用其他本土南瓜做更會水水爛爛的，不太適合夾入麵包做成三明治。如果蒸煮出來的南瓜還是會水水的，可以放在鍋裡乾炒一下，或是放入微波爐免蓋加熱2分鐘，把水氣蒸散掉就可以減少許多水分了。

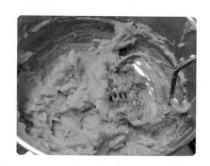

份量	2 人份	
材料	蜂蜜牛奶帶蓋吐司切片 4 片 巧達起司片 2 片 栗子南瓜泥 100 公克	鹽 1 小撮　　　奶油 適量 胡椒粉 適量 肉桂粉 1 小撮

做法

1. 將吐司麵包切片，內側塗上奶油備用。

2. 南瓜泥加入鹽、胡椒粉和肉桂粉攪拌後，放入微波爐不加蓋或膜，500W 直接加熱約 2 分鐘，取出拌翻一下，讓水氣蒸發，這樣口感才不會溼溼的（詳細參考 P.266 南瓜泥製作與保存篇）。

3. 吐司切片上塗抹上步驟 2 南瓜泥及放上巧達起司片，再蓋上另一片吐司麵包。

4. 備好熱壓三明治機，在烤模上塗上薄油後，放上步驟 3 的麵包左右各兩份。

5. 蓋上機器，烤約 3 分鐘即可取出享用。

溫馨小叮嚀

利用平底鍋壓煎的方式也可以製作熱壓三明治。鍋底抹上薄油，香煎時利用鋁箔紙上面放一個淺盤子蓋住三明治，再用帶上工作手套的手掌壓住吐司，翻面重覆香煎即可。想要有烙痕的，需要有溝紋的平底鍋，一般平底鍋沒有烙痕，但美味不減。

南瓜泥製作及保存

南瓜為葫蘆科植物，肉厚鬆軟，味道香甜可口，是夏秋季節的瓜菜之一。因瓜肉呈金黃色，閩南語又稱為金瓜；可以代替糧食，而且皮肉都可以食用。南瓜含有豐富的維生素A、B、C、胡蘿蔔素及多樣礦物質，又提供良好的飽足感，是極為優質的抗氧化食材，非常適合做為早午餐的食材。

事先將南瓜處理成南瓜泥冷凍保存，做為濃湯、抹醬、餡料等等都非常方便。

做法簡單，可利用電鍋或是深鍋蒸熟，或是利用微波爐加熱。

以一顆栗子南瓜為例，將南瓜表皮刷洗乾淨後，切開取出囊和籽。不用先削皮，將南瓜切成4或6等分，放入電鍋內鍋，外鍋放入半杯水即可，等南瓜稍涼後用湯匙挖出果肉即可（或連皮食用也可以）。

使用微波爐，一次放太大塊或太多塊，都會產生受熱不均的情況，所以一次放約3大塊，平均放置在深一點的耐熱容器中，在耐熱容器的底面鋪上一塊溼餐巾紙，再放入南瓜。南瓜放入容器之前，每塊先過一下水，讓表面溼潤，微波出來的南瓜就不會皺乾。南瓜放入容器後，最後蓋上保鮮膜，保鮮膜鬆鬆地貼上，各處留點的空隙，不要緊貼容器。400公克的南瓜，600W約7～8分鐘。

若使用水氣較多的南瓜品種，加熱過的南瓜先將汁液濾一下後刮出果肉，把南瓜泥放到湯鍋中，開中小火翻拌一下，讓多餘水氣蒸散，大概拌至2分鐘即可關火。或是放入微波爐中，不需蓋保鮮膜，500W加熱約2分鐘，可去除絕大部分的水氣，南瓜泥就不會水水爛爛的。

做好的南瓜泥，分成100公克1份，放在保鮮膜中緊包起來，再集中放入食物保存袋中，放入冰箱冷凍庫保存，保存期間約在1～2個月。

開胃佐餐 藜麥什錦沙拉

　　沙拉的主角食材是有超級食物之稱的藜麥，它是最神祕古老的雜穀之一，但卻變身成為當今最時尚的養生食材。藜麥含有豐富的膳食纖維、蛋白質、維生素和礦物質，因此被視為麵粉和米飯的最佳替代品。沙拉裡還放入裸麥片和多樣的豆類，提供豐富的蛋白質和十足的飽足感，是一款美味與營養兼具的超級沙拉。

　　此款沙拉所使用的是「義式巴沙米可油醋醬」，聞名世界的義式陳年葡萄酒醋，有濃純溫厚的酸氣、清新的果香味，與芬芳的橄欖油、美味的油漬鯷魚融合成的風味油醋醬，提引出沙拉極致的美味。

 義式巴沙米可油醋醬的三大風味基底

橄欖油　　　　　　　　巴沙米可香醋　　　　　　油漬鯷魚

（橄欖油贊助商：東京調布市株式会社オリーブ ドゥ リュック）

份量	2～3 人份

藜麥什錦沙拉材料	**義式巴沙米可油醋醬材料**
藜麥 1 杯（量米杯）	特級冷壓橄欖油 3 大匙
稞麥片 2 大匙（也可使用一般燕麥片）	巴沙米可香醋 1 大匙
水 2 杯（量米杯）	蒜香粉 1 小匙
鹽 1 小撮	洋香草粉 1 小匙
豌豆苗 1 包	黑胡椒粗粒粉 少許
小黃瓜 1/3 條	蜂蜜 1 小匙
紫洋蔥 1/4 顆	鹽 2 公克
紅蘿蔔 1/4 條	油漬蒜頭 1 顆
橄欖粒 約 8 顆（使用水煮罐頭即可）	油漬鯷魚 1 小段
毛豆 1/3 杯（量米杯）	
腰豆 1/3 杯（量米杯）	
鷹嘴豆 1/3 杯（量米杯，使用水煮罐頭即可）	

材料（左欄標示）

材料小不點

藜麥 (Quinoa)，原產於南美洲安地斯山區，是當地印加民族的傳統主食，古印加人把藜麥稱作 chisaya mama，意為「五穀之母」。藜麥含有豐富的蛋白質、多樣的維生素、礦物質，尤其是藜麥不含麩蛋白，適合麩蛋白過敏的人食用，所以近年來受到注目而被視為一種超級食物。藜麥口感類似於小米，但是由於種子含有苦味的皂素，所以必須清洗煮熟再吃。

煮藜麥的方法一般有兩種：

1. 用電子鍋或傳統電鍋： 1 杯藜麥，水量可以多出 2 大匙左右（1 杯加 2 大匙）。

2. 用一般湯鍋： 1 杯藜麥，水量一般是 1 杯半左右，等沸騰之後蓋上鍋子，小火煮 10 分鐘，再燜 5 分鐘。也可以放多點水，等到藜麥熟透之後，把湯汁瀝乾即可。

做法

1. 把洗好的藜麥放入湯鍋，加入水和鹽，開大火沸騰之後蓋上鍋子，小火煮 10 分鐘，加入裸麥片再燜 5 分鐘。

2. 洋蔥切細丁、泡水、去辛辣味後，濾乾水氣。小黃瓜切細丁。紅蘿蔔刨絲。

3. 豌豆苗泡水後濾乾水氣，平鋪於盤上。

4. **製作義式巴沙米可油醋醬。**將蒜頭、油漬鯷魚切成細末備用。將其他全部材料用攪拌棒調合均勻後，加入蒜頭和鯷魚拌勻即可。

5. 將步驟 1、步驟 2、毛豆、鷹嘴豆、腰豆、橄欖全部放在沙拉碗中，倒入步驟 4 的油醋醬（份量可以個人喜好增減），全部拌均至入味。

6. 將步驟 5 放到舖上豌豆芽的沙拉盤的中央，即可享用。

 材料小不點

巴沙米可醋（Balsamic Vinegar），是義大利「摩典那」地區的傳統香醋，也是義大利料理最常使用的調味料。傳統的義大利香醋是以葡萄為原料，採收後的葡萄經壓榨成汁，煮沸濃縮的液體經過長年發酵熟成，香醋在木桶裡產生香氣並帶著柔和的酸氣和甜味。傳統陳年釀造的巴沙米可醋，呈透亮的深棕色，恰到好處的酸度和甜度，散發著一種獨特的木桶香。最簡單美味的品嚐方法就是用歐式麵包沾著巴沙米可醋和橄欖油享用。

黃色陽光果昔

　　黃色食物包括像玉米、木瓜、鳳梨、紅蘿蔔、南瓜、地瓜、黃豆、柳橙和香蕉等,味甘性平氣香,含有多種豐富營養,可強健脾胃、幫助消化、還可消除疲勞、安定精神,更有使心情愉悅開朗的功效。可選擇當令新鮮的黃色蔬果打成果昔,健康又美味。

份量	2 人份

材料	香蕉 半條　　　　　　柳橙 1 顆 鳳梨片(罐頭)2 片　牛奶 350cc 煮熟紅蘿蔔絲 適量

做法	將材料全部放入果汁機中打成果昔享用。

主角吃法	優格抹醬和水果夾心
主角麵包	蜂蜜牛奶帶蓋吐司
佐餐開胃	西式火腿蛋拼盤
搭配湯品	三絲清湯

說到日式超商三明治中最經典的大概就屬於鮮奶油水果三明治了。

柔嫩 Q 彈的白吐司麵包中包入滿滿的鮮奶油和當令新鮮水果,如生日蛋糕般可口誘人,無人能抗拒水果三明治的誘惑。

不過,最美味也是最危險之處就是水果三明治裡滿滿的鮮奶油。望著水果三明治,總是流著口水,陷入想吃又不想胖的痛苦抉擇中。

這款水果三明治最特別之處是打破水果三明治只夾鮮奶油的刻板印象,包進了百分之百的優格,利用水切優格的特點,取代了高卡高油的打發鮮奶油,所以一點都不危險,反而美味又健康,再加以蜂蜜調味,酸甜適中,清爽可口,是極為舒服爽口的三明治。尤其在炎炎夏日,來一份夾入滿滿蜂蜜優格和水果的三明治,絕對是最佳的早午餐選擇。

吐司麵包系列

蜂蜜牛奶帶蓋吐司

271

份量	2 人份

 材料

蜂蜜牛奶帶蓋吐司切片 4 片（共 2 份）

優格抹醬

水切優格 200 公克

（請參考 P.41 優格篇）

蜂蜜 2 大匙
草莓 2 顆
奇異果 半粒
柳橙 半粒
香蕉 半條

 做法

1. **製作優格抹醬。**將水切優格和蜂蜜調合均勻備用。

2. 將柳橙去皮膜切成新月型。奇異果去皮切塊。香蕉去皮切段。四種水果切塊的高度盡量以草莓側躺時高度一致。

3. 準備吐司麵包 2 片，厚度以 1.5 ～ 2 公分左右為佳，重疊之後將麵包邊邊（耳朵）切掉，切掉的部分保留可做為 crouton。

4. 準備一張比吐司切片大約 3 倍的保鮮膜平舖在作業台，將一片吐司麵包放置正中央。

5. 將步驟 1 的優格抹醬平均塗抹在其中一片吐司內側，將水果按照位置排在抹醬上。將抹醬抹在水果上並填滿空隙，然後蓋上另一片吐司。

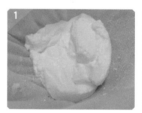   

🥄 **麵包耳朵的美味吃法**

麵包丁（Crouton） —— 吐司麵包最邊邊的厚皮和切下的吐司邊，都可以拿來烤成麵包丁，稱為 Crouton。香脆的麵包丁灑在沙拉盤上增添多層次口感，也可以直接撒上風味鹽或糖、蒜味粉、香草粉、椒鹽粉等等享用。做法為放入預熱約 200℃ 烤箱，烤約 5 分鐘左右，時間長短以麵包丁厚度和數量調整。

6. 將保鮮膜緊貼三明治,整個包起來,放入冰箱冰鎮 10 分鐘,有利安定形體和入味。

7. 拿出三明治,準備鋒利長刀,單手輕壓穩定三明治,從對角下刀,平均切成 2 個三角狀三明治。

開胃佐餐 西式炒蛋拼盤

閃著金黃光澤,吃起來又滑又嫩的西式炒蛋(Scrambled egg)是早餐中最醒目的佐菜。蛋液中加入牛奶調合,煎鍋充分預熱、高溫入鍋、快速劃圈,集中至鍋中央,最後用「餘熱」讓蛋熟軟卻不老柴。搭配橄欖、生火腿、起司、蕃茄、蔬菜成為美味可口的佐餐拼盤。

份量	2 人份			

材料	**西式炒蛋材料**	鹽 2 小撮	**其他佐料**	起司 適量
	新鮮雞蛋 3 顆	胡椒粉 少許	橄欖 適量	蕃茄 適量
	牛奶 2 大匙	奶油 15 公克	生火腿 適量	小黃瓜 適量

吐司麵包系列

蜂蜜牛奶帶蓋吐司

273

做法

1. 建議用矽膠耐熱拌刀（可耐高溫的，我的是可以耐熱到 280℃），用平面木匙也可以。

2. 蛋打散，加入牛奶、鹽、胡椒粉充分打至均勻。

3. 平底不沾煎鍋上放入奶油中火熱鍋，然後將鍋底稍微沾一下溼毛巾，這樣炒蛋才能受熱均勻。
回爐後重新熱鍋，保持中火，一口氣將蛋液全部倒入，快速握著鍋把，搖晃動鍋身，用耐熱
拌刀先在中間繞 2 或 3 圈蛋液。從邊側開始用拌刀一直由外側刮向中間，同時讓上方蛋液流
動至鍋底，等到整個表面沒有會流動狀的蛋液即可關火盛盤，利用餘熱讓它慢慢受熱軟熟。

4. 散蛋盛盤後，盤邊放適量橄欖、起司、生火腿、起司、蕃茄、小黃瓜即可端上享用。

 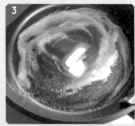  

 溫馨小叮嚀

1. 火候決定散蛋軟硬度，蛋盛盤後還會再因餘熱變熟，所以當蛋約七分熟時就盛盤，才能保
持散蛋滑嫩不乾柴的口感。

2. 享用之前可以依個人喜好撒上黑胡椒粉，或搭配蕃茄醬都是不錯選擇。

搭配湯品 三絲清湯

　　以雞胸高湯為湯頭，沒有多餘的調味，鮮甜爽口，放入筍絲、紅蘿蔔絲和牛蒡絲，補充豐富的膳食纖維和營養素，就算在炎炎夏日，來上一碗的鮮美清湯也暖心暖胃，補充一天所需營養。

份量	2 人份

材料	雞胸肉高湯 400cc 筍絲 紅蘿蔔絲 牛蒡絲 共 1 杯量（量米杯） 鹽 1/3 小匙 胡椒粉 少許 香油 1 小匙

做法

1. 湯鍋中放入雞胸肉高湯（參考 p.28 雞胸肉高湯做法）燒沸，先放入筍絲、紅蘿蔔絲、牛蒡絲，滾開後放入鹽、胡椒粉調味。
2. 起鍋前淋入香油即可盛入湯碗中。

套餐 3

台式BLT總匯三明治

　　台式的總匯三明治,可說是台灣人的國民早餐之一,特色就是要把吐司麵包烤到外皮香脆酥口,帶點微微的焦香味,再塗上甜甜的台式美乃滋,夾入基本食材香煎培根(Bacon)、生菜(Lettuce)、蕃茄(Tomato),甚至再加入一顆可口的煎蛋、一片濃郁的起司,就是好吃到爆點的台灣版的 BLT 三明治。

　　總匯三明治要好吃,培根一定要過火香煎一下,煎到邊邊有點脆脆焦焦的。生菜泡冰水,蕃茄去籽切片之後要用餐巾紙吸一下汁液才不會水水的。台式總匯三明治的靈魂就是那帶著微微甜味的美乃滋,從生菜、起司、蕃茄和培根一層層都塗上一點點美乃滋,用牙籤固定好之後對切或是對角切成四等分,最後就是大口咬下,那多層次的美味組合真是十足過癮。

276

份量	2 人份

材料

三明治材料
蜂蜜牛奶帶蓋吐司切片 3 片
雞蛋 1 顆
生菜 數葉
培根片 2 片
蕃茄 2 片
小黃瓜半條
起司片 1 片
台式美乃滋 1 ～ 2 大匙

台式美乃滋
材料（3 ～ 4 人份）
新鮮雞蛋 1 顆
沙拉油 100cc
砂糖 25 公克
白醋 15cc
鹽 2 公克

做法

1. 生菜類一片一片剝開後泡入冰水中約 10 分鐘。蕃茄、小黃瓜切好後，放在餐巾紙上吸去多餘汁液。泡好的生菜也必須用餐巾紙將水氣擦乾。
2. 將雞蛋和培根兩面香煎好備用。

主角吃法	香烤吐司切片／BLT 夾心台式美乃滋為風味底醬
主角麵包	蜂蜜牛奶帶蓋吐司
佐餐開胃	希臘田園沙拉
搭配湯品	牡蠣巧達濃湯

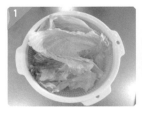
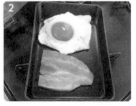

吐司麵包系列

蜂蜜牛奶帶蓋吐司

3. **製作台式美乃滋。**先將雞蛋、砂糖、鹽放入容器中，利用電動攪拌棒（或是手動打蛋棒）打至雞蛋泛白起泡，分 2～3 次加入沙拉油攪打，有助於乳化均勻，最後放入白醋打至濃稠狀即可。

4. 吐司麵包切片，用烤麵包機烤至香酥。烤好的麵包切片內側塗上一層薄薄的美乃滋備用。

5. 將起司片舖在最底層，生菜一片一片重疊，每片塗上少許的美乃滋再舖在起司上，然後放上香煎好的培根片。

6. 加一片吐司麵包（上下兩面都要塗上美乃滋）。將小黃瓜和蕃茄疊上去，淋上少許美乃滋，放上煎蛋，最後加上吐司切片。用手掌稍微壓住，四角用牙籤固定。

7. 可以對切，或是對角切成四塊，擺盤即可享用。

 溫馨小叮嚀

1. 在食材間平均塗抹少許美乃滋，為了使三明治咬下的每一口都入味，不致於過於單調平味。用不完的美乃滋也可以拿來做生菜沙拉的佐醬，非常清爽可口。

2. 製作美味爽口三明治，保持食材清脆乾燥是原則，一定要將食材上的水滴、汁液用餐巾紙擦乾或吸乾。

開胃佐餐 希臘田園沙拉

　　用自製的優格、蜂蜜、橄欖油調製做成的希臘優格沙拉醬,特色是利用濾過乳清的水切優格,加入香甜的蜂蜜、少許的橄欖油、柳橙汁和香料調製而成,含有豐富的乳酸菌和營養素,濃郁滑順的口感中散發著屬於發酵牛奶的清爽酸味,是地中海飲食法中最推薦的風味沙拉醬,和新鮮蔬果組合在一起享用,就是一盤讓人有如置身在希臘田園中的美味沙拉盤。

份量	2 人份

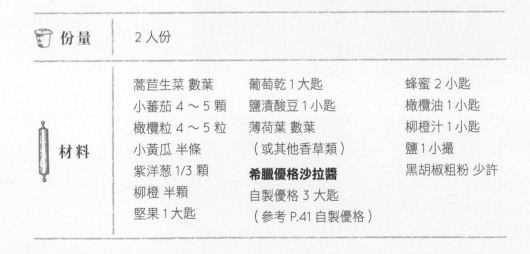

材料		
蒿苣生菜 數葉	葡萄乾 1 大匙	蜂蜜 2 小匙
小蕃茄 4～5 顆	鹽漬酸豆 1 小匙	橄欖油 1 小匙
橄欖粒 4～5 粒	薄荷葉 數葉	柳橙汁 1 小匙
小黃瓜 半條	（或其他香草類）	鹽 1 小撮
紫洋蔥 1/3 顆	**希臘優格沙拉醬**	黑胡椒粗粉 少許
柳橙 半顆	自製優格 3 大匙	
堅果 1 大匙	（參考 P.41 自製優格）	

做法

1. **製作希臘優格沙拉醬。** 將材料全部調和均勻即可。

2. 將生菜葉一片一片分開泡冰水後擦乾，鋪在盤子上備用。

3. 紫洋蔥切細後泡冰水去辛味，用餐巾紙吸乾水氣後切成小丁。

4. 柳橙去皮切丁。小黃瓜切丁。蕃茄對切。

5. 將橄欖粒切片，和酸豆、葡萄乾、堅果、柳橙、小黃瓜、紫洋蔥以及步驟1的沙拉醬拌在一起。

6. 拌好的食材放入步驟2的生菜盤中即可享用。

🥕 溫馨小叮嚀

酸豆和橄欖粒本身帶有鹹味，所以沙拉醬中放少許的鹽即可。

🥕 材料小不點

牡蠣，俗稱蚵仔、蠔。是自然界中含鋅比例最高的食物之一，含有豐富的蛋白質、維生素、礦物質、單元不飽和脂肪酸等，可提高免疫力，補足元氣。所以又被稱為「海洋中的牛奶」，是營養成分極高的美味海鮮。

搭配湯品 牡蠣巧達濃湯

　　省略製作法式奶油麵糊程序，炒香食材時撒入麵粉再加入牛奶熬煮，一樣可做出香濃順口的白醬風濃湯。主角是有號稱「海洋中的牛奶」的新鮮牡蠣、清甜的洋蔥、紅蘿蔔，加入帕馬森起司帶出屬於巧達濃湯的香氣和滋味，是一道營養豐富又美味滿點的湯品。

份量	2 人份

材料	牡蠣 6 ～ 8 顆	綠花椰菜 2 ～ 3 小朵	水 200cc	胡椒粉 少許
	洋蔥 1 ／ 4 顆	低筋麵粉 2 小匙	奶油 10 公克	
	紅蘿蔔 1 小段	牛奶 200cc	鹽 1/2 小匙	

做法

1. 新鮮牡蠣洗淨備用，花椰菜洗淨、分成小朵狀備用。
2. 把紅蘿蔔切成小塊。洋蔥切丁。
3. 奶油放入湯鍋中開小火加熱融化，放入洋蔥和紅蘿蔔，加入麵粉一起拌炒至洋蔥呈透光狀。
4. 加入水和牛奶，中小火煮至紅蘿蔔熟軟（可用筷子插入試熟度），再加入花椰菜和起司粉。
5. 待湯汁冒泡微微滾開後，放入牡蠣，煮開約 1 分鐘，加入調味料調味關火。

溫馨小叮嚀

1. 牛奶可用鮮奶油水代替，湯汁口感更為濃郁。
2. 花椰菜後放，可保清綠。牡蠣煮久會過老而失去風味，湯汁煮開約 1 ～ 2 分鐘即可關火。

PART 4

DESSERT BREAD

點心麵包系列

主角 麵包 三種點心麵包

日本人總是像一塊超級海綿，奮力吸收各國文化中最優質的養分，融合了「和」的元素加以深根茁壯，培植出屬於百分之百大和民族血統的「流派」。自十六世紀葡萄牙傳教士將麵包帶進了日本，每個時代潮流中的日本麵包師父就不斷地吸收西洋麵包文化的精華，傳承了日本道地職人精神，模仿、創新、發明，進而獨創自成一格的「日系麵包流派」，深深地札根於日本這個以米為主食的國度。

日本麵包店裡擺滿琳瑯滿目、多彩多姿的麵包，種類可達上百種，甜的、鹹的、軟的、硬的、蒸煎煮烤炸各種調理所做成的麵包，讓人眼花瞭亂，每種麵包都充滿了濃濃的日式氣質。

將甜點和麵包合而為一成為了菓子麵包。將菜餚和麵包合而為一成為了調理麵包。

雖說是和洋結合，從裡而外卻是道道地地的日本原創麵包。

紅豆沙麵包（あんパン）、菠蘿麵包（メロンパン）、克林姆麵包（クリームパン）、咖哩麵包（カレーパン）都是日本人氣的菓子麵包。

日本人除了將菓子元素放入麵包中，更喜歡在麵包上擺上各種美味食材。當時當令的蔬菜水果，淋上各類風味醬汁，把一個麵包當做一種主餐來享受。

繽紛甜蜜的菓子麵包和色香味誘人的調理麵包同時端上餐桌，一場視覺和味覺的超級饗宴，不用猶豫，一次滿足。

本章介紹三種點心麵包——香蔥火腿麵包、草莓卡士達麵包、地中海披薩麵包。

香蔥火腿麵包

屬於老祖母年代的懷舊滋味，卻是永遠受到每個世代喜歡的國民美食麵包。

在飽滿又鬆軟的麵包塔裡，一口氣舖上滿滿的蔥花和火腿丁當作餡料，一出爐就香氣逼人，濃郁蔥香中帶著火腿提味的鹹甜，咬下去的每一口都能感受到恰到好處的鹹香滋味，超級滿足愛蔥族的胃口。

草莓卡士達麵包

柔軟細膩的麵包化身成一片綠葉，舖上香甜潤滑的卡士達奶醬，點綴著一顆顆嬌豔欲滴的新鮮草莓，彷彿朵朵春花與嫩葉相互交織，簇擁在清甜的卡士達蛋奶餡上，再揮撒上如雪花般的粉糖，正是春天最夢幻美味的麵包。

地中海披薩麵包

金黃耀眼如寶石般的麵包，舖上濃郁的莫札瑞拉起司，加上當令的新鮮食材，有鮮蝦、橄欖、甜椒、雞蛋、香草，一片小小的麵包呈現出豔陽普照、風光旖旎的地中海鄉間景色。只有單純的用鹽和胡椒調味，提出新鮮食材的自然風味，就是披薩麵包最迷人之處。

份量	3 種口味，每種口味 2 顆，共 6 顆

麵團材料

高筋麵粉 250 公克	全蛋液 55cc	裝飾用蛋液
低筋麵粉 50 公克	鹽 3 公克	（全蛋液：水：1：1）
快速酵母粉 3 公克	砂糖 20 公克	裝飾用奶油 適量
水 135cc	奶油 10 公克	

香葱火腿麵包餡料

葱花 30 公克
火腿 30 公克
全蛋液 1 大匙
芝蘇香油 2 小匙
鹽 1/3 小匙
胡椒粉少許

草莓卡士達麵包餡料

蛋黃 1 顆
低筋麵粉 15 公克
白砂糖 30 公克
牛奶 100cc
蘭姆酒（可省）3cc
新鮮草莓 4 粒
粉糖 適量
蒔蘿 2 ～ 3 枝

地中海披薩麵包餡料

莫札瑞拉起司 適量
（或一般焗烤用起司條）
燙熟蝦子 2 條
水煮蛋 1 顆
甜椒 3 段
（綠黃橘三色各 1 段）
橄欖粒（罐頭）4 粒
紅蘿蔔 2 片
鹽 少許
胡椒粉 少許
蒔蘿 2 枝

準備工作

1. 奶油室溫放軟、調好蛋液、準備材料。
2. 評估製作環境的溫度和溼度，以調整水溫。

🥄 做法

1. 將高筋和低筋麵粉混合均勻後，平均分成 2 等分，各放入大小不同的麵盆。

2. 大麵盆中分別放入酵母粉、砂糖。

3. 小麵盆中放入鹽。

4. 將水和蛋液倒入大麵盆中，充分攪拌至粉水均勻。

5. 將小麵盆中的材料倒入大麵盆中，攪拌至成團狀。

点心麵包系列

三種點心麵包

285

6. 將麵團倒在揉麵台上，確實將粉、水和材料均勻揉進麵團中（參考 P.94 手揉麵團的分解動作和細節）。

7. 揉到麵團表面初步光滑後，把麵團攤開成一正方狀，將軟化的奶油利用手指力量戳進麵團中。

8. 利用步驟 6 的手揉方法，將奶油充分揉入麵團中，配合摔打和 V 型左右揉合，使麵團充分出筋膜。

9. 手沾抹少許沙拉油，拉一拉一小塊麵團，檢查一下是否出現薄膜，出現則是代表麵團已充分揉至最佳狀態。

10. 將麵團整圓收口朝下放回麵盆中，開始進行基礎發酵。

11. 烤箱內部放置熱水，發酵約 1 小時。

12. 倒出麵團輕微排氣，分割成 6 份。

13. 麵團輕折滾圓之後，靜置 15 分鐘。

14. 分別成形成 2 顆麵包塔、2 顆菱形、2 顆葉形。

麵包塔形（直徑 9 公分圓模 2 個）

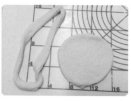

葉形

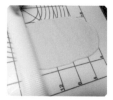

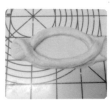

菱形

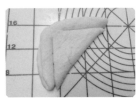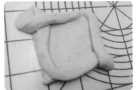

15. 將整型完成的麵團隔開排列放好在烤盤上，在底部用叉子平均壓出小洞，防止底皮膨脹，然後進行最後發酵。

16. 準備餡料：

香蔥火腿麵包餡料——青蔥和火腿切細丁，加入其他所有材料混合均勻備用。

草莓卡士達麵包餡料——

A. 耐熱碗中放入蛋黃、糖先打均勻之後，再放入過篩麵粉，牛奶分次加入攪拌均勻。

B. 蓋上保鮮膜（留些空隙），放入微波爐500W，1分半鐘後取出，快速充分攪拌，再放入微波爐500W、50秒後取出，再攪拌。直到介於布丁和美乃滋之間的濃稠度即可。

 溫馨小叮嚀

1. 可利用瓦斯爐和小鍋代替微波調理，全程保持小火攪拌至所需稠度即可。

2. 製作完成的卡士達餡，必須用保鮮膜緊貼表面蓋好，以免使餡料表面乾燥，緊貼的目的在防止冷卻時產生大量水珠而影響口感。利用保冷塊冷卻餡料，冬天時可室溫冷卻。

地中海披薩麵包餡料——甜椒、起司切小段、橄欖、紅蘿蔔切片。準備好水煮蛋，切片備用，燙熟蝦子。

17. 將發酵完成的麵團上，分別放上餡料。

火腿蔥花麵包餡料——將火腿蔥花館滿滿放進麵包塔中。

草莓卡士達麵包餡料——將卡士達館適量平鋪於麵包中央。

地中海披薩麵包餡料——將起司舖在麵包中央，然後分別排入蝦子、甜椒、紅蘿蔔、雞蛋、橄欖、撒上塩和胡椒粉。

18. 在麵團邊緣處塗上蛋液，之後送入烤箱。190℃烘烤 18 分鐘。

19. 出爐時將麵包邊緣塗上奶油，增添光澤和香氣，在麵包上擺上時蘿，使風味更上一層樓。

 溫馨小叮嚀

1. 火腿蔥花館料在完成最後發酵前製作即可，以免久放出水。

2. 草莓卡士達麵包的草莓也可以用當令水果代替，像奇異果、鳳梨、藍莓、芒果都是美味選擇。

3. 披薩麵包中的食材可以利用家中現有的食材代替，例如玉米粒、櫛瓜、南瓜、筍子、青豆、蕃茄等都是美味選擇。

4. 各類香草，如香菜、荷蘭芹、義大利香芹、薄荷、迷迭香、羅勒等等都是增添風味、營養加分的絕佳選擇。

搭配湯品 青葱蛋花湯

利用製作麵包所剩的蛋液和青葱，瞬間化身成一碗熱呼呼、香噴噴的
青葱蛋花湯，除了營養豐富，清爽舒服的湯頭是暖心暖胃的美味湯品。

 份量 | 2 人份

材料

| 葱花約 40 公克 | 雞高湯 400cc | 胡椒粉 少許 |
| 蛋液約 30cc | 鹽 1/3 小匙 | 白醋 1 小匙 |

做法

1. 準備好葱花和蛋液，將雞高湯放入小鍋中煮開，湯汁滾開之後，加入葱花。

2. 等湯汁再滾開後，轉成小火，將蛋液以劃圈方式倒入。

3. 倒入蛋液之後，馬上關火，利用餘熱將蛋煮熟，可保持軟嫩卻不過老，趁熱
加入鹽和胡椒粉調味，起鍋前放入白醋，增添風味。

PART 5

ITALIAN
BREAD

義大利風味麵包
系列

描寫義大利的麵包風情，就從燒著熱烘烘的石窯灶開始。

義大利半島由北到南，從冷颼颼的阿爾卑斯山到陽光普照的地中海岸，從森林田園到綠野溪澗，每個角落每個時刻，石窯裡的火永遠不熄滅，家家戶戶的餐桌上總是擺滿一籃藍的麵包，人人手拿麵包沾著如黃金般清透的橄欖油和飄著葡萄酒醋香氣的沙拉醬汁，搭配濃郁迷人的乳酪食用，變化多端百吃不厭。

義大利人的血液裡，樂天帶著固執，隨性帶著堅持，賦予義式麵包衝突的基因，就像軟灘如泥、毫無規則的巧巴達，或是像隨心所欲、盡情揮灑的披薩，看似抓不著頭緒卻又處處藏著細節，一板一眼毫不馬虎。

連烘烤的火力也不容一絲退讓，美味的義式麵包必須由高溫粹煉而成。義大利人慣用石窯灶烤麵包，用超過 400℃ 以上的高溫烘烤，就算是再厚重的麵包都能一瞬間氣孔全開，外皮燒烤到薄餅般香脆，而千瘡百孔如火山浮岩般的氣泡組織裡卻把溼潤緊緊包裹住，強烈的對比口感就是絕品美味。

義式麵包種類可以說是千奇百怪，但都充滿了獨特的個性，本書介紹其中最適合做成早午餐的兩款義式麵包——佛卡夏麵包（Focaccia）、巧巴達麵包（Ciabatta）

佛卡夏麵包（Focaccia）

巧巴達麵包（Ciabatta）

主角
麵包

佛卡夏麵包

　佛卡夏麵包最神奇之處，就是咬下第一口彷彿置身在義大利田野間的橄欖樹下，再咬一口就被帶往繽紛迷人的香草園中。

　佛卡夏（focaccia）名稱起源於拉丁語 focus，指的是烘烤的火爐，古羅馬時代的人們已開始烘烤類似的麵包，所以提到義式麵包馬上就會連想到佛卡夏，尤其從熱烘烘的石窯中出爐的瞬間，只有一個字形容，香！

　我做佛卡夏有個偏好，就是烘烤之前喜歡在麵團上淋上滿滿的橄欖油，撒上橄欖或香草，利用半烤炸的手法達到外皮酥脆、內部輕盈鬆軟的效果，尤其是剛出爐的香氣最為芬芳誘人。

📏 **份量**	共 5 顆，1 粒約 105 公克

🥖 **材料**	高筋麵粉 250 公克 低筋麵粉 50 公克 快速酵母粉 2 公克 水 210cc 鹽 4 公克 砂糖 3 公克 橄欖油 10cc 麥芽精粉 1 公克（參考 P.306 麥芽精粉）	**其他** 橄欖油 1 大匙 黑橄欖粒（罐頭）約 5 粒 大蒜香草粉 1 小匙 帕馬桑起士粉 1 小匙 洋香草粉 1 小匙

🥄 **準備 工作**	1. 準備好所有材料及道具（自製正方形烤模 10cm*10cm），有關自製烤模請參考道具篇 P.80。 2. 評估製作環境的溫度和溼度，以調整水溫。

🔍 材料小不點

橄欖（olive） —— 原產於小亞細亞，經土耳其傳到了地中海地區，西方世界將其視為和平象徵，人們將橄欖稱為「天堂之果」。橄欖果實一般經過鹽漬、油漬、蜜漬加工食用，尤其是與各種香料、蒜頭等調味的油漬橄欖特別受人歡迎。橄欖含有豐富的單元不飽和脂肪酸和各種營養素，被視為地中海之寶。

橄欖油被譽為「地中海的液體黃金」。最簡單美味的吃法就是涼拌沙拉，常見於「地中海式」菜餚。橄欖油中的特級冷壓橄欖油（Extra Virgin Olive Oil）為最高等級橄欖油，將第一次手採的優質橄欖以低溫冷榨的方式壓出油脂，果實氣味濃郁，呈現清透的金綠色。耐熱160 ～ 180℃，適合低溫調理，做為沙拉醬汁、直接沾麵包都是絕佳的享用方法。第二級是冷壓橄欖油（Virgin Olive Oil），色澤偏黃或淡綠，香氣較淡，適合中溫調理。

（橄欖油贊助商：東京調布市株式会社オリーブ　ドゥ　リュック）

做法

1. 將麵粉混合均勻後分成 2 等分，各放入大小不同的麵盆。

2. 大麵盆中分別放入酵母粉、砂糖、麥芽精粉。

3. 小麵盆中放入鹽和橄欖油。

4. 將水倒入大麵盆中，充分攪拌至粉水均勻。

5. 將小麵盆中的材料倒入大麵盆，攪拌成團狀。將麵團倒在揉麵台上，將材料均勻揉進麵團中。

6. 待麵團表面初步光滑後，將麵團放入麵盆中開始進行水合和拉折。

7. 二次水合及拉折作業，每次間隔 30 分鐘。（詳細方法請參考 P.97 烘焙手帖水合法與拉折法的圖解說明）。

8. 手沾抹少許沙拉油，檢查是否出現薄膜，出現則代表麵團已可進入基礎發酵階段。

9. 將完成拉折的麵團放回麵盆中，開始進行基礎發酵。烤箱內放置熱水，發酵約 1 小時。

10. 取出麵團後，進行排氣翻麵，待麵團再度膨脹約 2 倍大時，基礎發酵完畢。

11. 倒出麵團輕拍表面排氣，分成 5 等分，放置於帆布上，蓋上帆布，靜置 15 分鐘。自製烤模內側塗上薄油備用，以免沾黏。將橄欖切片，混合帕馬桑起司粉和洋香草粉備用。

義大利風味麵包系列

佛卡夏麵包

295

12. 輕拍表面排氣後，三折再左右對折成正方形，收口朝下放入烤模中。進行最後發酵。

13. 烤箱內放入熱水約發酵 25 分鐘，取出麵團進行室溫發酵 10 分鐘，烤箱預熱 250℃。

14. 將發酵完成的麵團表面塗上滿滿的橄欖油，其中 2 顆用手指將橄欖切片戳入麵團底部，另外 3 顆用手指在麵團表面各處戳洞後再分別撒上大蒜香草粉、起司粉。然後使用噴水槍在麵團表面平均噴水 3 ～ 4 次後送入烤箱。

15. 230℃ 烤 10 分鐘，200℃ 烤 10 分鐘，共計 20 分鐘出爐。

溫馨小叮嚀

1. 佛卡夏麵團也可以不用任何模具，烤盤塗上油，再直接放入全部麵團，攤開舖平如披薩或大餅一般，表面淋橄欖油並撒上粗鹽烘烤，即是最原始的佛卡夏麵包。也可以成形如圓型餐包，方便製作成三明治。

2. 佛卡夏麵團屬於高含水量的黏手麵團，手揉時配合使用刮刀，用油取代手粉，有利於操作。

3. 烘烤時，麵團表面多淋一點橄欖油，有炸烤的效果，表皮更為金黃香脆。

套餐 1

鮮蝦哇沙比
帕尼尼三明治

主角吃法	鮮蝦與生菜夾心三明治佐哇沙比優格沙拉醬
主角麵包	佛卡夏麵包
佐餐開胃	洋風泡菜、優格佐草莓醬
搭配飲品	熱咖啡

　　帕尼尼（Panini）義大利語是「三明治」的意思，義大利人一早起床就在餐桌上切開粗獷樸質的巧巴達、佛卡夏，豪邁地夾入大把大把的生菜、蕃茄、生火腿和肉片，愛吃什麼就放什麼，同時廚房的角落飄著濃縮卡布其諾咖啡香。陽光和微風佐著這般美妙食光，喚醒所有還在沈睡中的細胞和神經。

　　這款帕尼尼最誘人之處，在於條條鮮蝦上淋了特調的「哇沙比」優格沙拉醬。哇沙比嗆鼻的辣味裡帶著甘甜爽口的後韻，混合乳酸香味的優格，淋在鮮美的蝦肉上，鮮汁美味全部吸附在義式麵包裡的大小氣孔中，口感和滋味令人回味無窮，最能滿足大口品嚐海鮮三明治的渴望。

份量	2 人份

材料

三明治材料	哇沙比優格沙拉醬材料
佛卡夏麵包 2 顆	哇沙比醬（山葵醬）1 小匙
奶油生菜 數片	自製優格 2 大匙
鮮蝦 6 條	蜂蜜 1 小匙
洋蔥 半顆	鹽 1 小撮
白煮蛋 1 顆	胡椒粉 少許
蒔蘿 2 枝	

做法

1. 製作哇沙比優格沙拉醬，將所有材料混合均勻即可（請參考 P.41 自製優格）。

2. 將鮮蝦放入滾水中汆燙 2 分鐘，撈起剝殼後對切備用。

3. 洋蔥切細絲，泡水去辛辣味，濾乾水氣備用。

4. 準備水煮蛋 1 顆（參考 P.47 雞蛋與早午餐的美味關係／輕鬆做水煮蛋）。切成片備用（利用切蛋器方便快速）。

5. 將麵包橫向切開加烤回溫後，內側塗上步驟1的醬汁，舖上生菜葉，放上洋蔥、蝦肉和白煮蛋，再補淋上醬汁，最後放上蒔蘿就可享用。也可以用保裝紙包好，出門野餐或做成輕食午餐都非常討喜。

開胃 佐餐 洋風泡菜

　　酸酸甜甜的西式泡菜，入味又爽口，冰在冰箱裡醃泡一天，冰涼清脆的口感真是讓人一口接一口。適合做西式泡菜的食材豐富多樣，像小黃瓜、紅蘿蔔、甜椒、蘑菇、白花椰菜等等，鮮脆甘甜，色彩繽紛，除了營養美味之外，賞心悅目，心情也愉悅開朗。

材料

泡菜醃汁	月桂葉 2 枚	本款泡菜材料
醋 200cc	黑胡椒 數粒	甜椒 3 條
水 200cc	蒜頭 2 瓣	櫻桃蘿蔔 6 ～ 8 顆
砂糖 6 大匙	紅辣椒 1 根	蘑菇 6 顆
法式高湯塊 1 塊		

做法

1. 除櫻桃蘿蔔之外，將甜椒切片和蘑菇一起用滾水快速汆燙約 20 秒去除生味，濾乾水氣後放入鍋盆中備用。

2. 準備醬汁，將泡菜醃汁加熱煮滾。

3. 將醃汁趁熱淋澆到步驟 1 的盆中。再拌一下食材，使醬汁充分吸收後，將食材連同醃汁一同放入乾淨清潔的保存瓶中，待熱氣消散後，再放在冰箱中保存。

材料小不點

櫻桃蘿蔔 —— 一種大小如櫻桃般的小蘿蔔，紅通通的非常討喜，微微的辛嗆味，清脆爽口，具有解油膩、解酒的最佳效果。適合搭配生菜沙拉涼拌或沾醬汁享用。或者可清炒、入湯以及特別做成泡菜搭配排餐等，除了賞心悅目之外，富含營養，是極為優質的蔬菜之一。

開胃佐餐 優格佐草莓醬

　　在自製優格上淋上整顆草莓果醬，就是一款充滿幸福感的美味點心。

 份量 | 2 人份

材料 | 自製優格 適量
自製草莓醬 2 小匙

做法

將自製優格放入碗中，淋上自製的草莓醬即可享用。
（優格做法參考 P.41 自製優格）
（果醬做法參考 P.52 果醬與早午餐美味關係）

西班牙蒜香
鐵板燒

義大利風味套餐系列

巧田麵輝包

301

主角吃法	西班牙蒜香海陸 鐵板燒佐青醬
主角麵包	佛卡夏麵包
搭配湯品	南瓜濃湯

　　想像老饕們悠閒地站在酒館小吃店前的橡木桌枱旁，一口一口吃著精緻可口的 Tapas，桌上的鐵板燒不時飄散著爆香的蒜頭和鮮蝦香氣，把路人香的神魂癲倒，食欲有如滾爆的蒜油般一發不可收拾。

　　Tapas 在西班牙語中是「遮蓋」的意思。相傳安達盧西亞人在啜飲雪利酒時，為了防蒼蠅和塵土，會用一片麵包蓋在酒杯上，後來酒館的老闆們開始動腦筋，把各種下酒的生火腿、沙丁魚、油漬蕃茄等也一起放在麵包上讓客人們吃個開心，結果這些「蓋子」麵包片就成為了西班牙料理的國粹了。

　　說到 Tapas，一定少不了西班牙蒜油鐵板燒（Ajillo）。西班牙人心中的蒜蓉爆蝦（Gambas Al Ajillo），就如同中國人對「宮爆雞丁」有無藥可救的愛戀。這道菜的精髓是油，對，就是油。

　　滿到快溢出鍋的橄欖油，炸到香氣噴鼻的蒜頭丁，就是要吃到滿嘴香油才是西班牙蒜油鐵板燒最道地的吃法。將麵包沾滿香辣蒜蝦的油汁，跟鮮蝦一起送入口中，就是狂野奔放的味蕾享受，再配上青醬，做為這場美食饗宴最驚喜的安可曲。

份量 | 2 人份

材料

佛卡夏麵包 2 顆

西班牙蒜香鐵板燒材料

小鮮蝦 10 隻
蒜頭 4 ～ 5 瓣
菇類 1 ～ 2 種適量
洋蔥 半顆
蘆筍 2 隻

甜椒 1 顆
黑橄欖 4 粒
辣椒 1 ～ 2 條
鹽 2 小撮
黑胡椒粉 1 小撮（或適量）
橄欖油 6 大匙
青醬 適量（參考 P.51 義大利青醬製作）

青醬

做法

1. 鮮蝦洗淨、剝殼、擦乾、備用。洋蔥切片。甜椒切片。蘆筍切段。菇類大一點的可切半。

2. 鑄鐵平底鍋放入橄欖油、蒜頭、辣椒，小火慢慢加熱。

3. 蒜頭表面呈金黃上色之後，將菇類先放入煎炸。菇類表面上色後，再放入洋蔥、甜椒、蘆筍、橄欖和鮮蝦，將材料逐一翻面煎炸。

4. 平均撒上薄鹽、黑胡椒粗粉後，關火端上桌。

5. 一同附上麵包和青醬享用。

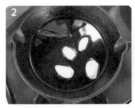   

 **材料小不點**

 **大黑占地菇** —— 日本有句著名的俗語「松茸香，占地美」，描寫「占地菇」極致美味，甚至勝於松茸。天然的占地菇十分珍貴稀少，日本最有名的人工栽培產地為京都丹波地區，它所生產的大黑本，做為奶油燉菇飯、石鍋飯、香烤、清蒸、入湯，油煎都十分美味。

搭配湯品 南瓜濃湯

　　慵懶的早晨,最幸福的就是來碗濃郁的南瓜濃湯,結合栗子和南瓜的濃香滋味,以及洋蔥和奶油的回甘芬芳。用牛奶和少許麵粉增加濃稠感,單純美味又滑口綿密,是一款搭配任何料理菜餚的萬能濃湯。

 份量 | 2 人份

 材料

南瓜泥 100 公克	水 150cc	棉花糖 隨意
洋蔥　1/3 顆	冰牛奶 250cc	南瓜籽 隨意
奶油 10 公克	鹽 2 小撮	
低筋麵粉 1 小匙	黑胡椒粉 適量	

做法

1. 洋蔥切丁,在湯鍋中放入奶油和洋蔥一起拌炒,以中火炒至洋蔥丁全面透軟後,撒入麵粉拌炒。

2. 加入南瓜泥和水,煮至沸騰後,加入冰牛奶(參考 P.265 南瓜泥製作)。

3. 放入果汁機攪打均勻後,倒回鍋中回溫,加入調味料,再撒上南瓜籽和棉花糖(裝飾用)享用。

主角
麵包 巧巴達麵包

巧巴達麵包又稱拖鞋麵包，最早在 1982 年由一名義大利麵包師傅發明，當時由於法式長棍麵包製作的三明治影響了當地的生意，他決定自創另一種麵包與之對抗，因此誕生了這款充滿濃濃義式風情的麵包。巧巴達的魅力，在於用極少量的酵母、無油無糖，呈現最原始自然的風味，沒有造型，也沒有裝飾，彷彿是一雙老農夫的大腳鞋。金黃誘人的香脆外皮，內心卻是濕潤鬆軟而且帶有不可思議的彈性，一咬下去，小麥獨特的香氣和甜味瞬時充滿口中，十足單純卻底蘊深厚，總是能征服饕客最挑剔的味蕾。

份量	4 粒
材料	**主麵團** 法國麵包專用粉 250 公克 小麥胚芽粉 10 公克 水 180cc 鹽 4 公克 快速酵母粉 1.5 公克 麥芽精粉 1 公克 發酵種 70 公克	**中種**（發酵種） 法國麵包專用粉 100 公克 水 70cc 鹽 2 公克 快速酵母粉 0.5 公克
準備工作	1. 事前製作中種備用（參考 P.86 中種法）。 2. 將麵粉混合均勻，準備好發酵帆布等道具。 3. 評估製作環境的溫度和溼度，以調整水溫。

 材料小不點

麥芽精粉（malt powder）── 在許多低含量酵母、低糖分的配分的麵團中，常可見到添加「麥芽精」，例如像法國麵包、鄉村麵包、拖鞋麵包等歐式低糖甚至無糖麵包幾乎都會含有麥芽精，市面主要以液態和粉狀兩種販售。

麥芽精為大麥發芽所製成的麥芽糖萃取而成，含有分解酵素，有助於將麵粉中的澱粉分解成葡萄糖。無糖或低糖的麵團因為酵母養分不足，所以添加麥芽精，或者其他同樣不加糖的歐式麵包，因為沒有糖給予酵母養分，所以一般會借助麥芽精使酵母活躍，促進發酵，另外麥芽精也有助於增色及增香。

做法

1. 除發酵種外，將主麵團中的全部材料放入麵盆中，混合均勻。

2. 將水分 2～3 次倒入麵盆中，每倒一次就用攪拌棒將粉水混合，然後成團部分移至旁邊，再從乾粉處倒入水再攪拌，一直到水全部倒完。然後充分攪拌至粉水均勻的稠狀。

3. 將粉水初步成團的麵團倒在揉麵台上，並且同時把黏附在麵盆內的材料用刮刀刮乾淨。

4. 利用手指將麵團攤開，將中種分塊平均放入，再利用刮刀平行揉麵台，從不同角度將中種和主麵團刮開、再集中，重覆至成團。

5. 將開始手揉。先將麵團伸展開來，貼著揉麵台將麵團向前平推再收回，不同角度重覆推開收回，有點像是洗衣搓揉，確實將粉、水和材料均勻揉進麵團中。

   此刻麵團狀況：用手指拉一拉麵團，可以感受到麵團一拉就斷，表面凹凹凸凸不平整。

6. 揉到麵團表面初步光滑，手沾油拉開麵團一角，檢查破洞邊緣出鋸齒般撕裂狀。此時即可將麵團放入麵盆中開始進行水合和拉折。

7. 三次水合及拉折作業，每間隔 40 分鐘（詳細方法參考 P.97 烘焙手帖水合法與拉折法的圖解說明）。

8. 手沾抹少許沙拉油，拉一拉一小塊麵團，檢查一下是否出現薄膜，出現則是代表麵團已可進入基礎發酵階段。

   此刻麵團狀況：麵團表面光滑而平整，薄膜伸展性高，可以透看手指紋。

9. 將最後三折完成的麵團收口朝下放回麵盆中，即可開始基礎發酵。

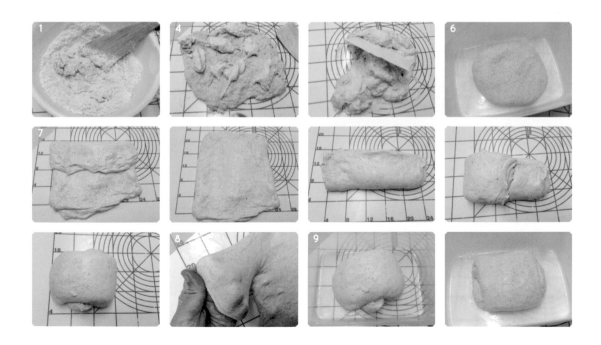

10. 隔日低溫發酵，麵團置於冰箱冷藏 8 小時。

11. 從冰箱取出麵團後，進行排氣翻麵，持續發酵 1 小時至 2 倍大。將麵團倒到帆布上輕輕將浮在表面上的氣泡拍出，利用刮刀直接分割成大小一致的麵團。

12. **進行最後發酵。**利用烤箱中放置熱水 20 分鐘，再移至室溫發酵約 15 分鐘，共計 35 分鐘。

13. 水 300℃ 預熱烤箱（或以烤箱最高溫度預熱），烤盤也一起預熱。

14. 表面撒粉、割線（可省略），入爐前表面噴水。

15. 烘烤開始 10 分鐘內使用 230℃ 過熱水蒸氣機能，10 分鐘後改成普通烘烤機能，同時對調烤盤方向，以平均烤色。出爐後冷卻即可享用。

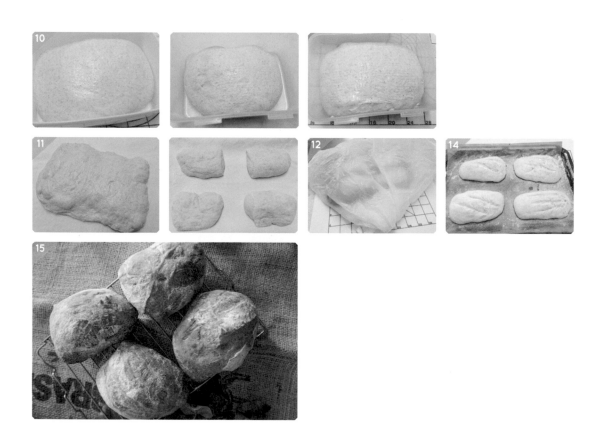

雞絲彩蔬焗烤麵包

主角吃法	雞絲和七種蔬菜細絲焗烤
主角麵包	巧巴達麵包
佐餐開胃	新鮮水果小盤
搭配湯品	毛豆濃湯

披薩焗烤麵包吃法，日本人叫做（ピザトースト，Pizza Toast），在麵包片上塗抹披薩醬，再舖擺各式各樣的食材，撒上滿溢的起司，送入烤箱烤到起司金黃上色、爆漿奔流，出爐時香氣一湧而上，美味一點都不輸給正統的披薩。

聽說披薩焗烤麵包的發想來自日本東京都有樂町一家名叫「紅鹿 」的老式喫茶店。早期因為 Pizza 被視為一種昂貴又極花時間的餐點，一般大眾除非特意上館子，否則顯少有機會品嚐，而喫茶店老闆為了讓大眾吃到美味又不用久等的披薩，想出把麵包取代披薩麵皮的方法，再用小烤箱迅速烤出如披薩般美味的餐點，從此一炮而紅。

披薩焗烤麵包是再簡單也不過的餐點了，翻出冰箱角落的食材，只要把所有材料放在麵包上，再放入烤箱烘烤就大功告成，什麼烹飪技巧都不用。快，掃一掃冰箱裡的食材吧！

別小看這個披薩焗烤麵包，一端上餐桌，大人小孩都會爭先恐後的伸手搶食。大家一邊喊燙，一邊忙著將垂在嘴角的起司牽絲吸入口中，大夥歡聚一堂其樂融融的場景，就是這款早午餐的魔力。

份量	2 人份

| 材料 | 巧巴達麵包 1 顆 　　紫洋蔥 適量
雞肉絲 適量 　　　櫻桃蘿蔔 適量
甜椒 適量 　　　　起司絲 1 杯
蕃茄 適量 　　　　青醬 2 大匙
紫高麗菜 適量 　　胡椒鹽 少許 |

做法

1. 紫高麗菜放入少許鹽抓一抓，去青 10 分鐘，擠出汁液備用。洋蔥切絲。甜椒、蕃茄切細丁。櫻桃蘿蔔切半月型薄片。

2. 將麵包對切剖開，內側塗上青醬，撒上起司絲的一半量。

3. 再將雞絲、步驟 1 的食材平均舖在上面，最後將剩下的起司全部撒上，撒上少許胡椒鹽，送入已預熱 220℃ 的烤箱烤至表面起司融化上色即可。

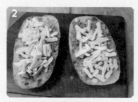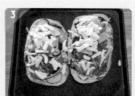

 溫馨小叮嚀

1. 焗烤用食材最忌水氣，任何食材舖上麵包前都要盡量擠乾水氣，或是放在餐巾紙上把多餘汁液吸乾，可以善用去青來減少食材的水氣。

2. 麵包上塗底醬的目的，除了調味之外，還可以避免水氣直接接觸麵包。蕃茄醬、美乃滋、芥末醬、奶油、奶油乳酪都可以混合調配。

3. 雞肉絲的做法請參考 P.28。青醬的做法請參考 P.51。

搭配湯品 毛豆濃湯

　　毛豆日語稱為枝豆，日本人超愛毛豆，只要季節一到，市場裡總是一掃而空。尤其向台灣進口美味新鮮的冷凍毛豆，一年到頭都可品嚐，可謂「綠色的黃金」。我常常一次買很多，連莖稈一起煮熟，分包放入冷凍庫，除了用在各式料理外，也可做為ずんだ（毛豆甜餡）享用。除了顏色很青翠，毛豆有豐富的營養素和食物纖維，是對健康十分有益處的超級食物。此款濃湯以毛豆為主角，洋葱則是天然調味料，加入牛奶為湯頭，是非常適合全家大小的湯品。

🥛 **份量**	2 人份		
🥖 **材料**	毛豆（煮熟）1 量米杯	牛奶 350cc	糖 0.5 小匙
	洋葱（小）1 顆	水 150cc	起司粉 隨意適量
	奶油 10 公克	鹽 0.5 小匙	胡椒粉 隨意適量

🥄 做法

1. 將洋葱切細丁，鍋中放入洋葱和奶油，用小火炒香成透明狀。

2. 加入毛豆和水約 250cc 煮滾後關火，放入冰牛奶混合。

3. 倒入果汁機中，一起攪打 15 秒之後倒回原鍋。

4. 果汁機中倒不出來的部分，加入少許的水（約 100cc），混合清一下再倒回鍋中。小火慢慢加熱至滾，若介意浮起的渣渣泡泡，可以撈起或過濾（渣渣的膳食纖維豐富，可以不濾也不撈），再放入調味料調整味道，關火盛碗，撒上起司粉和黑胡椒粉即可享用。

套餐 2 瑪格麗塔
披薩風麵包

主角吃法	1. 瑪格麗塔披薩焗烤麵包 2. 瑪格麗塔三色材料組合 （羅勒、蕃茄、起司） 帕尼尼三明治
主角麵包	巧巴達麵包
佐餐開胃	冰花沙拉佐和風紫蘇梅沙拉醬
搭配湯品	洋芋菇菇濃湯

一說到瑪格麗塔（Margherita）Pizza，馬上就連想到義大利國旗的三種顏色，紅（蕃茄）、綠（羅勒）、白（莫札瑞拉起司）。

這個名字是來自於義大利王妃瑪格麗塔。她說「綠色的羅勒、白色的起司、紅色的番茄就好比義大利國旗」。她對這種披薩十分鍾愛，因此用自己的名字命名了這款披薩。

將瑪格麗塔披薩的元素再增添一點天馬行空，把巧巴達麵包夾入紅白綠三樣靈魂食材，變身成瑪格麗特風帕尼尼三明治，再加上神來一筆化身成披薩風的焗烤麵包。這樣料多味美的異國美食秀，很適合在家中的餐桌上精彩上演。

溫馨小叮嚀

羅勒葉一遇到熱馬上變黑，避免直接放入烤箱烘烤，直接食用新鮮葉片為佳。

巧巴達麵包

瑪格麗塔披薩焗烤麵包

 份量 | 2 人份

 材料

巧巴達麵包 1 顆	羅勒葉 數片	黑胡椒粉 少許
蕃茄切片 6 片	青醬 1 大匙	
莫札瑞拉起司 1 塊	帶粒芥末醬 1 小匙	

做法

1. 將蕃茄切片後，放置餐巾紙上吸乾水氣。

2. 莫札瑞拉起司切片備用。

3. 將青醬和帶粒芥末醬混合成底醬備用。

4. 將麵包對切剖開，內側塗上底醬。

5. 將蕃茄片和莫札瑞拉起司交互排列舖在麵包上，撒上黑胡椒粉後，放入已預熱 250℃ 的烤箱烘烤約 4 ～ 5 分鐘，取出後放上羅勒葉即可享用。

瑪格麗塔帕尼尼三明治

 份量 | 2 人份

 材料

巧巴達麵包 1 顆	莫札瑞拉起司 1 塊	青醬 2 大匙
蕃茄切片 6 片	羅勒葉 數片	黑胡椒粉 少許

做法

1. 將蕃茄切片後，放置於餐巾紙上吸乾水氣。
2. 莫札瑞拉起司切片備用。
3. 將麵包對切剖開，放入已預熱 200℃ 烤箱烘烤 3 分鐘。
4. 取出麵包，內側塗上青醬。
5. 將蕃茄片、羅勒葉和莫札瑞拉起司交互排列舖在麵包上，撒上黑胡椒粉後，最後蓋上另一片麵包即可享用。

日本人的保存食 ——
原味梅干與紫蘇梅干。

 開胃
佐餐 **冰花蘿蔔沙拉佐
和風紫蘇梅沙拉醬**

🥤 **份量**	2人份			
🥢 **材料**	冰花 適量	**和風紫蘇梅沙拉醬材料**	味醂 1大匙	白醋 1大匙
	櫻桃蘿蔔 適量	紫蘇梅 1顆	蜂蜜 1大匙	
		和風昆布醬油 2小匙	芝麻油 2小匙	

🥄 **做法**

1. 製作和風紫蘇梅沙拉醬。將紫蘇梅籽取出，梅肉切成泥狀。
   將全部材料混合均勻即可。此醬搭配涼拌豆腐或是做生菜沙
   拉醬都非常適合。

2. 冰花和櫻桃蘿蔔洗淨、擦乾水氣，淋上步驟1的沙拉醬享用。

 材料小不點

冰花（ice plant）—— 葉面如冰雪結霧般閃著水滴般的光澤，清脆帶有微微
鹽味，是西洋料理中常見的盤飾食材。冰花特別的口感在於清脆，那種獨特的
透明感格外美味。以生食為主，若是加熱就可惜它的原始口感。冰花的吃法，
因為本身微鹽，所以不用淋上沙拉醬也可以美味享用。適合搭配的沙拉醬，像
清爽的和風沙拉醬、優格水果醬、法式酸醋醬。冰花含有豐富的礦物質，對於
改善血糖值和肝機能也有功效，現在也應用於開發健康食品和化粧品。

搭配湯品 洋芋菇菇濃湯

　　將馬鈴薯、菇類和洋蔥三樣食材做成風味獨特的西式濃湯。馬鈴薯和菇類特有的黏質加入牛奶慢火燉煮產生自然的稠度,綿密順口。奶油和牛奶再扮演美味的調味料,讓整體風味非常濃郁香純。

🥛 份量	2～3 人份

🧆 材料			
	蘑菇 6 顆	蒜頭 1 瓣	水 300cc
	鴻喜菇 4～5 朵	奶油 10 公克	鹽 0.5 小匙
	占地菇 2 朵	馬鈴薯(中小)1 粒	黑胡椒粉 少許
	洋蔥(小)半顆	牛奶 300cc	義大利香芹 適量(或香草類)

🥄 做法

1. 馬鈴薯切細丁。蒜頭、洋蔥切細丁。將較大的菇類切片,我使用了三種菇類,可選擇自己喜愛的菇類,以蘑菇最適合。備平底鍋,馬鈴薯、洋蔥、蒜頭、菇類用奶油炒至透亮,加入約 200cc 的水煮至馬鈴薯熟透後關火。

2. 加入冰牛奶降溫後,放入果汁機攪打約 30 秒左右。

3. 將打好的湯汁重新倒回原湯鍋中,加入剩下的水(100cc)將果汁機清一清,再把全部湯汁都倒回湯鍋,加入全部的調味料,以小火煮至滾即可關火。盛入容器中,上面擺幾片香草裝飾,或撒些黑胡椒即可享用。

PART 6

SOFT FRENCH BREAD

軟法麵包
系列

軟式法國麵包（Soft French Bread），最大的特點就是擁有法國棍子麵包獨特的香脆的外皮，內部卻是如軟麵包一樣的鬆軟溼潤有彈性，一口咬下去是外脆內軟的對比口感，細細咀嚼更能體會其獨特風味。非常適合塗上美味抹醬，或是夾上各類鮮蔬、火腿等做成三明治，都是美味滿點、營養滿分的吃法。

起初家人不喜歡歐式硬麵包口感，尤其是得到所謂「法棍恐怖症」，害怕吃了硬梆梆的法棍而滿嘴破皮，所以我就從「軟法」慢慢開始讓他們習慣上硬性麵包的口感，結果軟法麵包酥脆輕薄的外皮和鬆軟 Q 彈的麵包體組合，讓他們一吃就愛上了，所以軟法真是會讓人「無法自拔地愛上法國麵包」的入門款麵包。

本書介紹的三款軟法麵包——法式香披紐麵包、奇亞籽軟法麵包、摩卡軟法麵包，三款軟法的共同特色如下：

1. 使用接近中筋質地的法國麵包專用麵粉，營造出屬於硬式麵包特有的外酥脆內 Q 彈的口感。

2. 加入少量的油和糖等副材料，以提升麵包整體鬆軟程度，並且增添多層次風味。

3. 中途的翻麵排氣動作強化筋性，成型重點讓麵團表面更具張力，口感彈性十足。

4. 採短時間高溫烘烤，烤箱及烤盤在預熱時調至烤箱最高溫預熱，烘烤前在麵團表面噴水之外，不需要加入任何蒸氣。

主角
麵包　法式香披紐軟法麵包

這款外形如磨菇般的法國麵包，法語叫做 Champignion，就是菇的意思。它最可愛的地方，就是上面的菇頭蓋，成形時很認真的放正，但是烤出來總是歪歪倒倒的。不過，吃起來啪哩啪哩的香脆菇頭蓋可是我家最愛搶食的部分！

我最喜愛在麵團中添加小麥胚芽。烘焙過的小麥胚芽散發著濃郁怡人的麥香，彷彿置身於初夏小麥田中的錯覺。再加入養生的黑芝麻粒和奇亞籽，每粒小種籽們都成了美妙的音符，一口口細細地咀嚼，享受在口裡合奏出美味的讚歌。

法式香披紐軟法麵包

份量	6 顆

材料	法國麵粉 210g	黑芝蔴粉 1 大匙	砂糖 5g
	高筋全麥麵粉 90g	奇亞籽 0.5 大匙	沙拉油 10 cc
	快速酵母粉 3g	水 200 cc	
	小麥胚芽粉 10g	鹽 3g	

準備工作	1. 準備好種籽類副材料。
	2. 評估製作環境的溫度和溼度，以調整水溫。

做法

1. 將法國麵包粉和全麥麵粉混合，分成 2 等分，各放入大小不同的麵盆。

2. 大麵盆中分別放入酵母粉、砂糖（此次使用細粒蔗糖）。

3. 小麵盆中放入鹽、小麥胚芽粉、黑芝蔴粒、奇亞籽和沙拉油。

4. 將水倒入大麵盆中，充分攪拌至粉水均勻。

5. 將小麵盆中的材料倒入大麵盆中，攪拌成團狀。

6. 將麵團倒在揉麵台上，將材料均勻揉進麵團中。

7. 揉至麵團表面光滑平整後，將麵團放入厚塑膠袋或麵盆中開始基礎發酵（此次使用冰箱低溫發酵）。

8. 當麵團膨脹約 1.5 倍大，隔著塑膠袋或直接在麵盆裡排氣翻麵，再進行約 40 分鐘的中間發酵。

9. 當麵團再度膨脹約 1.5 ～ 2 倍大時發酵完成。

10. 排氣後拿出麵團，分割成 6 份。再從每份麵團中取出約 10 公克的小麵團。

11. 大小麵團滾圓之後，靜置 15 分鐘。

12. 大麵團再次滾圓。小麵團則是擀成小圓餅狀，其中一面的邊緣塗上油。

13. 塗油側蓋放在大麵團頭頂上，手指沾點手粉，往中間戳一個凹槽。將麵團隔開排列放好，進行最後發酵。

14. 烤箱預熱至 250℃。

15. 將發酵完成的麵團表面噴水，送入烤箱。

16. 220℃烤 10 分鐘，200℃烤 8 分鐘，共計 18 分鐘出爐。

 材料小不點

小麥胚芽粉 —— 從小麥中萃取出胚芽部分，經過烘烤處理，保留胚芽的原始的風味和營養成分，含有豐富的維他命群及蛋白質，除了可當作養生飲品之外，獨特的麥香使它成為火紅的烘焙材料之一。

套餐 1

焗烤培根蛋
麵包盒

主角吃法	烤培根蛋麵包盒
主角麵包	法式香披紐麵包
開胃佐餐	美人蘿蔔泡菜
搭配湯品	金時地瓜濃湯

　　日本人將「寒流」取個可愛的名字叫做「冬將軍」，在這北國的寒冬清晨，那種烤到香氣滿溢的焗烤早餐，再搭配一杯暖呼呼的濃湯，最能撫慰渴望「溫暖」的腸胃呀。

　　把麵包中間挖空塞滿各式食材，麵包變身成小圓碗。將美味的培根舖在底部，再打入一顆黃澄澄的新鮮雞蛋，最後撒滿濃郁的起司條，出爐時美味麵包盒中包著牽絲的起司、混合香濃的培根蛋，一口三享受，就是焗烤麵包盒最迷人之處。

溫馨小叮嚀

1. 麵包盒中的新鮮雞蛋因不容易受熱，所以必須先利用平底鍋的水蒸原理將蛋燜至八分熟，再利用烤箱將表面的起司部分烤香。也可以全程使用烤箱，製作時間較長，200℃約烤 10 分鐘（約 6 分熟）～15 分鐘（約 9 分熟），再燜 3 分鐘（全熟）。
2. 底部調味也可利用家裡現有的醬料，例如黑胡椒醬、蕃茄醬或少許醬油膏。

份量	2 人份

材料	法式香披紐麵包 2 個	美乃滋 1 小匙
	培根片 4 片	芥末醬 1/2 小匙
	雞蛋（小）2 顆（從冰箱取出事先回溫）	鹽、胡椒粉 1 小撮
	起司片 2 片	香草粉 少許

 做法

1. 把麵包上方橫切出薄蓋，利用手指從麵包邊緣約 1 公分處向下擠壓，並繞著一圈將邊緣的麵皮壁整平，使中間形成空洞。預熱烤箱 200℃。

2. 將美乃滋和芥末醬混合後，均勻塗抹在洞底。

3. 培根片交叉平舖在洞中，中央打入雞蛋（從冰箱取出事先回溫的雞蛋）。

4. 在雞蛋表面撒上鹽和胡椒粉，最後放上起司片或是起司絲。

5. 蓋回麵包蓋，上下都包好鋁箔紙。

6. 放入平底鍋，加入 3 大匙水。蓋上鍋蓋，中火蒸 2 分鐘，再小火蒸 5 分鐘後關火。不要打開蓋子，再燜 3 分鐘。拿掉鋁箔紙，上方撒入香草粉即可享用。

7. 喜歡起司焦香口感的話，把上方鋁箔紙拿掉，再送入烤箱 3 分鐘將起司表面烤香即可。

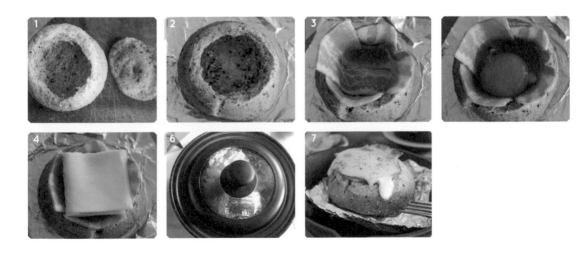

套餐 2
焗烤鮮蔬
白醬麵包

麵包盒也可以這樣變化。利用家裡現有的剩菜就可以做出五星級的早午餐喔。一刀切開，烤的香噴噴的起司融合鮮蔬白醬一起傾瀉而出，最是誘人食欲的美好瞬間。

主角吃法	焗烤鮮蔬白醬麵包
主角麵包	法式香披紐麵包
開胃佐餐	美人蘿蔔泡菜
搭配湯品	金時地瓜濃湯

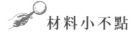 ### 材料小不點

白醬（Cream sauce, or white sauce） —— 是一種西洋料理的基本醬汁，主要是用奶油和麵粉煮成的奶油麵粉糊，再放入牛奶或是鮮奶油中煮成。早期製作白醬使用大量的奶油去炒香麵粉，再加入濃重的鮮奶油，所以熱量高。現在慢慢改良成用少量奶油或是不加奶油，也可以製作出美味白醬。加入用適量奶油特別滑口濃香，適合做焗烤、義大利麵的醬料等。不加奶油，直接將牛奶和麵粉混合調好再加熱即可，或是先將食材和麵粉拌炒後加入牛奶，產生稠性，比較清淡，適合做燴飯醬汁。

 ### 溫馨小叮嚀

1. 選擇和份量相應大小的道具，用手動的攪拌器和有點深度的 18 公分之內的不銹鋼小鍋。鍋子太大，材料不容易調開和拌勻。
2. 可利用家中的剩菜來當內餡，以根莖類為佳，避免葉菜類，也避免重口調味的剩菜。因剩菜都有鹹味，在加鹽調味時要小心調整。

📏 份量	2 人份

🥖 材料	**白醬材料** 奶油 20g 低筋麵粉 2 大匙 全脂牛奶 200cc（也可用濃豆漿） 鹽 1/4 小匙 胡椒粉 少許	**內餡材料**（我家冰箱的剩菜） 玉米粒 適量　　高麗菜芯 適量 紅蘿蔔絲 適量　甜豆 適量 洋蔥絲 適量 培根丁 適量

🥄 做法

1. 把麵包中間挖空備用。預熱烤箱 200℃。

2. 將奶油放入鍋中，開中小火融化奶油。

3. 等奶油全部融化起泡後，搖晃一下鍋子，讓奶油沾滿鍋底面。轉小火（奶油和麵粉都容易焦，一定要小心火候），倒入麵粉，用攪拌棒用轉圈的方式迅速炒開。

4. 剛開始炒的時候一定會結塊，不用擔心，炒到看不到粉了，這時將牛奶或豆漿分 2～3 次倒入，同時不斷地用攪拌器攪拌。

5. 保持小火，讓醬汁慢慢變濃稠均勻。粉水合一後，要稠一點，就可以關火，要稀一點也可加入高湯、牛奶、豆漿調整。

6. 這是我冰箱裡現成的剩菜，家裡有什麼適合的材料都可以放入拌一拌（或是把新鮮蔬菜炒熟也可以），嚐一嚐味道，適當加入鹽和胡椒粉，關火起鍋。

7. 把白醬材料分成 2 份，填入麵包中的空洞，上面再放上一片起司片或是撒上起司絲。

8. 放入烤箱中，200℃烤至起司表面呈金黃色即可。出爐後可適量在起司上撒上少許洋香草粉或黑胡椒粉，增添風味。

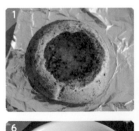

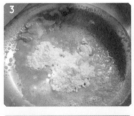

開胃佐餐 美人蘿蔔泡菜

蘿蔔是日本家庭中食用量最高的蔬菜，蘿蔔的品種繁多，在日本神奈川三浦地區生產一種帶著豔嫩桃紅色澤的蘿蔔，名叫粉紅美人（レディーサラダ大根），滋味甘甜，幾乎沒有嗆味，鮮脆爽口，特別適合直接做為生菜沙拉和淺漬來享用。也可以使用其他蘿蔔品種，方法相同。

 材料

| 美人蘿蔔1條 | 鹽 2 小匙 | 糖1大匙 |
| 日本香柚1顆 | 香柚果汁1大匙 | |

 做法

1. 香柚擠出果汁備用，皮切細絲。

2. 將蘿蔔表皮刷洗乾淨，連皮切成半月薄片狀，梗莖部分切細丁，放入盆子中，加入鹽（用手拌一拌。上面放一個盤子。上面再放重物（我用燒開水的壺子，裡面裝滿水就可以用了）壓上半小時。出水之後，將蘿蔔輕輕把水擠出，放入果皮、果汁和糖充分混合，放入冰箱靜置約半日入味即可享用。

搭配湯品 金時地瓜濃湯

金時地瓜，紫紅色的表皮和金黃色的果肉，口感綿密細緻，結合栗子與南瓜的香甜，連皮帶肉做成濃湯，省略油炒食材的步驟，也減少調味，讓濃湯多點營養少點負擔，實踐全食物精神。

份量　2 人份

材料

金時地瓜 約 100 公克	水 200cc	鹽 1/4 匙
洋蔥 30 公克	冰牛奶 200cc	胡椒粉 少許

 做法

1. 地瓜切成小塊。洋蔥切丁。放入小鍋中，加入水。
2. 煮至地瓜熟軟（可用筷子插入試熟度）。
3. 關火後放入冰牛奶，加入調味料。
4. 將鍋中材料倒入果汁機或調理機中攪打 30 秒至濃稠均勻。
5. 倒回鍋中回溫後即可享用。

主角
麵包 奇亞籽
軟法麵包

330

最近幾年大家都在流行吃「超級種籽」。奇亞籽有「奇蹟種籽」之稱，含有豐富的膳食纖維和營養素，成為火紅的養生聖品。在麵包中加入超級種籽的養生元素，享用麵包的同時也一起攝取這些種籽的養分，真是一舉兩得。這款麵包值得一口一口細細的咀嚼，品嚐融合種籽獨特的口感和麥香的絕配滋味。

份量	6 顆		
材料	法國麵包粉 300 公克	奇亞籽 10 公克	砂糖 6 公克
	麥芽精粉 1 公克（可省）	水 200cc	橄欖油 10cc
	快速酵母粉 3 公克	鹽 4 公克	奶油（裝飾用）適量
準備工作	1. 準備好種籽類副材料。		
	2. 評估製作環境的溫度和溼度，以調整水溫。		

做法

1. 將麵粉分成 2 等分，各放入大小不同的麵盆。
2. 大麵盆中分別放入酵母粉、砂糖、麥芽精粉。
3. 小麵盆中放入鹽、奇亞籽和橄欖油。
4. 將水倒入大麵盆中，充分攪拌至粉水均勻。
5. 將小麵盆中的材料倒入大麵盆中，攪拌成團狀。
6. 將麵團倒在揉麵台上，將材料均勻揉進麵團中。

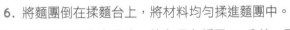

7. 麵團揉至初步光滑後，蓋上溼布靜置 10 分鐘，再配合折壓法 2 分鐘，揉至麵團平整光滑有彈性即可，將麵團放入麵盆中開始基礎發酵。

 材料小不點

奇亞籽（chia seed），長的像一粒粒狀的黑芝麻，是鼠尾草的種籽，起源於墨西哥南部和瓜地馬拉，它除了纖維含量多，又含有豐富的不飽和脂肪酸、維生素和礦物質，被視為超級食物，在有機食品店和烘焙原料店是火紅商品，除了早餐穀片、牛奶、豆漿中食用之外，也可以做為麵包副材料。

8. 當麵團膨脹約 2 倍大（約 50 分鐘），排氣收口朝下放回麵盆中，再進行約 40 分鐘的中間發酵。

9. 當麵團再度膨脹約 1.5 ～ 2 倍大時，手指測試確認發酵完成。

10. 倒出麵團輕微排氣，分割成 6 份。

11. 麵團輕折滾圓之後，靜置 15 分鐘。

12. 整形成橄欖型、三角型和圓型（可參考 P.132、P.147、P.164 餐包類成型手法）。

13. 將麵團隔開排列放好，進行最後發酵。

14. 烤箱預熱至 250℃。

15. 將發酵完成的麵團表面撒上麵粉，割線後在縫隙中加入奶油，表面噴水之後送入烤箱。

16. 220℃烤 10 分鐘，200℃烤 8 分鐘，共計 18 分鐘出爐。

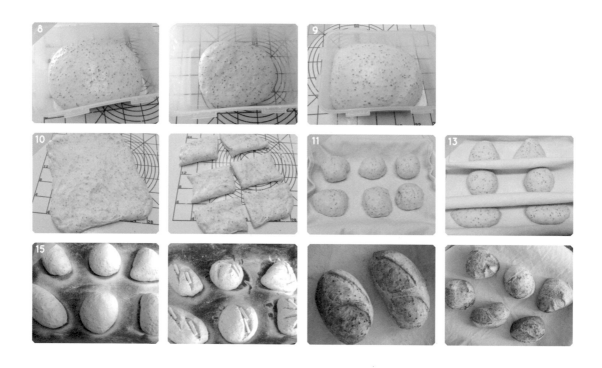

溫馨小叮嚀

1. 奇亞籽有遇水膨脹的特性，所以在用量上要注意不可過多，否則會影響發酵。

2. 橄欖油也可以換成個人偏好的油類。

3. 割線縫隙中夾入奶油或是淋上油類，有助裂口開展，此步驟也可以省略。

套餐1
日式薑燒肉漢堡

主角吃法	日式薑汁燒肉夾心漢堡
主角麵包	奇亞籽軟法麵包
佐餐開胃	日本老奶奶的洋芋蛋沙拉
搭配湯品	焙煎蕎麥茶

　　根據日本調查，主婦們「今天晚上吃什麼？」想到頭快破時，第一個閃入腦中的選擇就是「生薑燒肉」。冬天來盤生薑燒肉暖心暖胃，炎熱夏日則是開胃健脾。帶點嗆辣的薑汁醬油味，真是香氣四溢、美味可口的家常菜。我家的「生薑燒肉」特別注重「薑汁和薑絲」，因為家人總是搶食燒到鹹鹹甜甜又混合肉汁香氣的薑絲。其實生薑燒肉夾入麵包做成三明治或漢堡，也是我家最愛的早餐選擇，把前天剩下的燒肉變個花樣，肉汁融合微辣入味的薑汁，搭配柔軟系的麵包，真是絕佳對味，當作輕食正餐也非常適合。

份量	2 人份

| 材料 | **三明治材料**
奇亞籽軟法麵包 2 粒
生薑燒肉 適量
新鮮豆苗 適量
日式美乃滋 2 小匙
（請參考 P.252
日式美乃滋做法）
其他
熱鍋用沙拉油 1 小匙 | **生薑燒肉材料**（約 2 份）
豬肉薄片 約 250 公克
薑 1 段（一半磨成汁，
一半切薑絲） | **豬肉醃料**
薑汁 2 大匙
醬油 1 小匙
料理酒 1 大匙
胡椒粉少許
太白粉 2 小匙
收尾調味料
醬油 2 小匙
砂糖 1 小匙
味醂 1 大匙 |

做法

製作生薑燒肉

1. 把薑一半磨成汁，留一半生薑切成細絲備用。醃料盆裡並放入薑汁，再加入全部醃料拌勻。放入肉片，兩面沾好，醃約 15 分鐘。

2. 鍋中放入 1 小匙沙拉油熱鍋，放入薑絲用中火炒香。薑絲炒香期間，將步驟 1 的醃肉中放入太白粉用手抓勻。把薑絲推到一旁後，轉中大火，將豬肉一片一片放入鍋中，這樣受熱才均勻。

3. 兩面煎香後，將薑絲和豬肉拌炒一起。均勻混合收尾調味料，最後從鍋邊淋上收尾醬汁，大火拌炒幾乎收乾醬汁後即可起鍋。

4. 可以撒點一味粉或七味粉，風味更佳。

材料小不點

豬肉不同部分呈現不同的口感，最建議的部分就是「肩胛肉」。肩胛肉的肉香迷人，加上油脂分布適當，帶便當或當主菜也不覺得膩口。豬肉片厚度不同，口感也會不同。在日本超市幾乎都會特別販售「生薑燒肉」專用的豬肉片，厚薄度、脂肪比例都是專為燒肉設計。一般涮涮鍋的豬肉片厚  度是 2mm，普通薄切片是 3mm，生薑燒肉則是約 3 ～ 3.5mm。肉片若太薄，下鍋之後容易解體並結成一團，太厚時煎的肉片容易柴老，冷了容易變硬。台灣火鍋用的豬肉片厚度約 3mm, 不像日本涮涮鍋的火鍋片較薄，可以請店家切成「火鍋用的厚度」，大概就沒問題。

製作三明治

5. 將新鮮豆苗泡冷水 10 分鐘後，充分濾乾水氣（可用脫水器）。豆苗也可以用喜愛的生菜代替。

6. 將麵包切開，內側塗上日式美乃滋。

7. 將步驟 1 舖在一片麵包的內側，然後適量放上生薑燒肉，最後蓋上另一片麵包即可享用。

開胃佐餐 日本老奶奶的洋芋蛋沙拉

　　這道洋芋蛋沙拉是傳承自我婆婆的手藝，一道看似簡單的馬鈴薯沙拉，充滿著屬於婆婆那個時代、老一輩日本媽媽們的智慧，雖然節約簡樸卻美味十足。

　　為了達到鬆鬆軟軟、入口滑順的效果，煮熟過的馬鈴薯，將水從鍋中倒掉，然後在鍋中搖晃馬鈴薯，讓水氣充分蒸散，這是所謂粉吹芋的手法。

　　為了讓馬鈴薯泥充分吸收蛋汁精華，不用水煮蛋，而是直接將蛋打入熱騰騰的馬鈴薯泥中，充分攪拌，使之融合一體入口即化，再加醋帶點酸氣，就是此款洋芋沙拉的底蘊，展現小技巧大智慧。

份量 | 2～3 人份

材料

主材料	洋蔥 40 公克	**調味料**
馬鈴薯 250 公克	小黃瓜 90 公克	醋 1 大匙
新鮮雞蛋 1 顆	紅蘿蔔 50 公克	鹽 0.5 小匙
奶油 10 公克	黑胡椒粗粉 適量	砂糖 1 小匙
培根片 50 公克		和風芥茉醬 1 小匙
		胡椒粉 適量

做法

1. 把小黃瓜切圓形薄片和紅蘿蔔刨絲，加入 1 小匙鹽（份量外），用手拌勻，放置 10 分鐘左右，把汁液和水氣擠出來備用。 洋蔥切細丁，放入水中泡 10 分鐘，放在餐巾紙中，隔著餐巾紙把水捏出來備用（也可以切細絲泡水後濾乾水氣，再切細丁）。 培根（也可以用火腿）切丁。

2. 馬鈴薯去芽後削皮、切小塊。雞蛋打散成蛋液備用。

3. 把馬鈴薯塊放入鍋中，放入水（水量以淹過馬鈴薯即可，不用加多（較快煮熟）。加蓋、開大火（加蓋滾開速度快，但小心泡沫溢鍋），滾後開中火煮至軟熟（用竹串插入測試，或試食一塊看看熟度）。

4. 將鍋中的馬鈴薯直接連汁液整個倒入濾盆中，將汁液濾掉後，再將馬鈴薯放回原來的湯鍋中。

5. **製作粉吹芋。** 保持小火（不然容易焦），手拿著鍋子把手不斷搖動鍋子，讓水氣蒸發。馬鈴薯身上會出現粉狀，慢慢會沾上鍋邊，這就是所謂粉吹芋。

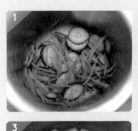 

軟法麵包系列

奇亞籽軟法麵包

6. 轉極小火。直接在馬鈴薯上淋上蛋液，然後用木匙不斷拌炒（保持極小火），記得連鍋邊、鍋底都要攪拌到，一邊攪拌，一邊加入奶油，把馬鈴薯搗成泥，這樣馬鈴薯會慢慢變成馬鈴薯蛋泥。充分搗勻後隨即關火。趁熱馬上加入全部的調味料拌勻，嚐嚐味道，適當調味。

7. 加入步驟1的佐料，加入之前再用手捏一下去水氣。最會出水的最後加。拌勻後即可以享用。享用前再撒上一些黑胡椒粉，增添風味

 溫馨小叮嚀

1. 攪拌馬鈴薯和蛋液時，可隨機適時關火，或是將鍋子離爐一些距離，同時手攪拌動作不可停止，以防焦鍋。

2. 現做現吃，吃多少做多少，不建議做太多冷藏太久，放冰箱保存約1～2天為佳。保存太久的話，材料出水，口感變差。

3. 有微微酸氣是此款沙拉的風味之一。我家人偏愛有明顯酸氣，加醋的量約1大匙，若是不喜歡酸氣，酌量調整。

搭配飲品 焙煎蕎麥茶

　　日本人除了愛吃蕎麥麵之外，還愛喝「蕎麥茶」。最近我家也愛上焙煎蕎麥茶。當滾熱的開水沖泡蕎麥粒後，濃郁的麥香隨著蒸氣撲鼻而來，彷彿置身一大片金黃麥田般的那種解放爽快，值得一口一口啜飲細細品嚐。泡過茶的蕎麥粒還可以放入米飯內做成粥，或放在麵粉裡做成蕎麥餐包，可物盡其用。

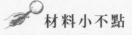 材料小不點

份量	一壺
材料	焙煎蕎麥粒 2 大匙 熱開水 約 450cc
做法	將蕎麥粒放入茶包中，以熱開水沖泡，約 3 分鐘即可享用。

蕎麥，原產於中亞，古代就已經傳入中國。蕎麥種子呈三角形，摸起來硬硬的，去殼之後磨成麵粉狀就可以做成各式的麵食。蕎麥麵是用蕎麥、麵粉和水，和成麵團壓平後切製的細麵條，煮熟食用。法國人拿來做黑麵包，日本人做蕎麥麵，韓國人做成涼糕點，波蘭人做成粥，中國內地做成像貓耳朵等等。烘焙過的蕎麥可泡成蕎麥茶飲用。蕎麥含有豐富的維生素、膳食纖維、促進新陳代謝、穩定血糖、降低膽固醇的作用。

套餐 2

糖醋魚排
三明治

主角吃法	糖醋魚排夾心
主角麵包	奇亞籽軟法麵包
佐餐開胃	德式培根洋芋
搭配湯品	蕃茄豆苗蛋花湯

　　魚肉含有豐富的優質蛋白質，而早餐是一天中攝取蛋白質的最佳時機。蛋白質可增加飽足感、補充體力、增加專注力，尤其是對於學習中的孩童，早餐攝取優質蛋白質，可促進學習力和記憶力。糖醋，為中華料理中經典調味，融合了酸、甜、鹹多層次的風味，開胃可口，老少皆愛。將富含油脂的旗魚肉兩面煎香，然後再以糖醋調味，此款魚排利用鳳梨罐頭中的酸甜果汁取代水，充滿果香味的糖醋，讓整個魚排爽口入味，夾入麵包中變身為豪華美味的糖醋魚排三明治。

溫馨小叮嚀

1. 魚類也可以選擇像鮭魚、鮪魚、土魠魚等都非常美味。表面抹上少許麵粉香煎，有助於魚肉定型、鎖住鮮汁，而且能產生稠性，就不用另外使用太白粉勾芡。
2. 如果不使用鳳梨罐頭汁，也可以使用柳橙汁、一般白醋、水果醋，但果汁類不像白醋酸度高，所以也可以酌量加入少許白醋補足酸味。

份量	2 人份

材料	**三明治材料** 奇亞籽軟法麵包 2 顆 糖醋魚排 2 片 新鮮蕃茄切片 2 片 日式美乃滋 少許 （參考 P.252 日式美乃滋） 新鮮豆苗 適量 洋蔥 適量

糖醋魚排煎製材料	**糖醋醬汁**
旗魚切片 2 片 鹽 1 小匙 低筋麵粉 1 大匙 沙拉油 1 小匙	蕃茄醬 1 大匙 鳳梨罐頭汁 1.5 大匙 （也可以用白醋代替） 醬油 1 小匙 砂糖 1 小匙

做法

1. **製作糖醋魚排。**將糖醋醬汁材料調勻備用。

2. 將魚排兩面抹上少許鹽（份量外），靜置 10 分鐘，待表面出水之後，用餐巾紙將表面的鹽和水氣擦乾，表面薄薄地抹上麵粉。

3. 倒入沙拉油熱鍋後，放入魚肉兩面香煎，倒入糖醋醬汁，搖晃鍋身，小心翻面，煮至稍微收乾醬汁即可起鍋。

4. **製作三明治。**將洋蔥切圓環狀，和新鮮豆苗一起泡冷水 10 分鐘後，充分濾乾水氣（可用脫水器）。豆苗也可以用喜愛的生菜代替。蕃茄切片後放在餐巾紙上吸收汁液備用。

5. 將麵包加熱回烤之後切開，內側塗上日式美乃滋。

6. 將豆苗鋪在一片麵包的內側，然後放上魚排和蕃茄、洋蔥，最後蓋上另一片麵包即可享用。

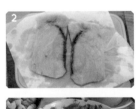

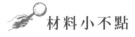

材料小不點

蕃茄醬，被日本人稱為是「魔法の調味料」。味噌湯中加 1 匙蕃茄醬，鹽味變得柔和爽口。甚至有人喜歡在咖哩中添加一點蕃茄醬，讓味道更豐富香醇。炒飯、炒麵加蕃茄醬，就算沒有什麼配料，吃起來也像山珍海味。連滷湯中加入蕃茄醬，湯頭就多了一種甘甜味。

 溫馨小叮嚀

1. 煎炒時也可加入大蒜、香草粉增添風味，享用時也可沾著蕃茄醬、芥末醬、烤肉醬等都非常對味。

2. 多放一點橄欖油創造出香滑順口的口感，是此款洋芋料理的風格之一。

開胃佐餐 德式培根洋芋沙拉

German potato，俗稱的德國煎士豆。德國人喜歡將馬鈴薯和洋蔥一同煎炒，是德國家常菜之一，傳入美國之後被稱為 German fries, 馬鈴薯煎到外表脆香，內部鬆軟，當做開胃菜、配菜，甚至是零嘴，都是極受歡迎的庶民料理之一。

份量	1～2 人份

材料
馬鈴薯 150 公克　　橄欖油 1.5 大匙
培根 30 公克　　　　鹽 0.5 小匙
洋蔥 20 公克　　　　黑胡椒粉 適量

做法
1. 馬鈴薯洗淨、去芽、削皮、切丁，泡水沖去外表的澱粉，濾去水氣備用。
2. 培根切丁、洋蔥切丁備用。
3. 鍋中加入 0.5 大匙橄欖油熱鍋，放入洋蔥、培根炒香取出。同鍋中添入 1 大匙橄欖油，將步驟 1 馬鈴薯丁放入鍋中拌炒，蓋上鍋蓋燜煎，中途打開翻炒 1～2 次，直到熟軟，外皮焦香。
4. 放入洋蔥和培根，加入調味，即可享用。

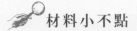 **材料小不點**

豆苗泛指豆類幼苗，有蠶豆苗和豌豆苗兩種，蠶豆苗葉呈橢圓大葉，豌豆苗葉較小，具濃郁豆香及清爽食感，富含 β 胡蘿蔔素、維生素 B 群、葉酸、膳食纖維及礦物質，是營養密度很高的綠色蔬菜。根部還能二次栽種及採收。

搭配湯品 # 蕃茄豆苗蛋花湯

　「蕃茄紅了，醫生的臉就綠了」，平凡樸實的蕃茄蛋花湯是一道永遠讓人感覺「有媽媽的味道」的溫馨湯品。蕃茄和雞蛋都是優質養生食材，而豆苗更是提供豐富的膳食纖維和營養素，三者組合在一起就成了鮮甜爽口的天然湯底。此款清湯材料簡單，製作快速，真是一道早午餐菜單中的不敗湯品。

份量	2 人份

材料	雞胸高湯 400cc 新鮮蕃茄（中）1 顆 雞蛋 1 顆	豌豆苗 半包 葱花 適量 鹽 0.2 小匙	香油 數滴 胡椒粉 少許

做法

1. 將蕃茄洗淨、切成適當大小。雞蛋打勻成蛋液。
2. 將高湯放入湯鍋，加入蕃茄煮滾後轉中火，持續煮 3 分鐘。
3. 轉中小火，加入豆苗，然後以繞圈方式倒入蛋液，不要翻動湯汁，等到蛋液凝固浮起後，用杓子輕推湯汁，加入鹽、胡椒粉，撒入葱花，滴上香油即可關火盛碗。

摩卡軟法麵包

結合可可亞和咖啡兩種熱帶果實，散發出微微苦香的摩卡風味，是麵包最美妙濃郁的底韻精華，非常適合在悠閒的早晨很放鬆很愜意地享用它。

摩卡軟法麵包

份量	6 顆		
材料	法國麵包粉 300 公克 麥芽精粉 1 公克（可省） 快速酵母粉 3 公克 純可可亞粉 7 公克	即溶咖啡粉 1 大匙 熱水 200cc 鹽 4 公克 砂糖 10 公克	橄欖油 10cc 奶油（裝飾用） 適量
準備 工作	1. **製作咖啡液。**將即溶咖啡粉以熱水沖泡溶解均勻後放涼備用。 2. 評估製作環境的溫度和溼度，以調整水溫。		

做法

1. 將麵粉平均分成 2 等分，各放入大小不同的麵盆。

2. 大麵盆中分別放入酵母粉、砂糖、麥芽精粉。

3. 小麵盆中放入鹽、純可可亞粉和橄欖油。

4. 將已調好的咖啡液倒入大麵盆中，充分攪拌至粉水均勻。

5. 將小麵盆中的材料倒入大麵盆中，攪拌成團狀。

6. 將麵團倒在揉麵台上，將材料均勻揉進麵團中。

7. 麵團揉至初步光滑後，蓋上溼布靜置 10 分鐘，再配合折壓法 2 分鐘，揉至麵團平整光滑有彈性即可，將麵團放入麵盆中開始基礎發酵。

8. 當麵團膨脹約 2 倍大（約 50 分鐘），排氣收口朝下放回麵盆中，再進行約 40 分鐘的中間發酵。

9. 當麵團再度膨脹約 1.5 ～ 2 倍大時，用手指測試確認發酵完成。

10. 倒出麵團輕微排氣，分割成 6 份。

11. 麵團輕折滾圓之後，靜置 15 分鐘。

12. 整形成橄欖型、三角型和圓型（參考 P.132、P.147、P.164 餐包類成型手法）。

13. 將麵團隔開排列放好，進行最後發酵。

14. 烤箱預熱至 250℃。

15. 將發酵完成的麵團表面撒上麵粉、割線。割線縫隙中夾入奶油，在麵團表面噴水之後送入烤箱。

16. 220℃烤 10 分鐘，200℃烤 8 分鐘，共計 18 分鐘出爐。

材料小不點

純可可亞粉，大家都熟悉的巧克力最主要的原料即是可可豆（Cocoa bean），純可可亞含有豐富的礦物質和維生素，在歷史上曾被當貨幣使用，可知它的珍貴。可可亞有安定情緒、調養體質、提升免疫力、活化腦部、預防動脈硬化等多種好處，除了可以調製成飲品之外，也可以做為烘焙麵包的材料之一。

軟法麵包系列　摩卡軟法麵包

套餐 1

瑞士起司鍋
風味麵包餐

主角吃法	麵包切塊沾起司融漿享用
主角麵包	摩卡軟法麵包
佐餐開胃	彩虹卡布沙拉
搭配湯品	可可拿鐵

想像在阿爾卑斯山間的小木屋裡，屋中升起爐火，大夥圍繞著繚繞乳香和熱氣的起司火鍋，用一根長叉子插上美味的麵包和各種可口的食材，蘸著濃郁誘人的起司融漿送入口中，那絲絲入扣的濃滑滋味瞬間瀰漫在唇齒之間。不用複雜的道具，利用一塊圓圓的卡門貝爾乳酪和一個小鐵盤，一樣可以營造出彷彿置身在瑞士雪山小屋吃起司火鍋的氛圍，而且一塊一人份，製作簡單又方便享用。它絕對是早午餐菜色中最令人驚豔的吃法。聽說瑞士女人如果蘸起司時不小心把麵包掉進起司裡，無論親疏都得親吻隔壁男人的嘴唇，讓我們端上這款早午餐，配上好料，準備好好親吻我們的家人。

 份量 | 2 人份

材料

摩卡軟法麵包 2 顆	橄欖油 2 小匙
卡門貝爾乳酪 2 塊	蒜香粉 適量
（參考 P.39 卡門貝爾乳酪）	鹽 2 小撮

做法

1. 乳酪從冰箱取出後室溫回溫。預熱烤箱至 200℃。
2. 將麵包切成適當大小的正方塊。
3. 鑄鐵盤塗上薄薄的油，將卡門貝爾乳酪放至盤中央，乳酪朝上的表面切開薄薄的一層，在中央劃個十字，使熱度可傳達至中心，再淋上 1 小匙橄欖油，撒上蒜香粉和鹽，連同鐵盤一起放入烤箱中焗約烤 8 ～ 10 分鐘。後半段時間加入麵包一起烘烤。烤至乳酪表面融化和側邊膨脹就可將烤盤取出。
4. 將麵包沾上起司享用。

 **溫馨小叮嚀**

在焗烤乳酪時，要注意烘烤時間和乳酪融化的狀態，烤太短或烤太久都會使乳酪失去口感，淋上橄欖油是防止表面過乾，並產生保溼效果。

彩虹卡布沙拉

　　五顏六色的食材陳列如一道道彩虹光圈，所以稱為彩虹卡布沙拉（Cobb Salad）。聽說是美國加州餐廳老闆 Cobb 某天晚上肚子餓，突發奇想把剩下的食材擺放在一個盤子裡而發明的料理。這款沙拉豐盛清爽，可以隨心所欲挑選食材，尤其沾著起司融漿享用更是絕品享受。打開冰箱搜出所有食材，變成一道道美味可口的彩虹吧！

 份量 | 2～3 人份

材料

氽燙類材料	紅蘿蔔（切小塊）適量	其他材料
櫛瓜（切塊）適量	高麗菜嬰仔 適量	草莓 適量
甜椒（切塊）適量	秋葵 適量	奇異果 適量
小蕪菁（切塊）適量		橄欖粒 適量

 做法

1. 將氽燙類蔬菜清洗後切塊，高麗菜嬰仔和秋葵可免切。備一鍋滾水加入少許鹽（份量外），將根莖類的紅蘿蔔先放入氽燙 2 分鐘，再將蕪菁塊、高麗菜嬰仔、秋葵、甜椒塊、櫛瓜塊等入鍋一起氽燙約 1 分鐘。把全部食材倒入濾水盆，濾乾水氣，然後放置在乾淨的棉布或餐巾上吸水備用。

2. 草莓泡水，清洗濾乾水氣備用。奇異果去皮切塊。

3. 將全部食材排列在盤中，沾上卡門貝爾起司融漿享用。

搭配飲品 可可拿鐵

　香濃牛奶搭配醇濃的可可粉，擦撞出甜蜜又療癒的滋味，絕對是早午餐老少皆愛的不敗飲品。

份量	2 杯

材料	純可可粉 1 大匙　　蜂蜜（或砂糖）適量 熱開水 100cc　　　棉花糖 數粒 牛奶 300cc

做法

1. 將可可粉和熱開水調開均勻後，分別倒入 2 杯咖啡杯中。

2. 使用奶泡機將牛奶打成奶泡狀牛奶（或直接使用熱牛奶）。將奶泡牛奶沖入咖啡杯中。

3. 撒上棉花糖做裝飾。

4. 趁熱適量加入蜂蜜或砂糖飲用。

套餐2

蘋果片洋芋
三明治

　　蘋果是奇妙又美味的水果，它酸中帶甜，甜中帶香，有清脆的口感，從古至今幾乎沒有人不喜歡它。春秋兩季剛好是蘋果最香甜多汁的絕佳賞味時節。當季當令時，市場上一片紅通通又晶瑩飽滿的蘋果展開在眼前，甜蜜的蘋果香氣隨即飄散開來，多麼舒爽怡人。

　　把蘋果切成薄片，麵包表面塗上洋芋沙拉，將蘋果薄片一片一片交疊在一起，那蘋果清脆的口感，散發著淡雅的果酸味，結合了滑軟的洋芋和鬆彈的麵包，形成多層次的味覺體驗，每一口都是究極享受。

 份量 | 2 人份

 材料

摩卡軟法麵包 2 顆
蘋果 半顆
洋芋蛋沙拉 適量
日式美乃滋 1 大匙

 做法

1. 製作洋芋蛋沙拉（參考 P.336 日本老奶奶的洋芋蛋沙拉作法）。

2. 麵包加熱回烤。麵包內面塗上日式美乃滋備用。（請參考 P.252 日式美乃滋作法）。

3. 蘋果表皮充分刷洗乾淨，連皮切成半月型薄片。

4. 單片麵包內側塗滿洋芋沙拉，蘋果片互相交疊舖在洋芋沙拉上，最後放上另一片麵包，插上竹串穩定後，即可享用。

主角吃法	新鮮蘋果薄片與洋芋沙拉夾心
主角麵包	摩卡軟法麵包
佐餐開胃	太陽蛋什錦拼盤
搭配湯品	熱咖啡

太陽蛋什錦拼盤

　　甜椒切成圓段當容器，中間打個蛋，放在鐵板上煎成鑲蛋，撒上胡椒鹽，賞心悅目又美味可口，佐上五彩繽紛的什錦蔬果，可愛誘人的鑲蛋有如活力朝陽，開啟美好的一天。

份量	2 人份

材料	**甜椒鑲蛋材料**	**其他配菜**	奇異果 1 顆
	甜椒 半顆	蘿蔔泡菜 適量（參考 P.143	草莓 4 顆
	雞蛋 2 顆	豔陽海灘牛肉漢堡）	香蕉 1 條
	油 少許	熱狗 2 條	
	鹽 2 小撮	秋葵 2～3 條	**調味料**
	胡椒粉 隨意	小黃瓜 1 條	日式美乃滋 適量
		蘋果 1 顆	（參考 P.252 日式美乃滋）

 溫馨小叮嚀

1. 甜椒是可以生食的蔬菜，熟度按個人偏好選擇。如果想吃熟軟一點，可以先用水煎甜椒，約 3 分熟後再打入蛋，和蛋同煎。甜椒也可以換成像洋蔥圈、蕃茄等，各有趣味。

2. 打蛋時，可以先將蛋打入小碗中，再從小碗中緩慢倒入甜椒裡，可避免手忙腳亂中打破蛋黃及混入蛋殼的情形。

2. 煎鍋一定要充分熱鍋後再打入蛋，否則蛋白四溢容易失敗。

做法

製作甜椒鑲蛋和香煎熱狗

1. 將甜椒切成圓段狀，大圈高度約 1.5cm,小圈一點的約 2cm 左右，平底鍋塗上油充分熱鍋。

2. 將甜椒圈放在鍋中央，往中間的洞裡打進一粒生蛋，用筷子尖端朝蛋白處插幾個洞，有助受熱均勻，當蛋白有點變色後，撒上鹽，小火慢慢地煎至四周蛋白熟透、蛋黃仍然半生熟的過程約需 7～8 分鐘。如果想吃全熟的蛋，打入蛋，等蛋白泛白，在甜椒邊淋入1大匙的水，蓋上鍋蓋，用中火燜煎，約煎 1 分鐘關火，燜 3 分鐘約可全熟。一個平底鍋可以一次多煎幾個，一家若四個人就可以一次煎四顆。

3. 熱狗可以放在同個平底鍋的邊緣，和鑲蛋一起香煎，中途即可取出。

準備其他配菜

4. 將秋葵汆燙濾過水氣（也可以和蛋、熱狗同煎），小黃瓜切片、蘋果切塊、香蕉切半，和蘿蔔泡菜、步驟 3 的熱狗和鑲蛋一同擺盤，沾日式美乃滋享用。

  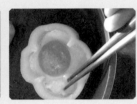 

 ## 秋葵的處理和清燙方法

當季的秋葵，滑嫩多汁，含有豐富的營養素。秋葵的調理有些小地方要注意，只要事先工作準備好就可充分享受秋葵的美味。

1. 手掌沾些鹽，然後把秋葵分 2～3 條一組，放在砧板上，上下滾搓，利用鹽來磨擦秋葵表面去除刺毛。。

2. 把秋葵一條一條排好，切掉頭部尖尖的部分，不要切太長，以免黏液流出。

3. 把凸出的稜角部分用刀子劃一圈削掉，像削蘋果皮一樣。

4. 用水沖掉鹽。

5. 備滾水一鍋，汆燙 20 秒即可。就我的經驗只要汆燙超過 30 秒就會過軟，口感不好。燙好的秋葵，放在濾網上，不用過冰水，待涼之後放在保存盒中放冰箱備用，就可以調理成許多好吃的料理。

PART 7

EUROPEAN BREAD

歐式麵包
系列

是吃空氣，還是吃麵包？

好吃的麵包，連麵包裡的空氣也是美味的。這就是初次品嚐到美味歐式麵包時難忘的味覺體驗。

麵包裡佈滿了無數的大小的氣孔，氣孔間可隱約地看見如水晶玻璃般的薄膜，彷彿是一個奇妙的火山浮岩，這就是歐式麵包，幾乎不放一滴油、一顆糖，材料只有麵粉、水、鹽和酵母，最是樸實自然的風味。

創造出這樣最單純的美味是用耐心和時間「磨」出來的。利用極少量的酵母，加入極多的水量，再置於低溫長時間發酵，彷彿和麵團打太極拳，在不斷地推收拉合之下，才能創造連空氣都如此美味的麵包。

薄脆的外皮和鬆軟的麵包體，這麼一大顆鄉村麵包拿在手上卻是如此輕輕柔柔。

真的，連空氣也是美味的！

本書介紹的三款歐式麵包——迷你法棍麵包、全麥鄉村麵包、向日葵花朵鄉村麵包。這三款麵包的共同特色如下：

1. 使用中種法，強化麵筋結構，配合低溫長時間發酵，培育出深厚底蘊的麵包風味。

2. 高含水的麵團，利用水合法配合多次的拉折來取代手揉，在家也做出道地歐式麵包。

3. 使用極少量酵母和最單純的材料，讓味覺感受到最原始純粹的麵香味。

4. 採最高溫烘烤，烘烤前在麵團表面噴水之外，烤爐再補注蒸氣，營造出外脆內軟的對比口感。

迷你法棍麵包

全麥鄉村麵包

向日葵花朵鄉村麵包

主角
麵包

迷你法棍
麵包

說到法國麵包，一根細細長長的法棍（baguette）總是會勾起我對法蘭西國度無限美好的回憶。在法國短暫求學的期間，每天最期待的事情，也可說是最幸福的時刻，就是走向學校的那一段路。街角有一間小小的麵包店，店裡只賣一款麵包就是法棍。早晚出爐時小小的店裡總是擠滿懂味的客人，我也是其中之一。每次買一條回家想當作隔天的早餐，但總是人到家，麵包卻被啃光了。

沒想到有一天，我也在自己的小廚房天地裡烤起了法棍。不受烤箱空間限制，小烤箱就把法棍做成迷你版，短短胖胖的、烤到金黃香脆的表皮上翹起小巧的耳朵、微笑般的流線彎度以及笑開懷的裂口處響著嗞嗞嗞的「天使之音」，如此迷你小巧的法棍，特色也樣樣齊全。

這款麵包回歸最單純的「原味」，不讓任何雜質干擾麵粉最乾淨的味道，那股純淨清新的麵香，真是越嚼越香，總是在不知不覺中啃光手上那根美味的麵包。

份量	長約 25cm，共 4 根
材料	**主麵團**　　　　　　麥芽精粉 1 公克　　　　鹽 2 公克 法國麵包粉 250 公克　中種（發酵種）65 公克　酵母 0.5 公克 水 170cc　　　　　　**中種**（發酵種）　　　**其他** 鹽 5 公克　　　　　　法國麵包粉 100 公克　　橄欖油 適量 酵母 1.5 公克　　　　　水 70cc　　　　　　　（裝飾用）
準備 工作	1. 事前製作中種備用（參考 P.86 中種法）。 2. 將麵粉混合均勻。準備好橄欖油、發酵帆布等道具。 3. 評估製作環境的溫度和溼度，以調整水溫。

做法

1. 除發酵種外，將主麵團中的全部材料放入麵盆中，混合均勻。

2. 將水分 2～3 次倒入麵盆中，充分攪拌至粉水均勻的稠狀。

3. 將初步成團的麵團倒在揉麵台上，攤開麵團，將中種分塊平均放入，利用刮刀將中種和主麵團刮開再集中，重覆動作至成團。

4. 開始手揉，確實將粉、水和材料均勻揉進麵團中。

5. 待麵團表面初步光滑後，將麵團放入麵盆中開始進行水合和拉折。

6. 三次水合及拉折作業，每間隔 40 分鐘。（詳細方法請參考 P.97 烘焙手帖水合法與拉折法的圖解説明）

7. 手沾抹少許沙拉油，檢查是否出現薄膜，出現則是代表麵團已可進入基礎發酵階段。

8. 將最後三折完成的麵團放回麵盆中，即可開始基礎發酵。利用冰箱冷藏發酵 8 小時。

9. 從冰箱取出麵團後，進行排氣翻麵，待麵團再度膨脹約 2 倍大時，基礎發酵完畢。

10. 倒出麵團至發酵帆布上，輕拉四角慢慢攤平開來，分割成 4 等分。如嬰兒拍嗝般排氣後折成長條型，放置在帆布一側，將帆布另一側蓋在麵團上，靜置 15 分鐘。

11. 靜置完畢的麵團收口朝上，再次輕拍排氣，然後如圖示將麵團整形成長棍狀，一條一條排列在帆布上，每條麵團中間確實用帆布隔開，預留發酵空間。

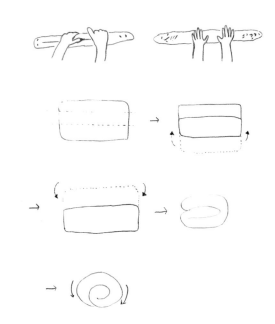

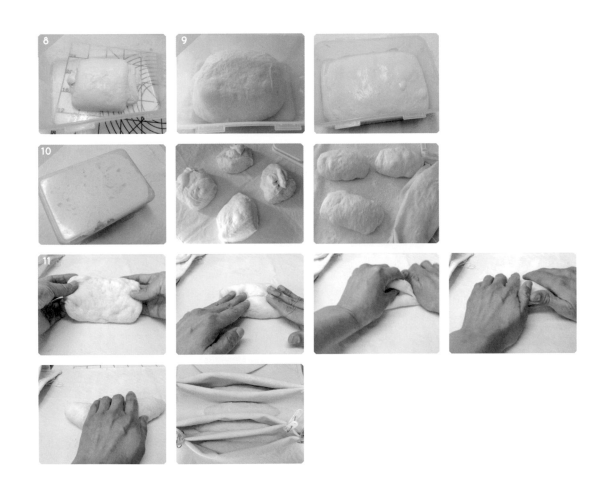

12. 進行室溫 30 分鐘發酵，同時開始連同烤盤和烤箱一起預熱。烤箱預熱 300℃。（以各家烤箱最高溫預熱）。（發酵時間長短和室溫高低有關，此日室溫 20℃。）

溫馨小叮嚀

可將烤盤倒放預熱，以增加烤箱內空間，有利於將麵團推滑至烤箱上。
若使用烘焙用石板，通常需要至少 30 分鐘以上的預熱時間。

13. 用手指測試發酵是否完成。在厚紙板（或是披薩鏟）上舖上烘焙紙，利用薄木板拖住麵團輕輕地移放到烘焙紙上。

14. 麵團上撒麵粉，手拿刀片以 45℃ 斜角開始劃出三條斜線（如圖示）。割線縫隙中淋入橄欖油，麵團表面噴水之後，手拖著厚紙板將麵團連同烘焙紙一起推滑進烤箱，再抽出厚紙板，關上烤箱門。

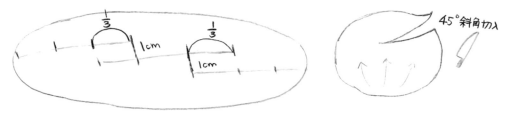

15. 烘烤開始 10 分鐘內使用 250℃ 過熱水蒸氣機能，10 分鐘後改成普通烘烤機能，230℃ 續烤 8 分鐘，合計 18 分鐘。

溫馨小叮嚀

各家烤箱大小不同，法棍長度或數量可以視情況調整。本份量為 4 條迷你法棍，烤箱夠大，可以改成 2 條。我家的烤箱較小，所以考慮烘焙品質及受熱狀況，一次只放 2 條麵團烘烤。所以在製作過程中必須計算好時機，例如先將其中 2 條麵團延長基礎發酵時間，或是在中間發酵或最後發酵時利用冰箱延長發酵，以錯開烘烤時機，避免撞爐。

美味法棍的元素與吃法

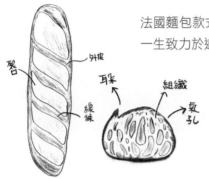

法國麵包款式中，以法國長棍麵包為代表，專業的法國麵包師父終其一生致力於追求烤出一條完美的法棍麵包，是麵包中的經典款。

一條美味的法棍結合了色（color）、香（Aroma）、味（flavor）三元素，優雅弧度的割線、俊俏的耳朵、均衡的裂口，彷如藝術品的形體中帶著外酥脆內鬆軟的對比口感，舒爽卻誘人的麥香，單純卻深奧的滋味，是值得細細品味的一款主食麵包。

美味的法棍的元素 ——

1. **外皮（crust）**：金黃明亮的表皮，酥脆卻不厚硬。
2. **組織（crumb）與氣孔（Alveoli）**：大小不一的氣孔均勻分布，充滿空氣感和彈性，氣孔之間包覆著清透的薄膜，宛如玻璃絲襪般，是法棍口感輕盈鬆軟的關鍵。

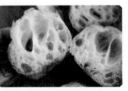

3. **耳朵（ear）**：優雅具有流線形的弧度，掀翹的形體，宛如耳輪一般挺拔堅實。
4. **裂口（score）**：麵包體中的氣體在高溫烘烤下一舉向上衝升，遇到縫隙向外逸爆，彷彿就是麵包身上撕裂開的傷口，在裂口上一絲絲的筋絡訴說著麵包誕生物語。

要享受口感十足、風味迷人的法國麵包，必須講究時機。

許多人愛吃法國麵包，但卻有一種「法棍恐懼症」，咬到那又尖又硬的外皮，一不小心嘴巴就會破皮，這就是吃到老化的法棍。剛出爐的法國麵包，外皮香脆內部鬆軟，充滿大小氣孔，空氣感十足，好吃到一口接一口，一點都不會傷嘴。

在法國，走兩步就有一家麵包店，法國人隨時隨地都可以享用現烤的法國麵包，幾乎不給法國麵包任何「老化」的機會，甚至不用回烤直接咬下也不會傷嘴。

可惜快速老化是法棍的宿命，一接觸到空氣，外皮馬上乾硬，時間一久就像一根棒球棍硬綁綁。要享受外脆內軟的法棍最簡單的方法就是「切片回烤」。

只要切片回烤，就可以避免一口咬下時接觸尖銳的外皮。切片是最安全、也最可口的享用方式，適合抹上各類果醬、奶油，或者沾上濃湯、醬汁都是極度美味的品嚐方法。

另外就是在家自己製作法國麵包，享受那種剛出爐的清脆鬆彈，並且馬上夾入各式食材，像水果、生菜、火腿、起司等做成三明治，是多麼令人羨慕的享受呀！

套餐 1

日式照燒
雞排三明治

主角吃法	日式照燒雞排佐蘋果塔塔醬夾心
主角麵包	迷你法棍麵包
開胃佐餐	寶貝沙拉
搭配飲品	粉紅舒活果昔

「照燒」（Teriyaki），總是有讓挑嘴的小朋友把飯扒個精光的魅力，或讓偏食的大孩子嗑到碗底朝天、飯粒不留。它為什麼有這般下飯的魔力？

照燒，是一種由醬油、酒、味醂、砂糖等調成，帶有鹹鹹甜甜味的醬汁。醬油和糖分融合成焦香醇郁的滋味，而且色澤閃耀如太陽般發亮，所以日本人稱之為照燒。它的美味甚至讓西方人直接把日語「teriyaki」收錄到英文字典裡。

說到照燒，照燒雞排是把照燒發揮到極致的經典佳餚，甚至連居酒屋的下酒菜、速食店裡的漢堡都把它當做招牌主角。細滑嫩口的雞肉吸飽了焦香鹹甜的照燒醬汁，尤其煎到酥脆焦香的雞皮閃著誘人的亮澤，真是金閃閃又香噴噴。

在家如何做出香酥多汁又不會肉縮的照燒雞排？利用一個小盤子就可以實現。再將這美味直接搬進法棍麵包中，搭配濃郁中帶著清甜的蘋果塔塔醬，成為獨一無二的日式照燒雞排三明治套餐。

份量 1～2 人份

材料

三明治材料
迷你法棍麵包 1 根
日式照燒雞排 1 份
蘋果塔塔醬 3 大匙
蘿蔔芽菜 1 盒

日式照燒雞排材料
去骨雞腿肉 1 片（約 250 公克）
醃料：鹽 2 小撮、胡椒粉 2 小撮

照燒醬汁
醬油 1 大匙
料理酒（或味醂）2 大匙
砂糖 1 大匙

其他（香煎時用）
低筋麵粉
沙拉油 2 小匙

蘋果塔塔醬材料
蘋果 1/4 顆
洋蔥 15 公克
水煮蛋 1 顆
日式美乃滋 2 大匙（參考 P.252 做法）
蘋果醋 1 小匙
和風芥末醬 1/2 小匙
鹽 1 小撮
胡椒粉 適量

做法

製作照燒雞排

1. 先處理雞腿肉片。肉的正反兩面用叉子插上幾個洞,調味料才容易入味。因為肉片厚度不一,所以要用刀子在較厚的地方劃開,盡量讓肉片都平均一樣厚,受熱才均勻。若有筋條可用剪刀剪開以防肉縮。表面撒上胡椒粉和鹽,用手壓一壓,室溫放置至少約 15 分鐘。

2. 平底煎鍋裡,放入 2 小匙沙拉油,塗滿鍋面並充分熱鍋。將雞肉放入煎鍋前,在雞皮表面撒些麵粉,皮面朝下放入煎鍋,保持中火,拿一個比雞排大一點的平盤,手帶上烘焙手套,將平盤壓住雞排,利用手指施點力壓住盤子,讓雞皮緊貼鍋面煎到酥脆。壓煎約 2 分鐘後,拿開盤子,將雞肉翻面,用中火續煎至表面上色。

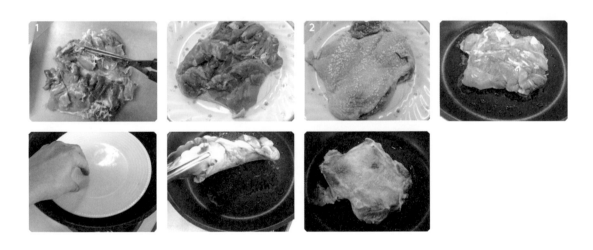

 材料小不點

蘿蔔芽菜(貝割れ大根) —— 即是白蘿蔔種籽的嫩芽,又稱「蘿蔔嬰」。富含維他命、胡蘿蔔及各類礦物質,尤其含有豐富的酵素,日本人常做為生菜沙拉、涼拌、入湯、擺飾,或搭配生魚片等一同享用。

3. 將照燒醬汁調均備用。拿餐巾紙吸一吸鍋底煎出的油脂,沿鍋邊倒入照燒醬汁,搖晃鍋身使醬汁充分沾附雞肉,再翻面 2 ～ 3 次,最後稍微收乾醬汁即可盛盤。

製作蘋果塔塔醬

4. 將洋蔥切成細丁、泡水、擠出水氣。蘋果切成細丁。水煮蛋將蛋白和蛋黃分開,蛋白切細丁。蛋黃和日式美乃滋、蘋果醋、和風芥末醬、鹽、胡椒粉調勻後,加入洋蔥丁、蘋果丁和蛋白丁混合均勻即可。

製作三明治

5. 將迷你法棍麵包對半切開,側面塗上少許照燒雞排的醬汁,舖上蘿蔔芽菜,擺上切片的照燒雞排 5 ～ 6 片,然後再加上蘋果塔塔醬,最後蓋上另一片麵包即可享用。

 溫馨小叮嚀

1. 從冰箱拿出來的雞肉記得回溫再使用。
2. 將雞肉放入煎鍋前,在雞皮表面撒些麵粉的目的是使煎出來的雞皮更為酥脆,並幫助醬汁黏附於雞皮表面更濃稠入味。
3. 拿餐巾紙吸一吸鍋底煎出的餘油的目的在於減少雜味和油渣,煎出漂亮乾淨的雞排。

寶貝沙拉

小巧鮮綠的甘藍寶貝和可愛豔紅的小蕃茄，討喜又美味，搭配濃純香的蘋果塔塔醬，是一道充滿季節感和歡樂氣氛的小品沙拉，

🥤 份量	2 人份
🔨 材料	抱子甘藍 5 ～ 6 粒　　蘋果塔塔醬 適量 小蕃茄 4 ～ 5 粒
🥄 做法	抱子甘藍放入滾水汆燙 2 分鐘即可撈起，濾乾水氣，放涼對切。小蕃茄對切，一起盛入盤中，搭配蘋果塔塔醬享用。

🔍 **材料小不點**

抱子甘藍 (Brussels sprout)── 俗稱小捲心菜，味道微苦，是西方人家庭常食用的綠色蔬菜，因它長得有點像小型高麗菜，所以有人會以為它是高麗菜嬰仔。富含各種抗氧化物、礦物質和維生素，清炒和水煮都非常美味。

搭配飲品 粉紅舒活果昔

有「莓果中的紅寶石」之稱的覆盆子,含有豐富的維生素、花青素、礦物質等,有穩定血糖、降血脂的優點,滋味酸甜芬芳,極為美味。而草莓鮮美紅嫩,果肉多汁,有濃郁水果芳香,是極為討喜的莓果,維生素 C 的含量是果中之王。兩種莓果都是養顏美容抗氧化的聖品。把這兩種莓果當做果昔主角,再搭配香甜芬芳的蘋果和香蕉,酸酸甜甜,香氣十足,非常順口好喝。

🥛 份量	2 杯

🥖 材料	草莓(小)約 5 顆　　香蕉 1 根　　原味優格 2 大匙　　水 100cc
	覆盆子 5 顆　　　　蘋果 半顆　　牛奶 200cc

🥄 做法	將所有材料全部放入果汁機,攪打成質地均勻的果昔即可享用。

套餐 2
越式叉燒
三明治

主角吃法	醬滷豬肉叉燒、泡菜與香草夾心
主角麵包	迷你法棍麵包
開胃佐餐	蜂蜜堅果優格
搭配飲品	黑豆拿鐵

越南，是一個東方和西方交錯的時空之國，連街頭美食也是這麼中西合璧。賣著美味三明治的小攤子，用一根一根短短胖胖的法棍麵包夾著各式誘人的食材，有肉片、酸甜的黃瓜、紅白蘿蔔絲、辣椒醬、香菜，甚至還有豬耳朵，滋味和口感都讓人驚豔與驚奇。越式三明治（Bánh mì），一吃即上癮，令人回味無窮。

這樣美味的越南小吃三明治，從裡到外可以在家一手包辦。利用電鍋滷一鍋香噴噴的叉燒，把蘿蔔泡菜和清脆芬芳的香草準備在側，當然還有現烤的迷你法棍麵包，只要把食材組合排列，那道道地地的 Banh Mi 就呈現在眼前了，搭配清新舒爽的優格小點心和一杯營養的黑豆拿鐵，真是飽足感和滿足感兼具的越式三明治套餐。

攝於胡志明市街頭

🥛 份量 | 2 人份

📜 材料

三明治材料
· 迷你法棍麵包 2 條
· 醬滷豬肉叉燒 6 ～ 8 片
· 蘿蔔泡菜 適量
· 香菜或香草 適量

醬滷叉燒材料
· 豬三層肉（塊）600 公克
· 紅蘿蔔 1 條
· 洋蔥 1 顆
· 蔥白部分 2 ～ 3 段
· 蒜頭約 5 顆

滷肉醬汁材料
· 醬油 180cc
· 料理酒（米酒可）260cc
· 水 200cc
· 黑糖液 全量

黑糖液材料
· 黑糖 50 公克
· 水 180cc
· 沙拉油 1 大匙

做法

製作醬滷豬肉叉燒

1. 將豬三層肉切成寬約 6 公分、長約 10 公分、高約 3 公分的塊狀。然後皮朝外，肉面向內捲折起來。用廚房棉繩綁起固定（不要太緊，固定即可）。剩下邊角肉可以切成小塊一起滷。

2. 在傳統電鍋的外鍋放上 1.5 杯量米杯的水，將綁好線的豬肉放入內鍋中排好，然後內鍋放入電鍋中。

3. 紅蘿蔔切塊。洋蔥切塊。蔥白切段備用。蒜頭剝好備用。

製作黑糖液

4. 炒鍋中放入 1 大匙油，黑糖放入油中，用中火讓黑糖融化，這時不要動它。等顏色慢慢全部變深了，就搖動鍋子，轉小火，用匙子攪拌到全部發泡。倒入水攪拌，一直到全部變成焦糖汁。將滷肉醬汁材料倒入黑糖液中一起煮開。再放入步驟 3 的材料一起煮滾。

5. 將煮開的滷湯全部倒入步驟 2 的內鍋中，按下開關，開始蒸煮。等到開關跳起來之後，轉保溫 30 分鐘。關閉保溫，打開鍋蓋，讓肉浸泡於醬汁中靜置散熱 30 分鐘。

6. 取出全部的叉燒肉，和蔬菜、湯汁分開，放在濾網上濾乾醬汁再切片。

製作越式三明治

7. 豬肉片叉燒肉約 6 ～ 8 片備用。想吃帶有醬油焦香感，則用平底鍋微微兩面香煎後，加入 3 大匙滷汁，收至醬汁剩下約半量即可取出（醬汁做為三明治底醬）。

8. 將迷你法棍麵包剖開，內側淋上步驟 7 的醬汁，舖上香菜（或喜愛的香草），再擺上微煎過的叉燒肉、蘿蔔泡菜、香菜，最後再放上另一片麵包即可享用。

9. 可用食品包裝紙包起來，野餐、遠足或輕食午餐都非常適合。

10. 做成開放性三明治吃法，也是美味無限。

 溫馨小叮嚀

1. 我使用的是內鍋直徑約 25cm 的傳統電鍋，原測上滷汁一定要淹過肉為準。每家電鍋大小不同，滷汁量也可斟酌增減。

2. 黑糖可以改成普通砂糖。每家醬油鹹度不一，斟酌增減。

3. 用一般湯鍋也可以製作，方法類似，蓋上蓋子小慢火滷至軟。

4. 剛滷熟的豬肉浸泡於滷汁一段時間的過程，讓味道更為沈穩入味。

5. 可以放入其他喜愛的食材一起滷煮，像水煮蛋等，滷汁可以再利用成為老滷汁，做法請參考 P.395 醬滷雞肉叉燒三明治。

6. 香菜也可以用喜愛的香草或生菜代替，蘿蔔泡菜做法請參考 P.140 豔陽海灘牛肉漢堡。

7. 叉燒肉除了做為三明治夾心，搭配熱白飯或當作乾麵配料也非常對味。

搭配飲品 黑豆拿鐵

有「豆中之王」之稱的黑豆，全身可說是綜合了營養素的大補丸，含有甚至比肉類和雞蛋數倍以上的蛋白質，還有各種人體所需的胺基酸，可謂「黑色的牛奶」。早晨飲用一杯用黑豆打成的黑豆拿鐵，綜合了黑豆和牛奶的雙倍營養，讓精神和體能充滿了能量和活力。

份量	2 杯
材料	煮熟黑豆約 2/3 杯（量米杯）　　牛奶 400cc （市售真空包裝）　　　　　　　蜂蜜 1 小匙
做法	將全部材料放入果汁機攪打均勻即可飲用。

主角
麵包

向日葵花朵
鄉村麵包

　樸實無華的鄉村麵包變身成一顆金黃耀眼的的花朵。

　它好比燦爛太陽下一朵盛開的向日葵，綻放在溫暖又日常的小廚房中，出爐時瀰漫溫柔麥香和堅果的芬芳，足夠舒療人心。

　當我們透過巧思，將手作麵包融入獨樹一格的個性化元素，賦予一種屬於自我的美感風格，那麵包就不再只是麵包了，就連小廚房天地也變成大師石窯了。

向日葵花朵鄉村麵包

材料小不點

葵花籽（Sunflower seed）——— 為向日葵的果實，含有豐富的不飽
和脂肪酸、多種維生素和微量元素。油脂芬芳，口味甜脆。除了做為
榨油原料之外，也是極受歡迎的堅果零嘴，做為烘焙麵包材料也非常
適合。

份量	1 顆（直徑 18 公分圓型發酵藤籃）		

	主麵團	**中種**（發酵種）	**其他**
材料	法國麵包粉 250 公克 水 170cc 鹽 5 公克 酵母 1.5 公克 麥芽精粉 1 公克 中種（發酵種）全量	法國麵包粉 100 公克 水 70cc 酵母 0.5 公克 鹽 2 公克	向日葵籽 適量 橄欖油 適量

準備工作	1. 事前製作中種備用（參考 P.86 中種法）。 2. 準備好向日葵籽、橄欖油、發酵藤籃、發酵帆布等道具。 3. 評估製作環境的溫度和溼度，以調整水溫。

做法

1. 除發酵種外，將主麵團中的全部材料放入麵盆中，混合均勻。

2. 將水分 2 ～ 3 次倒入麵盆中，充分攪拌至粉水均勻的稠狀。

3. 將初步成團的麵團倒在揉麵台上，攤開麵團，將中種分塊平均放入，利用刮刀將中種和主麵團刮開再集中，重覆動作至成團。

4. 開始手揉，確實將粉、水和材料均勻揉進麵團中。

5. 待麵團表面初步光滑後，將麵團放入麵盆中開始進行水合和拉折。

6. 三次水合及拉折作業，每次間隔 40 分鐘。（詳細方法參考 P.97 烘焙手帖水合法與拉折法的圖解說明）

7. 手沾抹少許沙拉油，檢查是否出現薄膜，出現則是代表麵團已可進入基礎發酵階段。

8. 將最後三折完成的麵團放回麵盆中，即可開始基礎發酵。利用冰箱冷藏發酵 8 小時。

9. 從冰箱取出麵團後，進行排氣翻麵，待麵團再度膨脹約 2 倍大時，基礎發酵完畢。

10. 倒出麵團輕拍表面排氣，將麵團中取約 1/5 做為花瓣成型用小麵團，分別輕折滾圓之後，靜置15 分鐘。發酵圓型籐籃上撒滿麵粉備用。

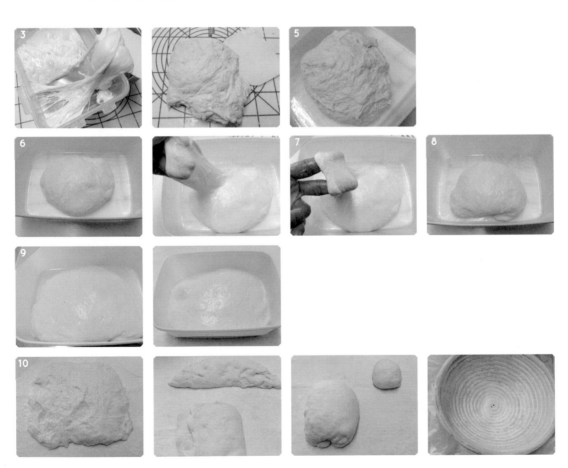

11. 將小麵團擀成比大麵團稍大的圓餅皮狀，表面塗上薄薄的橄欖油備用。

12. 將大麵團再度滾圓，一手捏著收口處，一手將表面塗上薄薄的橄欖油，然後沾滿向日葵籽。

13. 將大麵團頭頂正面朝下放在小麵團上，將小麵團麵皮四周拉開緊緊包住大麵團，確實收好收口後，收口朝上放進發酵籐籃中。套上塑膠袋開始進行最後發酵。

14. 進行室溫 50 分鐘發酵，同時開始連同烤盤一起預熱烤箱。烤箱預熱 300℃（以各家烤箱最高溫預熱。若使用烘焙用石板，預熱石板時間通常需要 30 分鐘左右）。

15. 用手指測試發酵是否完成。將烘焙紙放在木板或厚紙板上，蓋在籐籃上，將麵團輕輕倒扣至烘焙紙上。

16. 麵團表面撒上麵粉後，以圓心為中心點放射狀割線，割至表皮層下方看到向日葵籽為止。然後將割好的尖角處再用刀片慢慢向內面割入約 2 ～ 3 公分。割線縫隙中淋上橄欖油，在麵團表面噴水之後，手拖著厚紙板將麵團連同烘焙紙一起推滑進烤箱，再抽出厚紙板，關上烤箱門（若有專用的披薩鏟則更為安全方便）。

17. 烘烤開始 10 分鐘內使用 250℃ 過熱水蒸氣機能，10 分鐘後改成普通烘烤機能 250℃ 續烤 15 分鐘，同時對調烤盤方向，以平均烤色。最後再調至 220℃ 續烤 8 分鐘，合計 33 分鐘（後半部目測烤色，視情況加蓋鋁箔紙，以免頂部過度上色）。

套餐1

鄉村俱樂部三明治

主角吃法	蜜汁叉燒肉夾心三明治
主角麵包	向日葵鄉村麵包
開胃佐餐	清燙秋葵
搭配湯品	培根綠花椰菜濃湯

俱樂部三明治（Club Sandwich），號稱是「三明治界的總統」，簡單來說就是「全都包」。它，大氣有派頭，高貴又親民，就是俱樂部三明治的魅力。

起初是美國賭場提供這種用料豪邁的三明治，飢腸轆轆的賭客們只要抓上空檔，馬上可以大塊朵頤，立即滿足食欲。因為它方便快速、飽足感十足，因而流行為大眾化的三明治口味。從炭燒牛肉、煙燻火腿、煎蛋、烤雞、蔬菜、水果、起司等等，無限可能的食材，無限制的堆疊，不可抑制地想把它一口咬下。

假日早晨就放肆一下吧！烤個蜜汁叉燒肉香醒沈睡中的家人。帶點焦香的蜂蜜醬油味，表面烤到油油亮亮，內部卻多汁香嫩，真是三明治的好搭檔。家人相聚一起大口啃食夾著層層蜜汁叉燒肉的三明治，放任肉汁沾滿臉頰的時刻就是「C'est la vie」！

份量 | 2 人份

材料

三明治材料
向日葵鄉村麵包切片 2 片
奶油 適量
蜜汁叉燒肉 6 片
蕃茄切片 3 片
起司 2 片
生菜葉 2 ～ 3 葉

蜜汁叉燒材料
豬胛心肉約 600 公克
醃料
鹽 1 大匙
酒 1 大匙

叉燒醬汁
蜂蜜 1 大匙
醬油膏 1 大匙
味醂 2 大匙
料理酒 2 大匙

做法

1. 將豬肉放在平盤上，表面先用叉子隨意叉幾個洞，可以讓醃料更入味，也比較容易受熱均勻。

2. 將鹽塗抹在豬肉表面，再平均淋上酒。放入保存袋中封好，放入冰箱 2 ～ 3 天，成為鹹豬肉。

3. 將豬肉從冰箱取出後回溫，用清水沖洗一下表面，再用餐巾紙擦乾水氣。

4. 烤箱預熱 250℃。

5. 調好叉燒醬汁。豬肉放在烤網上，表面平均塗醬汁後放入烤箱。

6. 250℃烤 15 分鐘之後，翻面，將醬汁塗在表面，轉至 200℃再烤 15 分鐘。

7. 15 分鐘過後，再做一次翻面塗醬汁。

8. 再烤 10 分鐘，再做一次翻面塗醬汁。

9. 前後翻面 3 次，塗醬汁 3 次，合計共 40 分鐘。

10. 最後時間到了，不用拿出來，放在烤箱中燜 10 分鐘。

11. 拿出來之後，放涼即可切片享用。

製作三明治

12. 將叉燒肉切片，放入平底鍋中，兩面香煎備用。

13. 將鄉村麵包切片，烤香，底面塗上少許奶油。

14. 鋪上生菜葉、蕃茄片，加上叉燒肉並排其上，擺上起司，最後蓋上另一片麵包即可享用。

 溫馨小叮嚀

1. 含糖醬汁非常容易烤焦，另外豬肉的形狀大小也會影響烘烤時間，所以要注意烤箱狀況，適當調整時間與溫度。

2. 若還有剩醬汁，可以放入小鍋中，煮約1分鐘變稠之後即可以當做淋醬，淋在切片上也十分美味。

3. 剛出爐的叉燒肉切片，不用回煎可直接當主餐或夾入三明治。若隔天才做三明治，建議回煎或回烤，風味更佳。

培根綠花椰濃湯

　　有「十字花科之王」之稱的綠花椰菜，公認為優質蔬菜中的明星等級，富含維生素、膳食纖維、礦物質等，營養全面多樣。秋冬天是綠花椰盛產時節，和馬鈴薯一同調理成香純順口的濃湯，是一大早暖胃的最佳選擇。

份量 | 2 人份

材料

綠花椰菜 約 1/3 顆	冰牛奶 200cc	黑胡椒粉 適量
馬鈴薯（中小）半顆	水 200cc	蘇打餅乾 隨意
洋蔥 1/3 顆	奶油 10 公克	
培根 1 片	鹽 0.5 小匙	

做法

1. 將馬鈴薯切細丁。洋蔥切塊。綠花椰菜分朵。培根切丁。

2. 湯鍋中放入奶油、馬鈴薯、洋蔥，用中小火拌炒。加入水，煮到馬鈴薯熟爛。

3. 加入綠花椰菜煮 1 分鐘，放入冰牛奶，待熱氣稍退，放入果汁機打成汁。

4. 倒回鍋中，加入培根、調味料至湯汁滾開即可盛碗，可隨意搭配蘇打餅乾享用。

套餐 2

夏威夷
披薩風
焗烤麵包

主角吃法	夏威夷披薩口味焗烤
主角麵包	向日葵鄉村麵包
開胃佐餐	好燒歐姆蛋
搭配湯品	雞肉蘿蔔清湯

誰能想到，第一位把鳳梨和起司放在一起做成焗烤麵包的人，居然是「德國人」。

那酸酸甜甜的鳳梨和濃郁的起司，如乾柴烈火擦出不可思議的火花，一拍即合。德國人看到有鳳梨，直接叫它夏威夷吐司，而熱潮從德國傳開，成為現今風行世界的夏威夷披薩的元祖。

夏威夷披薩最美味之處，是酸甜可口的鳳梨片和濃郁拉絲的起士之間，夾著鹹香的火腿培根，淋上幾滴塔巴斯科辣椒醬，擁有酸甜香辣的多層次滋味。咬下的第一口，舌間味蕾就像熱情如火的南國舞蹈狂野擺盪，讓人一發不可收拾地迷上這一道完美的組合。

將夏威夷披薩靈魂植入鄉村麵包中，鳳梨片、紅甜椒、火腿、起司交疊組合並香烤成 Hawaii Pizza 風，最後再滴上經典的辣椒醬，真是究極對味。

 份量 | 2 人份

 材料

向日葵鄉村麵包切片 2 片	紅甜椒 1 顆	塔巴斯科 (Tabasco) 辣椒醬 隨意
鳳梨片（罐頭）2 片	起司絲 適量	
火腿片 3 ～ 4 片	蕃茄醬 1 大匙	

做法

1. 鳳梨片和火腿片切成近似扇形。紅甜椒切圈狀。
2. 將蕃茄醬平均塗抹在麵包片單面。
3. 麵包上交互排上步驟 1 的食材，撒上適量起司絲。
4. 放入已預熱 250℃烤箱，250℃烤約 6 分鐘至起司金黃上色。
5. 可隨意滴上辣椒醬享用。

開胃佐餐 好燒歐姆蛋

　　喜歡吃日式 B 級平民美食的朋友,一定吃過好燒「お好み燒き」。好燒,幾乎是關西地區家家戶戶最受歡迎的在地小吃。水混合麵粉成粉漿,加入蔬菜、山藥、肉類、魚貝等材料,在鐵板上煎成餅狀,最後淋上美乃滋、好燒醬、柴魚片。尤其在關西的居酒屋裡,有一種叫做「豚平燒」(とん平燒き)的好燒,受到上班族的喜愛。底層是大量的生高麗菜絲,中層是香煎豬肉片,上層是煎到八分熟滑嫩的蛋皮,口感和滋味可稱為日本風的歐姆蛋。將好燒元素加入這款做為早午餐的歐姆蛋中,用蔬菜取代肉片,用無添加麵粉的滑嫩蛋皮包覆滿滿的高麗菜絲,少了厚重油膩,多了清爽美味。

份量	2 人份

材料	雞蛋 2 顆 鹽 1 小撮 胡椒粉 適量	起司絲 半杯 高麗菜細絲 50 ～ 60 公克 沙拉油 1 小匙	清燙秋葵 1 條 蕃茄醬 適量

做法

1. 蛋打散後加入鹽、胡椒粉充分混合至均勻。高麗菜切細絲。清燙好的秋葵切小丁做裝飾。

2. 平底不沾煎鍋上（帶有鍋把手）平均塗抹上沙拉油。中火熱鍋，將鍋底稍微沾一下溼毛巾，這樣蛋皮受熱均勻且上色乾淨。回爐後重新熱鍋，保持中火，一口氣將蛋液全部倒入，快速握著鍋把，搖晃鍋身，用鍋鏟先在中間繞 2 或 3 圈蛋液。從邊側開始用拌刀一直由外側刮向中間，同時讓上方蛋液流動至鍋底，變成整個無流動狀的蛋液時關火。

3. 將高麗細絲鋪於蛋皮前方側，上方加進起司絲，利用鍋鏟從靠近手把側的蛋皮向上推到另一側，利用鍋邊整形，然後一手握住鍋把手，一手拿平盤，倒扣至盤上。

4. 淋上蕃茄醬，並用秋葵做裝飾即可享用。

搭配湯品 雞絲蘿蔔清湯

這是一款非常適合冬天驅寒暖身、夏天消暑解膩的健康美味清湯。蘿蔔，含有豐富的維生素和膳食纖維，不但能清熱解毒，幫助消化，還有提高免疫力的功效。利用簡單的雞高湯當湯底，將蘿蔔切小丁和雞絲一起入湯，縮短了熬煮時間也容易咀嚼飲用，真是老少皆宜的家常清湯。

份量 | 2 人份

材料

雞高湯 400cc	鹽 2 小撮
（參考 P.28 雞胸肉高湯做法）	胡椒粉 少許
煮熟雞絲 適量	蔥花 適量
白蘿蔔（中型）1/4 條	香油 1 小匙

做法

1. 白蘿蔔切丁。
2. 湯鍋中放入雞高湯，加入白蘿蔔中小火煮滾後放入雞絲。
3. 慢火熬煮約 5 分鐘，加入鹽、胡椒粉調味。
4. 起鍋前撒入蔥花，滴上香油即可享用。

主角麵包 全麥鄉村麵包

　製作濃濃歐風的鄉村麵包豈可錯過全麥麵粉呢！

　全麥麵粉除了營養價值完整之外，融合了小麥麩皮的麵團會呈現淡淡的木質色紋路，散發古色古香的美感，而且質樸清新中散發沈穩內斂的滋味，讓人不捨得大口咬盡。

　起個大早，迎著和煦恬靜的晨光，麵包傳遞的陣陣麥香縈繞鼻間，細細咀嚼全麥麵包特有的質地，是一種極為舒服的口感，多了豐富的全麥纖維，美味之外還為健康加分。

全麥鄉村麵包

材料小不點

全麥麵粉（Whole wheat flour）—— 指的是用整粒小麥研磨而成的麵粉，和一般白麵粉不一樣的地方在於它含有小麥的胚乳、麩皮和胚芽。色澤上呈茶色。因保存了完整的營養和膳食纖維，可對比成白精米和糙米，白麵粉和全麥麵粉。

現在市面上所賣的全麥麵粉，有許多是白麵粉加麩皮的「麩皮麵粉」。其實麩皮本身也富含高纖，營養價值也高，只是不能稱為真正的全麥麵粉，所以在選購全麥麵粉時要看清楚產品標示，確認麥麩比例或是否為純質全麥麵粉。

在保存上，全麥麵粉因含有較多的油脂，保存時間較短，盡可能放在冰箱保存。全麥麵粉也有分低筋和高筋，買的時候要注意。烘焙麵包時，因考慮全麥麩皮多會影響筋性和發酵，一般為了調整口感，都和普通小麥粉混合使用。

照片上是我一直常用的兩種全麥麵粉，一包是一般全麥麵粉（細磨型），一包則是顏色比較深的粗粒全麥型（Graham flour），後者研磨但未經篩選，所以保留了百分之百的麥子。

份量 | 1 個（長 20、寬 14 長方形籐籃）

材料

主麵團
法國麵包粉 200 公克
全麥高筋麵粉 50 公克
水 170cc
鹽 4 公克
酵母 1.5 公克
麥芽精粉 1 公克
中種（發酵種）中取 100 公克

中種（發酵種）
法國麵包粉 100 公克
水 70cc
酵母 0.5 公克
鹽 2 公克

其他
橄欖油 適量（裝飾用）

準備工作

1. 事前製作中種備用（參考 P.86 中種法）。
2. 將麵粉混合均勻。準備好橄欖油、發酵籐籃、發酵帆布等道具。
3. 評估製作環境的溫度和溼度，以調整水溫。

做法

1. 除發酵種外，將主麵團中的全部材料放入麵盆中，混合均勻。

2. 將水分 2 ～ 3 次倒入麵盆中，充分攪拌至粉水均勻的稠狀。

3. 將初步成團的麵團倒在揉麵台上，攤開麵團，將中種分塊平均放入，利用刮刀將中種和主麵團刮開再集中，重覆動作至成團。

4. 開始手揉，確實將粉、水和材料均勻揉進麵團中。

5. 待麵團表面初步光滑後，放入麵盆中開始進行水合和拉折。

6. 三次水合及拉折作業，每次間隔 40 分鐘（詳細方法參考 P.97 烘焙手帖水合法與拉折法的圖解說明）。

7. 手沾抹少許沙拉油，檢查是否出現薄膜，出現則是代表麵團已可進入基礎發酵階段。

8. 將最後三折完成的麵團放回麵盆中，即可開始基礎發酵。利用冰箱冷藏發酵 8 小時。

9. 從冰箱取出麵團後，進行排氣翻麵，待麵團再度膨脹約 2 倍大時，基礎發酵完畢。

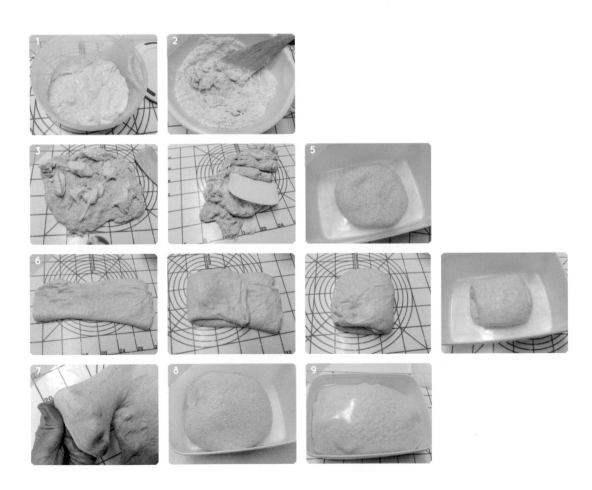

10. 倒出麵團輕拍表面排氣，輕折成方形之後，靜置 15 分鐘。發酵籐籃上撒滿麵粉備用。

11. 將麵團整形成長條形，將收口確實收緊後，手心拖著麵團，收口朝上放進發酵籐籃中。套上塑膠袋開始進行最後發酵。

12. 進行室溫約 50 分鐘發酵，同時連同烤盤一起預熱烤箱。烤箱預熱 300℃。（以各家烤箱最高溫預熱。若使用烘焙用石板，預熱石板時間通常需要 30 分鐘左右）。

13. 用手指測試發酵是否完成。將烘焙紙放在木板或厚紙板上，蓋在籐籃上，將麵團輕輕倒扣至烘焙紙上。

14. 手拿刀片，以 45℃ 斜角從長側的一端一直劃到另一端，深度約 0.5 公分。割線縫隙中淋上橄欖油。在麵團表面噴水之後，手拖著厚紙板，將麵團連同烘焙紙一起推滑進烤箱，再抽出厚紙板，關上烤箱門（若有專用的披薩鏟則更為安全方便）。

15. 烘烤開始 10 分鐘內使用 250℃ 過熱水蒸氣機能，10 分鐘後改成普通烘烤機能 250℃ 續烤 15 分鐘，同時對調烤盤方向以平均烤色，最後再調至 220℃ 續烤 5 分鐘，合計 30 分鐘（後半部目測烤色，試情況加蓋鋁箔紙以免頂部過度上色）。

套餐1

醬滷雞肉
叉燒三明治

主角吃法	醬滷雞腿肉叉燒夾心
主角麵包	全麥鄉村麵包
開胃佐餐	今日主廚沙拉佐柚香油醋醬
開心小點	優格佐蜂蜜堅果
搭配飲品	精選元氣果昔

雞肉含有豐富的膠原蛋白，脂肪含量適中，肉質鮮嫩，是家常主菜中最佳食材。利用老滷汁將雞腿肉慢熬成叉燒肉，雞肉滿滿吸飽了香滷的精華，滋味鮮美多汁，皮Q滑口。

將醬滷豬肉的老滷汁做為風味基底，放入雞腿肉，然後全程交給電鍋，20分鐘後化身成一道五星級料理「雞腿叉燒肉」。軟嫩可口的叉燒風雞腿肉充分吸收老滷汁的回甘香氣，切成片夾入鄉村麵包，或是直接配上一碗熱騰騰的白飯，或放入家人的午餐飯盒中，輕鬆無限又美味滿點。

份量	2 人份

| 材料 | **三明治材料**
全麥鄉村麵包切片 4 片
醬滷雞肉叉燒 6 ～ 8 片
水煮蛋 1 顆
洋蔥絲 適量 | 生菜葉 3 ～ 4 片
香草葉 適量
醬滷雞肉叉燒材料
雞腿肉 2 片（約 500 公克）
老滷汁 約 500cc
（參考 P.371 越式叉燒三明治） | **調整滷汁用材料**
水 150cc
酒 2 大匙
蒜頭 2 辦 |

做法

製作雞腿叉燒肉

1. 將雞腿肉厚度用刀整平，皮朝外，再用棉線從頭到尾綁起來，收口綁好。

2. 用炒鍋把雞肉表皮煎至上色，內部不用熟。然後將老滷汁和調整滷汁用材料全部放入鍋中和雞肉一起煮開。

3. 將步驟 2 鍋內的全部材料移至電鍋的內鍋中。外鍋放入 1 杯水，然後按下炊飯鍵。中途翻一次面，按鍵跳起，關閉保溫，打開鍋蓋讓肉浸泡於醬汁中靜置散熱 30 分鐘。（若沒有電鍋，可以直接放在煎鍋中加蓋小火煮約 20 分鐘，中途翻面 2 ～ 3 次即可；剛滷熟的雞肉浸泡於滷汁一段時間的過程，味道更為沈穩入味）。

4. 取出叉燒肉放在網上濾乾醬汁，切成片備用。

製作三明治

5. 將鄉村麵包切片備用。將滷汁薄薄地沾塗在麵包表面（幾滴的量即可）。

6. 洋蔥絲、生菜葉泡水濾乾。

7. 水煮蛋切片備用（參考 P.47 輕鬆做水煮蛋篇）。

8. 麵包上放擦乾的生菜葉，上面舖上步驟 4 的雞肉叉燒、水煮蛋切片、洋蔥絲，最後撒上香菜或香草即可享用。

開胃佐餐 今日主廚沙拉

　　把做三明治剩下的一些食材加以運用，特別調製清新爽口的「香柚油醋醬」做為沙拉底醬，餐桌瞬間增色不少，營養美味也更上層樓。

 份量 | 2 人份

 材料

主廚沙拉材料		香柚油醋醬材料	
甜椒 適量	生菜葉 適量	日本香柚果汁 1 大匙	蜂蜜 1 小匙
小蕃茄 適量	洋蔥絲 適量	特級冷壓橄欖油 3 大匙	鹽 2 公克
		黑胡椒粗粒粉 少許	

做法

1. **製作香柚油醋醬。**將全部材料攪拌均勻即可。
2. 將甜椒、小蕃茄、生菜葉、洋蔥絲放入沙拉盆中，淋上香柚油醋醬涼拌享用。

材料小不點

日本香柚（ゆず）—— 又稱香橙，日語為柚子，是芸香科的常綠樹，柑橘類的一種，外表長的很像橘子。外表不光滑，味酸。日本人非常喜歡香橙的風味，也是目前香橙消費量最大的國家，一到秋天滿山滿谷的香橙樹結果累累，是日本秋天的風物詩。香橙因其味酸，一般不生食而作為調味料，也常做為日本料理的香料和裝飾食材。

搭配飲品 精選元氣果昔

　　紅蘿蔔含有豐富的 β 胡蘿蔔素。紅蘿蔔汁被喻為「活的血液」，在人體內轉化為維生素 A，可明目養顏，又提高免疫力。但是許多孩子因為不喜歡紅蘿蔔的味道，所以失去了攝取優質食材的機會。這款果昔將甜味高的水果和煮熟過的紅蘿蔔一起打成汁，保留蘿蔔營養，又可以柔化整體風味，是一款適合全家大小的營養果昔。

份量	2 杯
材料	紅蘿蔔（煮熟）1/3 條　　香蕉 1 條　　生菜葉 2 片　　水 100cc 蘋果 1/4 顆　　小蕃茄 3 顆　　牛奶 200cc　　蜂蜜 2 小匙
做法	將煮熟的紅蘿蔔切小塊，把所有材料放入果汁機，攪打成質地均勻的果昔即可享用。

開心小點 蜂蜜堅果優格

份量	2 份
材料	自製優格 2 杯 蜂蜜 2 小匙 堅果 適量
做法	優格放入小碗中，淋上蜂蜜，撒上堅果即可享用。

套餐 2

希臘優格
三明治拼盤

主角吃法	希臘優格、水果、堅果組合的開放性三明治
主角麵包	全麥鄉村麵包
開胃佐餐	西班牙烘蛋
搭配飲品	珍寶豆漿

一般一份三明治至少需要兩片麵包,而 Open Sandwich 卻顛覆了三明治需要兩塊麵包的傳統。

將一片麵包烤至表面呈金黃香脆狀,然後塗上奶油或各式抹醬,隨意放上喜愛的食材,如火腿、起司、生菜、雞蛋、洋蔥、肉片、魚蝦等等,切小片的麵包片可以當冷盤前菜,而大一點的麵包片可直接升級成主餐,各式各樣的 topping,滿足了什麼都想吃一點的貪心老饕們,賞心悅目又十足的滿足感。

Open Sandwich 的歷史可以遠溯到中世紀時代的歐洲,當時人們不只是「吃」麵包,還把麵包當道具,像是當作抹布來清潔刀具,或有時會把麵包當成隔熱布,把舊麵包當作餐碟的習慣也相當常見。把放在麵包上的食材食用完畢後直接將麵包吃掉,可以說是現代 Open Sandwich 的始祖。

把「希臘優格」當做風味底醬,擺上美味誘人的新鮮水果,黃香蕉、紅蘋果、綠奇異果、紫莓果,純白優格,五顏六色把餐盤點綴地繽紛燦爛,這般春意盎然的餐桌風光就在家中展現!

🥛 **份量**	2 人份

🧊 **材料**	希臘優格 100 公克 綜合莓果(冷凍)適量 堅果 適量
	蘋果 1/3 顆 奇異果 1 顆 薄荷葉 適量
	香蕉 1 條 蜂蜜 1 大匙

做法

1. 製作希臘優格(參考 P.41 優格篇)。與蜂蜜混合成底醬備用。

2. 綜合莓果解凍後直接使用。蘋果切成扇形薄片。香蕉切片。奇異果切片。

3. 將鄉村麵包切成適當厚度的麵包片。

4. 將步驟 1 的優格底醬適量塗抹於麵包表面,分別擺上步驟 2 各式水果,最後以堅果和薄荷葉做裝飾即可享用。

開胃佐餐 西班牙烘蛋

　　西班牙烘蛋可說是洋風的厚蛋燒，是一道西班牙家常菜，主角除了雞蛋還有關鍵的馬鈴薯。將馬鈴薯放入蛋液中，獨特的黏性將全部的食材團結在一起，自然成型不散不亂，而且因為加入了鬆軟的馬鈴薯，整個烘蛋質地綿密、蛋香濃郁，洋蔥、花椰菜和蕃茄更增添風味和色彩，真是一道充滿了元氣和能量的蛋料理。

份量 | 4 人份

材料

雞蛋 2 顆	**調味料**	橄欖油 3 小匙
馬鈴薯（中大）半顆	牛奶 1 大匙	（油煎用）
小蕃茄 3 顆	鹽 0.5 小匙	
洋蔥 1/3 粒	糖 1 小撮	
綠花椰菜 3～4 小朵	胡椒粉 少許	

做法

1. 洋蔥、馬鈴薯切丁。花椰菜切小朵。小蕃茄切片。

2. 雞蛋打散，加入調味料混合均勻備用。

3. 煎鍋放入 2 小匙橄欖油，放入洋蔥和馬鈴薯炒至透亮。馬鈴薯約八分熟後，加入花椰菜拌炒 1 分鐘，把炒好的材料放入步驟 2 的蛋液中。

4. 平底鍋用餐巾紙擦乾淨，倒入油熱鍋後，讓鍋底沾一下溼毛巾降溫再重新熱鍋。

5. 將蛋液倒入鍋中，一邊搖晃鍋身使蛋液平均流滿鍋面，一邊用筷子在各角落攪動一下蛋液，讓表面蛋液可以向下流至鍋底。等表面蛋液幾乎不呈流動狀，將小蕃茄切片平均擺在烘蛋上，即可轉小火加蓋燜煎約 5 ～ 6 分鐘。

6. 蓋子打開後，將一平盤蓋在鍋上，把烘蛋倒扣至平盤上。

7. 鍋裡補充 1 小匙橄欖油熱鍋，再將烘蛋尚未煎香的一面朝下滑入煎鍋，不用上蓋，中小火香煎約 1 分鐘即可倒扣回盤（有小蕃茄的那一面朝上）。

 溫馨小叮嚀

1. 佐料食材可以隨意選擇，紫洋蔥加熱容易變灰色，介意的話可使用白洋蔥。

2. 熱鍋後，鍋底沾一下溼毛巾降溫再熱鍋的目的，在於使鍋底受熱均勻，蛋皮煎出來也會上色均勻，不容易產生焦黑紋點。

3. 不一定要用玉子燒煎鍋，也可以使用一般圓形平底煎鍋。建議使用不沾鍋型，大小約在直徑 18 公分，煎鍋太大，不易操作，也不易成型，而且煎出來厚度不夠，影響口感。 一定要一個貼合的蓋子，利用燜煎才能使中心熟透。

搭配飲品 珍寶豆漿

　　營養又美味的豆類，是蛋白質和胺基酸的寶庫。早餐是攝取豆類養分的最佳時機，把毛豆、大豆、鷹嘴豆、紅腰豆等豆類和豆漿一起打成香濃滑口、營養豐富的早餐飲品。

🥛 份量	2 杯
🥖 材料	冷凍毛豆 1/4 量米杯　　紅腰豆（罐頭）1/4 量米杯　　蜂蜜 1 小匙 水煮大豆（罐頭）1/4 量米杯　　豆漿 300cc 鷹嘴豆（罐頭）1/4 量米杯　　水 100cc
🥄 做法	將全部材料放入果汁機攪裡打均勻即可享用。

套餐 3
南歐田園
農家早餐

主角吃法	開放式三明治
主角麵包	全麥鄉村麵包
開胃佐餐	油漬蒜香蕃茄、生火腿、 油漬沙丁魚、各類乳酪
搭配飲品	紫色涵氧果昔

什麼時候，「地中海」成為了一種「形容詞」。它形容健康、開朗、活潑、朝氣，悠閒、強壯、長壽，似乎集合了所有正面能量的形容詞。曾經有研究説：「想要健康地老去就學學地中海的老人！」

南歐為地中海氣候，夏乾冬雨，陽光普照，盛產像橄欖、柑橘、蕃茄、葡萄等鮮美多汁的蔬果。南歐人的飲食風格被稱為「地中海式飲食」（Mediterranean diet），是一種以新鮮魚類、自然發酵乳酪、各式蔬菜水果、五穀雜糧、豐富的豆類和大量的橄欖油為主的飲食風格。

看看南歐人的餐桌，他們把「太陽」元素帶進了每日的飲食中。把蕃茄、橄欖、葡萄等所有可能的食材都曬成果乾，成為家庭中的保存食。除了陽光之外，利用自然發酵製作酒、醋和乳酪，在料理中大量使用蒜頭、洋葱、香草、堅果、海洋中營養的帶骨小魚，也利用優質的油脂做極簡的調理，每餐吃全穀類麵包補充體力，當然還要一顆永遠保持幽默開朗的童心。

這款早午餐把南歐農家早餐風情整個搬到自家餐桌上，簡單、清淡、多元、均衡、原汁原味。把全麥鄉村麵包切成薄片，好好用一顆開放開朗的「童心」來享用這些充滿「陽光」的食材吧！

全麥鄉村麵包　　　　油漬沙丁魚　　　　油漬蒜香蕃茄　　　　各式乳酪

生火腿片　　　　橄欖　　　　香草　　　　紫色涵氧果昔

🥄 油漬沙丁魚

新鮮的沙丁魚肉嫩味美，是地中海國家、甚至是許多歐美家庭常備的食材。沙丁魚一般加工成罐頭，葡萄牙有沙丁魚罐頭王國之稱。而油漬沙丁魚的兩個重要的條件就是新鮮的小魚和高品質的橄欖油。沙丁魚，含有豐富的 omega-3、蛋白質、礦物質，尤以鈣質含量最高，還有完整的維生素 B 群，是非常優質的食材。可搭配麵包、冷盤，或做為沙拉佐料、打成抹醬、披薩配料等都非常美味。

🥄 生火腿

　　火腿是人類最古老的手作食材之一，東西方都有獨特的火腿，例如中國的金華火腿、義大利的帕瑪火腿以及西班牙的伊比利火腿。而生火腿是一種受美食家痴愛的火腿形式，它選用特別的豬種和獨特製法，經過不斷地重覆醃製、冷藏、水洗、風乾、熟成，呈現一種深沈豐富的滋味，看起來像生豬肉，但品嚐起來卻是十足的熟成味。生火腿一般是切薄片冷食，不適合加熱，搭配麵包或做為冷盤最是享受。

🥄 乳酪

　　無論是天然發酵或是加工乳酪，各式各樣的乳製品，除了含有豐富的鈣質、蛋白質、乳酸菌、營養素之外，更是佐餐的美味食材。走入百貨超市，五花八門的乳酪製品任君挑選，不妨找個時間和家人逛逛超市或百貨公司的乳製品特區，從個性獨特的藍紋乳酪到大眾口味的披薩起司絲，為自己和家人創造一種「嚐新」或「嚐鮮」的機會，也許有緣與自己那款「真愛」的起司相遇。

開胃佐餐 手作油漬蒜香蕃茄

　　自古以來，世界各地的民族都有把食材放在日照下曬乾的食文化。為什麼要把食材放在日照下曬成乾食用？最重要的就是延長食物的保存時間，減少腐敗的機會。

　　但是還有一項重要的原因，就是留下食材的風味。食物經由曝曬，所含的水分漸漸蒸散，而使體積縮小，重量減少，同時把天然甘甜味濃縮起來，風味變得更濃郁沈穩，口感紮實又有咬勁。

　　無論東西方，各民族和國家都有獨特的「陽光食材」。其中南歐地區最傳統也最受人歡迎的就是把盛產的蕃茄做成「油漬蕃茄」。找一個適合曬乾貨的天氣，大概就是秋冬豔陽天的日子，查一週間的天氣狀況，只要連續 3 天以上是晴朗天，就非常適合日曬蕃茄。當然，現在市面上已經有便利的「食物乾燥機」，就不用像我這般辛苦做手工了。

🥛 份量	3 人份

材料	小蕃茄 約 20 顆　　蒜香粉 1 小匙　　黑胡椒粉 少許
	蒜頭丁 4～5 辦　　鹽 1 小撮　　橄欖油 200cc

做法

1. 把小蕃茄洗淨擦乾好對切，稍微把籽和果汁用小湯匙挖出來。（不挖則要曬很久，除非搭配烤箱或機器烘曬）。挖出來的果汁可用於醬汁、料理、入湯，或是直接喝掉。

2. 開始放在太陽下曬，外面蓋上網蓋（就是蓋剩菜的網蓋，左右壓石頭，以防被風吹走）。晚上拿進來以防露水，早上再拿出去曬。

3. 平均花 3 天左右曬到八分乾。最長曬到第五天，視天氣狀況，可以多曬幾天。

4. 擔心有灰塵，就用乾紙巾擦一下，不要用水洗。將蕃茄乾放在乾淨的容器中，將其他所有醃製材料一起放入容器中。倒入橄欖油，也可以適當加入香草，等醃漬 2 ～ 3 天左右，就可以享用了。

 溫馨小叮嚀

也可以利用烤箱低溫烘烤，但我個人更喜愛陽光的味道。建議要用冷壓初榨的高級橄欖油浸泡。品質好的油直接影響風味，好油才能泡出美味的油漬蕃茄。完成後不用放冰箱，室溫保存，但因無防腐劑，所以盡早食用完畢。最美味的享用方式就是直接放在烤香的麵包上享用，麵包沾著橄欖油也非常對味。

搭配飲品 紫色涵氧果昔

　　紫色食材包括了藍莓、葡萄、紫高麗菜、紫洋蔥、茄子、紫薯等等，是極具抗氧化的優質食材，特別含有豐富的花青素，能幫助合成視覺的最基本物質「視紫紅質」，對於消除眼睛疲勞、回復視力極有幫助。

份量	2 杯		
材料	綜合莓果（冷凍）1 杯（量米杯） 紫高麗菜 1〜2 葉 葡萄 3 顆	蘋果 1/3 顆 香蕉 1 條 奇異果 半粒	牛奶 200cc 水 100cc
做法	將冷凍莓果自然解凍後，和其他材料全部放入果汁機中打成果昔享用。		

鄉村麵包的美味吃法

你（妳）在麵包店買過一整顆的鄉村麵包嗎？

近年來麵包界中，出現一股歐式麵包風潮，麵包店中開始出現各式各樣的鄉村麵包，有圓型、長型、方型、三角型、棍型，以及大型和中小型都有，琳瑯滿目，口味也開始走向多元化，還有各類果乾入味，並且加入許多在地特色元素。

可惜進入麵包店真的有買過「一整顆」鄉村麵包的人，其實少之又少。有的人剛開始覺得新奇，出手買一整顆回家，試過一次就不再買了，為什麼呢？主要原因就是不知道怎麼吃「它」。

第一個難點，不知道從哪裡開始下刀切它。因為表面厚硬，用家裡的刀切很困難，也切的不漂亮。 第二個難點，不知道如何保存它，太大顆一下子吃不完，不知道如何保存不要變得又硬又乾。 第三個難點，不知道如何美味地享用它，如果吃法單一很容易吃膩。

我以自己做的兩顆鄉村麵包為例告訴大家，其實鄉村麵包這三個難點在家裡都可以克服，而且馬上讓家裡的餐桌變身成異國五星級早午餐廳。

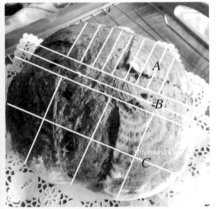

把鄉村麵包主要分成 A、B、C 三區。首先拿一把長型麵包刀（超過 30 公分長比較好切），沒有的話去買一把吧！花點錢買把鋒利的長型麵包刀是基本的投資。

1. 劃下第一刀，從鄉村麵包的中心點開始一刀切成兩半，像切西瓜一樣。

2. **B 三明治區**：開始從 B（內側）切片。寬度約 0.8 ～ 1 公分。大概切 4 等片，把大面積、Q 彈鬆軟的麵包質地發揮極致的吃法，隨心所欲夾入美味食材，舖上一層層清脆鮮綠的生菜、香煎金黃多汁的肉片、濃郁的起司，然後大口咬下，真是至高無上的滿足。

3. **A 餅乾區**：開始往 A 區切薄片。這區可以直接做成開放型三明治或是香烤成餅乾麵包，抹上奶油乳酪、各類風味奶油、手製果醬，享受每口融化在氣孔中的濃郁滋味，是口感和味覺雙重享受的最佳吃法。

4. **C 主食餐包區**：開始從 C 區切厚塊。這區可以直接做為主食麵包，搭配各類菜餚，或是沾上濃湯、醬汁、咖哩等，讓麵包中的氣孔都吸滿食材的精華，讓主餐和主食成為最佳美味組合。

鄉村麵包因為材料簡單，不含油類及砂糖等保溼材料，比起一般軟式甜麵包老化快。一般來說，若三日之內食用完畢，只要保存在乾燥涼爽的麵包盒或密封袋中即可。想保存更長的時間，麵包可按照以上分區切好之後，以保鮮膜包好，放入封口袋中排出空氣，再放入冷凍庫保存（參考 P.121 冷凍後麵包的回溫法）。

飲食區 Food&Wine 4007
豐盛的早午餐烘焙全書：從手作麵包、開胃配菜、沙拉、飲品、湯品到醬汁的百變美味組合
作　者：蜜塔木拉
責任編輯：梁淑玲
攝　影：蜜塔木拉
封面設計：M.art book design studio
內頁設計：葛雲

出版總監：黃文慧
副總編：梁淑玲、林麗文
主編：蕭歆儀、黃佳燕、賴秉薇
行銷企劃：林彥伶、朱妍靜
印務：黃禮賢、李孟儒

社長：郭重興
發行人兼出版總監：曾大福
出版：幸福文化出版社
地址：231 新北市新店區民權路 108-1 號 8 樓
粉絲團：https://www.facebook.com/Happyhappybooks/
電話：（02）2218-1417　傳真：（02）2218-8057
發行：遠足文化事業股份有限公司
地址：231 新北市新店區民權路 108-2 號 9 樓
電話：（02）2218-1417　傳真：（02）2218-1142
電郵：service@bookrep.com.tw
郵撥帳號：19504465
客服電話：0800-221-029
網址：www.bookrep.com.tw
法律顧問：華洋法律事務所 蘇文生律師

初版一刷：2018 年 5 月
二版一刷：2020 年 2 月
定　價：650 元
Printed in Taiwan

\蜜塔木拉 MITAMURA 著/

SUPER BRUNCH
豐盛的早午餐烘焙全書
從手作麵包、開胃配菜、沙拉、飲品、
湯品到醬汁的百變美味組合

國家圖書館出版品預行編目 (CIP) 資料

豐盛的早午餐烘焙全書：從手作麵包、開胃配菜、沙拉、飲品、湯品到醬汁的百變美味組合 / 蜜塔木拉著；-- 二版 . -- 新北市：幸福文化出版：遠足文化發行，2020.02　面；　公分 . --（飲食區；Food&Wine；4007）
ISBN 978-957-8683-83-9（平裝）

1. 點心食譜　2. 麵包

427.16　　　　　　　　　　　　　108021075